人工智能伦理

舒心 著

岳麓書社·长沙

舒 心 Shu Xin

第十二、十三、十四届全国政协委员，港澳台侨专委会委员，香港太平绅士，香港选委会委员，长江大学本科学士学位，北京大学工商管理硕士，中国社会科学院经济学博士，武汉大学法学院经济法博士，华中科技大学兼职教授。

现任香港哲学研究院院长，金澳控股集团董事局主席（中国企业500强），在国内外拥有20多家企业。舒心博士还担任了中国企业联合会、中国企业家协会副会长，中国海外联谊会常务理事，香港友好协进会发展基金会永远名誉主席等职位。

Shu Xin, a permanent resident of Hong Kong SAR, China, is a member of the 12th, 13th and 14th National Committee of the Chinese People's Political Consultative Conference, a member of the Committee for Hong Kong, Macao, Taiwan Region and Overseas Chinese, a Justice of the Peace in Hong Kong, a member of the Hong Kong Election Committee. He holds a bachelor's degree from Yangtze University, a master's degree in business administration from Peking University, PhD in economics from the Chinese Academy of Social Sciences, and PhD in economic law at Wuhan University. He is a part-time professor at Huazhong University of Science and Technology.

He is currently the dean of the Hong Kong Academy of Philosophy and the chairman of the board of directors of Kingold Holdings Group (one of the top 500 enterprises in China), owning more than 20 enterprises at home and abroad. Dr. Shu Xin also serves as the vice chairman of the China Enterprise Confederation and the China Entrepreneurs Association, an executive director of the Overseas Chinese Friendship Association of China, the perpetual honorary chairman of the Development Foundation of the Hong Kong Friendship Association and so on.

序　一

黄晓勇

在当前这个科技飞速发展的时代，人工智能（AI）已成为社会变革的核心驱动力。技术的进步让我们得以探索前所未有的可能性，但同时也带来了复杂而深刻的伦理挑战。这些挑战涉及技术层面，更是对社会和人类价值观的深刻考验。《人工智能伦理》一书正是在这一背景下应运而生，为读者提供了前瞻性的视角和深刻的思考，值得每一位关注人工智能发展与社会未来的人士认真阅读。

本书首先对人工智能伦理进行了系统而全面的梳理，涵盖了从算法偏见到数据隐私、从决策透明度到责任归属等多个关键议题，并与当前的研究进展紧密相连。近年来，关于算法偏见的研究已经揭示了技术在实际应用中的潜在不公正性。研究表明，AI 系统在涉及就业、司法、金融等关键领域时，可能会因数据中的历史偏见而做出有偏差的决策。书中通过详细的案例分析，揭示了算法偏见可能带来的社会后果，并提出了基于算法公平性的最新解决方案，这些讨论不仅反映了当前研究的最前沿进展，也为未来技术的公正性奠定了理论基础。

其次，数据隐私问题已成为当前 AI 研究与实践中的关键焦点。随着大数据技术的发展，个人数据的规模化收集与深度挖掘已成为 AI 系统的基础。然而，这也带来了严重的隐私泄漏风险。近年来，隐私计算、差分隐私等技术已经逐步成为学术界的重要研究方向。本书对数据隐私问题的探讨，不仅反映了这些技术进展，还提出了如何在技术创新与隐私保护之间实现动态平衡的具体策略。通过这些讨论，读者可以更好地理解当下 AI 技术在处理数据隐私问题时所面临的挑战与机遇，并

1

在此基础上探索未来的发展路径。

在 AI 系统的决策透明度问题上，书中提出的"可解释性"概念，紧扣当前研究的前沿方向。随着深度学习技术的广泛应用，AI 系统的复杂性使得其决策过程往往变得不透明，从而引发了"黑箱"问题。近年来，可解释性 AI 已成为一个热门研究领域，研究者们致力于开发能够解释其决策逻辑的 AI 模型，以增强用户的理解和信任。书中详细分析了可解释性 AI 的理论基础与实践应用，并提出了如何通过提高决策透明度来构建更加可信赖的 AI 系统的具体路径。这一问题的深层次探讨，不仅涵盖了技术层面的透明性，还深入分析了其在社会信任构建中的关键作用。

更为重要的是，书中对伦理责任的探讨，揭示了这一责任的多层次性和复杂性。近年来，AI 伦理的研究不仅是技术开发者的责任，还扩展为政策制定者、企业领导者，甚至广大公众的共同责任。随着 AI 技术的广泛应用，社会各界必须在技术、伦理、法律等多个层面共同努力，确保 AI 的发展方向与社会价值观一致。书中通过对跨学科视角的引入，深入探讨了伦理责任的多维度实践，并提出了如何通过社会各界的合作，推动 AI 伦理的全面发展的理论框架。

最后，我特别赞赏本书展现的理论深度与跨学科视角。本书不仅从技术角度出发，还结合了社会学、哲学、法学等多个学科的观点，深入探讨了人工智能与人类社会的互动关系。这种多元视角和理论深度，使得《人工智能伦理》一书不仅具有重要的学术价值，也为政策制定者、技术开发者和社会公众提供了切实可行的参考。希望这本书能够激发更广泛的讨论与思考，推动我们在人工智能技术发展与伦理责任之间找到更加理想的平衡点。

是为序。

2024 年 8 月 20 日

（作者简介：黄晓勇，中国社会科学院研究生院原院长，教授）

序 二

冯 果

"科学是伟大的，因为它改变了我们的生活。科学又是渺小的，因为它存在着先天的漏洞。"在 21 世纪的科技浪潮中，人工智能（AI）无疑是最为耀眼的明星之一。它不仅重塑了我们的生活方式，更在深层次上挑战着现有的伦理框架。在人类发展的漫长历史长河中，面对日新月异的科技进步，人类再次陷入迷雾之中茫然不知所措。

但是，当我翻开这本《人工智能伦理》，却仿佛打开了一扇通往未来的智慧之门，被那些深刻而独到的见解所震撼，顿时有一种醍醐灌顶的感觉，使我对人工智能伦理有了更深刻的理解，让我对人工智能的未来有了更大的信心。舒心博士以其敏锐的洞察力和深刻的思考，回答了极度困扰我们的一个重大议题——"如何探索和构建人工智能伦理的边界"。

舒心先生在书中指出，由于其高度的自主性、复杂性和不确定性，传统的法律与伦理框架难以直接套用，人工智能的发展必然会引发一系列伦理问题。例如，算法偏见可能导致不公平的决策，影响到个人的权利和机会；数据隐私的保护成为了一个紧迫的挑战，如何确保个人信息不被滥用成为了社会关注的焦点；还有，当人工智能在某些领域逐渐取代人类工作时，所带来的就业结构调整和社会稳定问题也不容忽视。

但是，我们不能因噎废食，停止探索人工智能的步伐。相反，我们应当以积极的态度，通过建立健全的伦理准则和法律法规，引导其健康、可持续地发展，而制定和遵守伦理准则、推动透明度和可解释性、关注公平与公正、加强法律规制、推动伦理审查与评估、促进技术创新与伦理融合以及加强国际合作与交流等，则是我们努力的方向。这不仅需要科技工作者的自律和责任感，更需要全社会的共同参与和监督。

本书的魅力，不仅仅在于它的智慧和深度，更在于它的实用性和普遍性。它不仅揭示了问题，更可贵的是提供了思考的方向和可能的解决方案。舒心博士通过丰富的案例分析和深入的理论探讨，让我们不仅看到了在人工智能的发展道路上伦理考量的重要性和紧迫性，更让我们洞悉了划定人工智能伦理的边界的可行方向。

我相信，每一位读者在阅读这本书的过程中，都会受到启发，对人工智能伦理有更深入的理解和思考。它不仅适合科技领域的专业人士，对于广大关心科技发展和社会未来的普通读者来说，也是一本不可多得的佳作。

我们期待这本书的早日问世！

2024 年 8 月于珞珈山

（作者简介：冯果，武汉大学人文社科研究院院长，武汉大学法学院教授）

序　三

孙伟平

在这个新颖别致、激动人心的时代，人工智能已从科幻小说中的构想，发展成为一种具有深远社会影响力、塑造力的颠覆性技术。智能技术的广泛应用不仅重塑了人类的生产方式与生活方式，而且引发了我们对人的本质、人机关系乃至新型文明等深层次问题的再思考。

人工智能对经济、社会发展具有显著的积极作用。人工智能通过优化生产流程、提高决策效率、降低劳动强度、减少生产成本等，为社会经济增长注入新动能，并推动了社会生产的智能化与人性化。在促进社会生产力迅猛发展的同时，它还可以将人类从工业时代单调、繁复的劳动中解放出来，获得更多自由支配的时间进行个人发展。智能技术的广泛运用，能显著提升社会服务水平，让人们的生活更加便捷和个性化。人工智能作为人的手、腿特别是大脑的延伸，还可以帮助人类实现对自身的"改造"，实现自身能力的跃迁式发展。今天，经济和社会的智能化程度已经成为一个国家、地区发展水平的标志之一。

尽管智能技术的发展和应用带来了许多积极影响，但它同时也带来了一系列伦理问题与挑战。随着社会生产的自动化与智能化程度的提高，许多传统工作岗位受到冲击。智能系统的"劳动"在"劳动技能""劳动态度""劳动能力提升"等方面，相比普通人类劳动者来说已经具有一定的优势。人类的劳动机会与劳动能力受到人工智能的挑战，这将冲击我们对人的本质、人的尊严等问题的解答以及对人与人、人与自然、人与社会、人与机器等关系的理解，同时可能带来失业问题、隐私侵犯、贫富分化、数字鸿沟、信息茧房等一系列现实的伦理问题与道德困境。这些问题的出现，提醒我们要对人工智能技术的发展与应用可能产生的负面问题保持高度警惕。

构建一个技术向善的智能社会需要全体社会成员的共同努力。面对人工智能技术可能带来的伦理问题与现实挑战，我们需要使人工智能的发展与应用遵循人类的基本价值观和伦理原则，并通过加强人工智能伦理和法律的研究与制定、建立健全相应的监管机制、重视人工智能教育和培训、推动人工智能技术的普惠性发展等举措，优化社会顶层设计以适应智能社会的新变化，确保人工智能技术的健康发展，为人类社会带来更加美好的未来。

人工智能伦理的研究是经济、社会发展催生的时代性课题，我们应该紧密结合智能技术研发和应用的最新情况，开展更加系统、更加深入的研究。《人工智能伦理》的出版，为公众提供了一个深入了解和探讨人工智能伦理问题的平台。书中围绕人工智能伦理的核心议题，如数据隐私的保护、算法偏见、机器决策与责任归属、安全性与风险管理、人机互动的社会影响等，开展了系统且深入的考察，有益于我们重新理解人工智能伦理问题的复杂性与特殊性。特别难能可贵的是，作者具有哲学、伦理学、法学、社会学、政治学等多学科视角，就人工智能伦理问题提出了大量建设性的举措和建议，其中涉及国家政策、法律法规、伦理指导原则、伦理审查与监督、教育培训、社会保障等内容，具有非常强的现实意义与可操作性。我们期待本书的出版将激发更多有关人工智能伦理的思考和讨论，推动理论研究的进一步发展和现实举措的积极践行，特别是通过全体社会成员的共同努力，引导人工智能技术服务于人、造福于人，构建一个以人为本、技术向善、公平正义的智能社会。

2024 年 7 月 16 日

（作者简介：孙伟平，上海大学伟长学者特聘教授，中国社会科学院哲学研究所原副所长）

目　录

中篇　人工智能伦理的核心议题

下篇　人工智能伦理的实践与前瞻

导　论

在新一轮科技革命与产业变革的浪潮之中，世界正置身于百年未遇大变革之境。此大变革的关键驱动力之一，是以人工智能、大数据等为主导的智能技术，其为人类社会带来的乃是革命性之嬗变。它不仅强力推动着社会生产力的解放与发展，亦促使生产关系迈入全新的调整阶段。值此重要之转折点，构建人类文明崭新的合理形态，精准设定并校准历史未来走向坐标，遂成为哲学家深度思索的基石。其中，智能社会所引发的人类伦理形态的衍化，驱动着人们对以人的自由、全面、可持续的生存与发展作为终极关怀的伦理学展开全新的探索，同时也构筑起开辟人工智能伦理学新问题与新领域的契机。

一、人工智能兴起的背景

在对人工智能（亦称"AI"）伦理进行深入探讨之前，首先应当回溯 AI 的起源及其蓬勃发展的背景。AI 之初始，萌生于科幻小说与理论家的奇幻遐想，现今却已崛起为推进现代社会科技进步的核心力量。自早期的自动计算机器至当下的自主决策 AI 系统，此领域的迅猛发展，不单展现出人类对于模仿、拓展乃至超越人类智能的不懈渴望，亦对我们的生活方式、工作模式乃至文化认知带来了根本性的变革。

AI 技术的进步已然渗透至社会的各个维度，它正在重新界定人们对于效率、创新以及互联性的认知。从提升医疗诊断的精准程度至优化交通系统，从智能家居的便捷体验至在线教育的个性化服务，AI 的应

1

用无所不在，其潜力令人心潮澎湃。然而，伴随这些技术的日益普及，有关它们如何影响个人隐私、数据安全、就业机会乃至社会结构等一系列问题亦逐渐浮出水面。这些问题鲜明地揭示出，在追逐技术创新的进程中，对于伦理原则的审慎思考与恰当引导绝不可缺失。

故而，洞悉 AI 的兴起背景，不单是为了欢庆人类智慧的璀璨成就，更是为了在未来的发展路径之上，引领这股强大的力量朝着促进公共利益以及增进人类福祉的方向稳健前行。当 AI 技术持续塑造我们的世界之际，我们务必铭记，伦理与责任乃是不可或缺的指引明灯，引领我们迈向一个更为公正、包容且可持续的未来。

1. 人工智能的早期概念

20 世纪中叶是人工智能发展的起始阶段，标志着人工智能的诞生和初步探索。深入探讨人工智能的早期概念，可以揭示这一领域如何从理论的摇篮逐渐步入实践的宽广大道。人工智能最早只是科学家们大胆预言的未来技术，"图灵测试"① 的提出标志着人类对于机器智能的探索步入了新的境界。这一测试由英国数学家和逻辑学家艾伦·麦席森·图灵（A. M. Turing）于 1950 年提出，旨在回答"机器能否思考"这一问题，它提供了一个评估机器能否模拟人类智能的实验性标准，至今仍是 AI 研究中的一个重要参考点。1956 年，计算机专家约翰·麦卡锡（J. McCarthy）提出"人工智能"一词，标志着人工智能正式诞生。1956 年，在美国达特茅斯学院举行的一次会议上，来自数学、心理学、工程学、经济学和政治学等不同领域的科学家正式将人工智能确立为研究学科。

20 世纪 50 年代到 60 年代，人工智能研究取得了显著的进展。这一时期，研究人员开始从构建能够执行简单逻辑推理和问题解决的算法，

---

① 起源于艾伦·麦席森·图灵 1950 年的一篇论文《计算机器与智能》。该测试的流程是，测试者写下问题，将问题以纯文本的形式发送给另一个房间中的一个人与一台机器。测试者根据回答来判断哪一个是真人，哪一个是机器。

转向开发能处理更为复杂任务的系统。这些早期的努力奠定了现代 AI 系统的基础，它们能够学习、适应并执行从语言翻译到图像识别等广泛的功能。这段历史不仅展示了人类对于达到甚至超越人类智能水平的不懈追求，也反映了技术进步对社会结构和个人生活可能带来的深远影响。

通过回顾人工智能的早期概念和发展历程，我们不仅能够更好地理解这一领域的技术演进，还能够洞察到伴随技术进步而来的伦理挑战。这些挑战要求我们在追求技术创新的同时，必须谨慎考虑其对人类社会的全面影响，确保技术发展能够促进公共利益，增进人类福祉。

2. 人工智能伦理问题的重要性及其影响

随着 AI 技术的飞速进步，其在人们日常生活和关键行业中的应用越来越广泛，由此所衍生的社会与伦理问题日益复杂和严峻，已经成为科技、社会、政策制定者以及公众必须共同面对的挑战。这些问题和挑战包括但不限于数据隐私的保护、算法偏见的识别与纠正，以及 AI 对就业市场的深远影响。于是，人工智能伦理的研究应运而生。人工智能伦理问题不仅关系到技术本身的发展方向，更触及 AI 如何塑造我们的未来社会、如何影响人类的生活方式，以及如何维护基本的人权和社会公正。

关注 AI 的伦理影响和社会责任之所以变得越来越重要，是因为 AI 技术的决策过程往往是"黑箱操作"[①]，其复杂性和不透明性可能导致不公平或歧视的结果，而受害者可能难以甄别或纠正这些不公。此外，AI 技术的广泛应用可能会重塑劳动市场，引发就业流失或职业角色的根本性变化，对社会结构和经济平衡产生影响。因此，伴随着我们对 AI 潜力的进一步探索，如何确保其发展方向符合伦理标准、维护社会

---

① 黑箱操作，指的是决策过程不透明，决策者利用职权进行不公正的操作，从而影响公众利益。被广泛应用于描述那些内部构造和机理不清楚，但可以通过外部观测和试验来认识其功能和特性的复杂系统。

正义和增进人类福祉成了一个不可回避的课题。

首先，数据隐私的保护问题日益成为公众关注的焦点。在 AI 技术的驱动下，个人数据的收集、处理和分析变得相对容易，但也带来了严重的隐私泄漏风险。如何在享受 AI 带来的便利的同时，保护个人隐私不受侵犯，是技术发展者、政策制定者以及社会公众都必须面对的问题。

其次，算法偏见问题亦引起了广泛的社会关注。由于 AI 系统的决策往往基于历史数据进行学习，如果这些数据本身存在偏见，则 AI 系统的决策也可能反映或加剧这些偏见，从而对某些群体产生不公平的影响。因此，确保 AI 系统的公正性、透明度和可解释性，是 AI 伦理研究领域亟须解决的问题。

再次，AI 技术对就业市场的冲击也是一个不可忽视的伦理问题。AI 和自动化技术的发展可能会导致大规模的就业流失，特别是在低技能劳动力市场。这不仅会加剧社会的经济不平等，还可能引发社会不稳定。因此，如何在推动技术进步的同时，确保人们的就业权益，是一个需要全社会共同思考的问题。

此外，随着 AI 技术的应用越来越深入，如何确保技术的发展与应用不会加剧社会分裂、不平等现象，而是能够增进社会的整体福祉，成了一个重要的议题。这要求技术开发者、政策制定者以及社会各界在推进技术创新的同时，也要充分考虑到技术发展对社会的影响，努力实现技术的伦理发展与社会责任。

最后，AI 技术的快速发展也带来了对国际合作和全球治理的挑战。在全球化的背景下，不同国家和地区在 AI 技术的发展水平、法律法规以及伦理标准上存在差异，这对于协调全球 AI 技术的伦理发展提出了挑战。因此，加强国际合作，建立共同的伦理准则和监管框架，是实现 AI 技术全球伦理发展的关键。

综上所述，AI 技术的伦理问题是多维度、跨学科的，涉及技术、社会、法律以及哲学等多个领域。随着 AI 技术的不断进步和应用领域的不断拓宽，其伦理问题的复杂性和紧迫性也在不断增加。这要求我们不仅要关注技术本身的发展，更要深入思考技术背后的伦理原则和社会责任。只有这样，我们才能确保 AI 技术的发展能够真正惠及全人类，促进社会的整体进步。因此，在 AI 技术的每一个发展阶段，伦理考量都应该是不可或缺的一部分，这不仅是对技术发展的负责，更是对社会和未来的负责。

3．人工智能的现实应用

人工智能在现实世界中得到了广泛应用，这不仅展示了 AI 作为技术创新的驱动力，同时揭示了其在推动社会进步方面的重要作用。从自动驾驶汽车的精准操作，到语音识别技术的日常便利，再到图像处理和自然语言处理的突破性发展，AI 技术正以前所未有的速度和范围改变着我们的生活方式和工作方式。

特别是在医疗、教育和金融等关键行业中，AI 的应用已经开始引发革命性的变革。在医疗领域，AI 不仅能够协助医生进行更精确的诊断，还能通过大数据分析预测疾病风险，从而提供更为个性化的治疗方案。在教育领域，AI 技术通过智能教学系统和个性化学习路径，为学习者提供了更加高效和定制化的学习体验。在金融行业，AI 的应用不仅提高了交易效率，还通过智能风险管理系统，为金融安全提供了更强的保障。

这些应用不仅展示了 AI 技术在提高服务效率、优化用户体验方面的巨大潜力，也凸显了 AI 在促进个性化解决方案和推动社会创新方面的关键作用。然而，随着 AI 技术的深入应用，人们也面临着伦理和社会责任的重大挑战，如何确保 AI 技术的发展和应用能够促进公平、尊重隐私，同时增进所有人的福祉，成为我们亟须解决的问题。

4．对人工智能技术的展望

经历近 70 年的快速发展，人工智能在技术层面不断突破阻碍，取得了辉煌成果。在对人工智能未来的展望中，我们可以预见技术潜力的进一步释放和应用范围的广泛扩展。然而，一方面，人工智能关系到人类的未来，未来的人工智能将不仅仅是技术进步的象征，更将成为推动社会创新、解决复杂问题的关键力量。从精准医疗到智能城市规划，从可持续环境管理到教育个性化，AI 的潜在创新将为人类带来前所未有的便利和机遇。另一方面，技术的飞速发展也伴随着伦理挑战的加剧，比如数据安全、隐私保护以及算法公正性等问题。面对这些挑战，我们必须采取积极措施，确保在推动人工智能技术发展的同时，充分考虑和解决这些伦理问题。这不仅是为了避免技术进步可能带来的社会分裂和不公，更是为了确保科技创新能够真正惠及全人类，促进全球共同发展和繁荣。因此，构建一个伦理的、包容的人工智能未来，是我们共同的责任和追求。

二、智能技术的进步与研究的兴起

20 世纪 80 年代初，经历了 10 年由于计算能力严重不足而导致的人工智能的"寒冬"之后，人工智能研究迎来了新一轮高潮。深入探讨技术进步与研究的勃兴，旨在为人工智能的发展提供坚实的基础。随着计算技术的飞速进步，尤其是计算能力和数据存储能力方面的显著提升，以及互联网技术的全球普及，AI 技术得以迅猛发展，其应用范围也日益扩大。这些技术革新不仅极大地增强了机器处理复杂任务的能力，也为 AI 系统提供了前所未有的数据访问和信息交换平台。

紧接着，机器学习和深度学习的兴起标志着 AI 领域进入一个重要转折时期。这些技术的发展和应用，使得机器不仅能够执行预设的任务，还能通过分析大量数据自我学习和适应。关键的技术突破，如神经网络的复兴和算法的优化，进一步推进了 AI 的能力，使其在图像识别、自然语言处理以及决策支持等多个领域取得了令人瞩目的成就。这些进步不仅展示了 AI 技术的巨大潜力，也为未来的创新和应用开辟了新的道路。

然而，这些技术革命既给人们的生活带来了便利和效率提升，也引发了关于 AI 伦理的深度讨论。随着 AI 技术越来越多地融入人类的日常生活和决策过程，如何确保这些技术的发展和应用能够符合伦理标准、尊重人权，并促进社会公正，成为我们不可回避的问题。这要求我们在追求技术创新的同时，还必须认真考虑和解决伴随而来的伦理挑战。

三、研究目标与内容结构

通过回顾人工智能兴起的背景，既凸显出将伦理问题置于 AI 发展的核心位置的必要性和迫切性，也为我们深入探索人工智能伦理的重要性夯实了地基，同时也为铺展和讨论人工智能伦理的具体议题设定了基调。随着 AI 技术的不断进步和应用领域的日益拓宽，伦理问题愈发显得重要，它关乎技术进步如何以一种负责任和可持续的方式惠及全人类。因此，正确认识并处理这些伦理挑战，不仅是 AI 领域研究者和开发者的责任，也是整个社会共同面临的课题。

人工智能伦理的研究目标在于，一是深入探讨人工智能技术发展过程中所涉及的伦理问题，其重要性以及对社会的广泛影响；二是深入探讨如何在 AI 的发展过程中维护伦理原则，确保技术创新与人类价值观相协调，共同推动构建一个更加公正、包容的未来；三是提供一个较为全面的视角，用以理解和评估 AI 技术在现代社会中的应用，及其所引发的伦理、社会和法律问题；四是激发未来更广泛的讨论，推动对 AI 伦理的深入研究，为制定相关政策提供理论基础和实践指南。

为了达成上述研究目标，还需构建 AI 伦理研究的较为合理的内容结构和框架。首先，从 AI 技术的发展历程和现状入手，概述其在不同领域中的应用及其带来的变革。其次，立足伦理学基本理论，概述并界定人工智能伦理范畴的内涵，指出应用伦理学在研究、开发和应用人工智能技术中的学理价值，揭示人工智能伦理学的跨学科性质。再次，深入探讨 AI 伦理的核心议题，包括但不限于数据隐私保护、算法偏见、就业变革、社会责任以及国际合作等。每个议题都从多个维度进行讨论，包括技术、法律、社会和哲学等，以揭示这些问题的复杂性和多样性。同时展示实际案例研究，以便能够更直观地呈现 AI 伦理问题在现实世界中的表现和影响。讨论当前对 AI 伦理问题的应对措施，包括已有的法律法规、行业标准，以及国际组织的指导原则等。最后，深入探讨 AI 伦理的未来趋势，包括技术发展可能带来的新的伦理挑战；还将讨论未来可能的政策方向、技术创新以及伦理指导原则，以期为 AI 伦理发展提供可行的建议和解决方案。

通过这一系列的讨论，希望能够构建出一个关于 AI 伦理问题的较为全面的框架，帮助人们理解这些问题的复杂性，认识到在推动技术进步的同时，保护个体和社会的利益，是我们共同面临的挑战。我们相信，通过全社会的共同努力，可以引导 AI 技术向着更加公正、可持续和有益于全人类的方向发展。

上 篇

人工智能伦理概述

第一章　人工智能的当代发展

　　"人工智能"概念的诞生和演进跨越了数十年的旅程，它不仅标志着技术的进步，也反映了人类对于模拟和扩展人类智能的不懈追求。关于何为"人工智能"，目前没有统一的界定，这恰恰反映了人工智能发展的不确定性和未来性特征。例如，按照 1956 年达特茅斯学院举办的人工智能研讨会上的提法，"人工智能"用来表示"人工所制造的智能"，它是研究"让机器能像人那样认知、思考和学习，即用计算机模拟人的智能"[①] 的科学。又如，联合国教科文组织 2021 年发布了首份人工智能伦理问题的全球性协议《人工智能伦理问题建议书》，在说明"本建议书无意对人工智能作出唯一的定义，这种定义需要随着技术的发展与时俱进"之后，给出了一个人工智能的定义："人工智能系统是有能力以类似于智能行为的方式处理数据和信息的系统，通常包括推理、学习、感知、预测、规划或控制等方面。"总体而言，人工智能是指由人工制造出来的系统所表现出来的智能，是一门研究、开发用于模拟、延伸和扩大人类智能的理论、方法、技术及应用系统的学科。

　　如前所述，廓清人工智能的发展历史，可以为人工智能伦理研究提供坚实的历史背景，帮助人们理解人工智能伦理问题的复杂性和必要性。人工智能的"种子"在 20 世纪 40—50 年代被播下，当时的科学家们开始探索能够模拟人类智能行为的机器。这一时期，计算机科学家和理论家对机器能否模拟人类智能行为展开了广泛的讨论和实验。1950 年，图灵提出了著名的"图灵测试"，作为判断机器是否能够展现出与

[①]　吴飞：《回望人工智能原点：达特茅斯会议》，《科学》2023 年第 4 期。

人类相似智能的标准。"图灵测试"的提出不仅是对人工智能概念的首次明确表述，也为后来的 AI 研究提供了坚实的理论基础。1956 年 8 月召开的达特茅斯会议是人工智能历史上的一个里程碑事件，标志着人类自此迈向了"智能化时代"。在这次会议上，来自不同学科背景的科学家们聚集在一起，共同讨论了人工智能的可能性和未来发展方向。会议的成果是人工智能作为一个独立研究领域被正式定义，从而促使这一领域开始迅速发展。

如果说 20 世纪 40—80 年代是人工智能作为一个独立学科和研究方向得以发展的准备期，其间经历了诞生期、低谷期、黄金期、繁荣期、寒冰期的反复淬炼，那么到了 20 世纪 90 年代，人工智能迎来了真正的春天，自此，人工智能技术取得了突破性进展，展现了人类通过科技创新对智能本质不断探索和挑战的艰难过程。

一、智能关键技术突破及风险隐患

在人工智能的发展历程中，机器学习和深度学习的技术突破标志着这一领域的重大进展。这些技术的进步不仅拓展了 AI 研究的边界，也为实际应用提供了强大的动力。机器学习作为人工智能的一个核心分支，使计算机能够通过分析和学习数据模式来自我改进其执行任务的能力。这种技术的美妙之处在于，它允许计算机从经验中学习，而无需对每一种可能的情况进行显式编程。机器学习的应用范围极广，从简单的电子邮件过滤系统到复杂的股票市场预测模型，无不体现了其强大的适应性和灵活性。

深度学习，作为机器学习的一个子集，通过模拟人脑的神经网络结构，为处理和分析大量数据提供了一种更为高效和复杂的方法。深度学习网络，通常被称为人工神经网络，由多层（或"深度"）的节点组成，这些节点能够模拟人脑神经元的功能。每一层都能够从输入数据中提取特征，并将这些特征传递给下一层，以此类推，直至最终输出预测结果。这种层次化的特征提取方式，使得深度学习在图像识别、语音识别和自然语言处理等领域实现了突破性的进展。

人工智能领域的世界级科学家、清华大学智能科学讲席教授、中国工程院外籍院士张亚勤先生在 2021 年 9 月曾发表了"智能科学：无尽的前沿"主题演讲。他从技术演变的大趋势、算力驱动计算体系的突破，到人工智能赋能生命科学、绿色计算以及自动驾驶技术等方面，阐述了智能科学和技术对产业、社会乃至人类发展带来的无限可能。

关于智能关键技术突破，张亚勤提到，深度学习的三要素是数据、算法和算力，以此为基础带来了人工智能技术发展及落地应用的热潮。在算法方面，人工智能已产生了很多不同算法，在感知方面如语音识别、人脸识别、物体分类等已和人达到同样的水平，但在自然语言理解、知识推理和视频语义及泛化能力方面还有很大差距，且算法在透明性、可解释性、因果性、安全、隐私和伦理等方面存在较大挑战。

在算力方面，随着机器学习领域对算力需求的每年数十倍增长，突破目前算力限制需要回到计算和通讯领域的基本理论，包括对信息进行重新定义，制定新的计算范式（如量子计算、类脑计算和生物计算等），创新传感器类型，以及建立新的计算体系和通讯架构，从而使计算架构走向分布式，包括端侧智能、边缘智能、云端智能及端—边—云协同智能等方面的技术突破[①]。

在图像识别领域，深度学习技术的应用已经达到了惊人的准确度。通过训练深度神经网络识别和分类数以亿计的图像，计算机现在能够以超过人类平均水平的准确率识别对象、场景和面部。这一技术的进步不仅推动了自动驾驶汽车的发展，也为医疗影像分析等领域带来了革命性的变化。在语音识别方面，深度学习使得计算机能够以前所未有的精度理解人类的语音。现代的语音助手和智能家居设备依赖深度学习技术来

---

① 《智能科学：无尽的前沿》，清华大学智能产业研究院（AIR）的官方网站，2021 年 10 月 4 日。

解析用户的语音指令，提供准确的反馈和服务。这一技术的进步极大地提高了人机交互的自然性和效率。

自然语言处理（NLP）[①] 领域也受益于深度学习的发展。通过使用深度学习模型，计算机现在能够更好地理解、生成和翻译人类语言。这一进步不仅使机器翻译服务变得更加准确和流畅，也为自动文摘、情感分析和语言生成等应用打开了新的可能性。机器学习和深度学习的技术突破是人工智能领域的里程碑，它们不仅推动了 AI 技术的发展，也对众多行业带来了深远的影响。这些技术的进步意味着计算机不仅能够执行复杂的任务，还能够以前所未有的方式理解和处理人类语言和视觉信息。随着研究的深入和技术的进一步完善，我们可以期待机器学习和深度学习将在未来继续推动人工智能向前发展，解锁更多前所未见的可能性。

NLP 已成为人工智能领域的一个重要分支，它致力于赋予计算机处理、理解和生成人类语言的能力。随着深度学习技术的融入，NLP 领域已经实现了质的飞跃，推动了一系列令人瞩目的应用和服务的发展。在机器翻译方面，深度学习技术的应用使得计算机能够更加准确和流畅地翻译不同语言。过去，机器翻译往往依赖于简单的直译或基于规则的翻译方法，这导致翻译结果往往生硬且不自然。然而，随着深度学习模型的引入，特别是序列到序列（seq2seq）模型和注意力机制的应用，机器翻译的质量得到了显著提升。这些技术使得计算机能够更好地理解上下文，生成更加流畅和准确的翻译结果，极大地缩小了与人工翻译的差距。情感分析是 NLP 领域的另一个重要应用，它涉及分析文本数据以确定其中的情绪倾向，如正面、负面或中性。深度学习技术的应用极大地提高了情感分析的准确性和效率。通过训练深度神经网络模型识别和

[①] 自然语言处理（Natural Language Processing，NLP）是以语言为对象，利用计算机技术来分析、理解和处理自然语言的一门学科，即把计算机作为语言研究的强大工具，在计算机的支持下对语言信息进行定量化的研究，并提供可供人与计算机之间能共同使用的语言描写。

理解语言中的微妙情绪，企业和组织现在能够自动化地监测和分析社交媒体、产品评论和客户反馈，从而更好地理解消费者的情绪和需求。

聊天机器人或虚拟助手的发展是 NLP 技术进步的直接体现。深度学习使得聊天机器人能够更自然地与用户进行交流，提供更加个性化和智能化的服务。通过理解用户的查询并生成合适的回答，聊天机器人现在能够在客户服务、健康咨询、在线购物等多个领域提供支持。这些虚拟助手能够处理大量的查询，减轻人工客服的负担，并提高用户满意度。自然语言处理的技术进步，特别是深度学习的应用，已经极大地扩展了计算机处理人类语言的能力。从机器翻译到情感分析，再到聊天机器人，NLP 技术的进步不仅推动了新应用的发展，也为现有服务提供了更加丰富和精准的功能。随着技术的不断进步，我们可以期待 NLP 将在未来解锁更多前所未见的可能性，为人类社会带来更多的便利和创新。

计算机视觉技术的发展代表了人工智能领域的一个重要里程碑，它赋予了机器类似于人类的视觉识别能力，使其能够理解、分析并处理图像和视频数据。通过模拟人类视觉系统的复杂机制，计算机视觉技术不仅能够识别图像中的对象、场景和活动，还能够理解这些视觉元素的上下文和意义。这一技术的进步极大地扩展了机器的应用范围，为多个领域的技术创新奠定了基础。

在自动驾驶汽车领域，计算机视觉技术是实现车辆自主导航和决策的关键。通过装备在汽车上的摄像头，计算机视觉系统能够实时地识别和解析道路标志、交通信号、行人、其他车辆以及各种障碍物。这些信息被用来指导汽车的行驶方向、速度调整和路径规划，确保安全高效地到达目的地。计算机视觉技术的进步使得自动驾驶汽车能够更好地适应复杂多变的交通环境，向完全自动驾驶的未来迈出了重要一步。

面部识别技术是计算机视觉应用的另一个显著例子。通过分析人脸的特征点，计算机视觉系统能够识别个体身份，这一技术已广泛应用于安全验证、监控系统和个性化服务中。随着算法的优化和计算能力的提升，面部识别技术的准确度和处理速度都有了显著的提高，使得它成为一种可靠和高效的身份认证手段。

增强现实技术通过在现实世界的视觉场景中叠加数字信息，为用户创造了一种沉浸式的体验。计算机视觉技术在此过程中扮演着至关重要的角色，它使得设备能够理解和解释用户的视觉环境，确保虚拟对象能够准确地与现实世界融合。无论是在游戏娱乐、教育培训，还是在医疗诊断等领域，增强现实技术都展现出了巨大的潜力和应用价值。计算机视觉技术的发展不仅是人工智能领域的一大进步，也是人类向更智能化、自动化世界迈进的关键步骤。它通过赋予机器类似人类的视觉识别能力，为自动驾驶汽车、面部识别系统和增强现实等技术的发展提供了坚实的基础。随着计算机视觉技术的不断进步，我们可以预见，未来将有更多创新的应用诞生，为人类生活带来更多便利和可能性。

随着自动化技术和机器人学（robotics，指与机器人设计、制造和应用相关的科学）的飞速发展，机器现在不仅能够承担简单的重复性任务，如组装线上的物品搬运，还能执行一些高度复杂和精细的操作，比如精密手术。这种技术进步极大地提升了各行各业的生产效率和操作精度，同时也为人类提供了前所未有的便利。例如，在医疗领域，机器人手术助手能够在医生的控制下进行极其精确的切割和缝合，减少手术中的风险和病人的恢复时间。

然而，伴随这些智能技术的快速发展、关键突破和广泛应用，引发了一系列关于未来工作模式、就业机会以及人机交互伦理的讨论，人工智能技术的两面性问题愈益突出，一系列风险隐患和伦理问题亦愈益显现，成为社会、科技界乃至政策制定者亟须关注、讨论和解决的问题。这些风险隐患主要集中在隐私保护、算法偏见、自动化对就业的影响以及人机关系等方面。

首先，在数据驱动的 AI 应用中，隐私保护问题尤为突出。AI 系统的训练和优化依赖于大量的数据，包括个人信息和敏感数据。如何在挖掘数据潜能的同时保护个人隐私，防止数据滥用和泄漏，成了一个重大的伦理挑战。这要求制定更加严格的数据管理政策和技术，确保数据的安全和用户的隐私权益。

其次，算法偏见问题是机器学习中普遍存在的问题，它会导致 AI 系统的决策过程中存在不公平性和歧视性。算法偏见通常来源于训练数据的不均衡或预设的偏见，这可能导致对特定群体不利的结果，引发对公平性和透明度的广泛关注。解决算法偏见问题需要从数据收集、模型训练到结果评估的全过程中引入多元化和公平性原则，确保 AI 系统的决策更加公正和透明。

再次，随着机器承担更多原本由人类完成的工作，如何确保就业市场的平衡、保护工人的权益，以及如何设计和实施人机交互以促进而非破坏社会福祉，成为亟须解答的问题。自动化和机器人学的进步虽然提高了生产效率和经济增长，但也引发了对就业影响的担忧。机器和智能系统能够替代大量传统工作，可能导致失业率上升和职业结构变化。如何在享受自动化带来的便利的同时，确保劳动力市场的稳定、就业机会的公平分配，成为一个需要全社会共同面对的伦理和政策问题。

最后，随着 AI 技术的深入发展，人机关系也日益复杂化。智能机器人和虚拟助手的出现，改变了人们的生活方式和工作模式，同时也引发了对于人机关系未来发展的思考。如何建立一种健康、和谐的人机共存关系，确保技术发展服务于人类福祉，是 AI 发展中不可忽视的伦理议题。

综上所述，人工智能的早期发展和关键技术突破为我们揭示了技术进步的巨大潜力，同时也向我们展示了伴随这些进步而来的伦理挑战。通过梳理 AI 技术发展的演进脉络，意在为深入探讨 AI 伦理问题奠定基础。随着 AI 技术的不断发展，一方面需要我们从观念上不断审视和更新对这些伦理问题的理解和应对策略，通过全社会的深思熟虑和积极应对，确保技术的健康发展能够惠及全人类，而不是造成伤害或不公。另一方面需要通过跨学科合作，制定合理的政策和标准，以及推广伦理教育和意识，促使政策制定者、企业和技术开发者共同考虑技术进步带来的社会影响，既确保技术发展又能促进社会的公平和可持续发展，使人们可以在享受 AI 带来的便利的同时，避免技术进步带来的"反噬"，防止因技术异化而损害社会的公平性、透明度和人类的福祉。

二、人工智能的发展趋势及安全性问题

在过去的几十年里，人工智能领域经历了飞速的发展，这一趋势不仅展现了 AI 技术的巨大潜力，也预示着未来发展的无限可能。作为当代 AI 发展的核心，深度学习技术和神经网络模型正引领着这场革命。深度学习是一种受人脑启发的技术，通过模拟人类大脑神经元的工作原理，使机器能够从数据中学习和做出判断。这一技术已经在图像识别领域取得了显著成就，比如，现在的智能手机能够识别用户的面部特征，安全解锁设备。在自然语言处理领域，深度学习也让机器能够更加精准地理解和生成人类的语言，从而使聊天机器人能够提供更自然、更有帮助的对话体验。

随着 BERT（一种语言表示模型）、GPT（一种基于互联网的、可用数据来训练的、文本生成的深度学习模型）等先进模型的出现，自然语言处理技术取得了显著的进步。这些模型不仅提升了机器翻译的准确性，还使得文本生成变得更加流畅和自然。例如，GPT-3 模型能够撰写文章、编写代码，甚至创作诗歌，展现出令人惊叹的创造力。未来，我们可以预期深度学习和神经网络技术将变得更加高效和精确。随着算法的不断优化和计算能力的提升，这些技术将能够解决更加复杂的问题，比如更准确地预测自然灾害、提高医疗诊断的精度，甚至在自动驾驶汽车领域实现重大突破。

在探讨人工智能的发展趋势及安全性问题方面，许多国际上的专家和学者都做出了重要贡献。其中单志广①的观点具有较高的权威性和参考价值。

他指出，人工智能的发展趋势包括行业应用潜力巨大，"AI+"将成未来风向标，推动传统行业向自动化和智能化转型，预计到 2025 年 AI 应用市场总值将达到 1270 亿美元；创业投资渐趋理性，投资人更关注 AI 的商业和应用价值；认知智能尚未成熟，亟待新一轮技术革命，当前 AI 受限于算法效率和硬件性能等因素，以迁移学习、类脑学习等为代表的认知智能研究越发重要。

在安全性问题方面，单志广认为人工智能时代的数字安全威胁较大。一方面，人工智能系统自身面临多维度安全风险，技术内生风险和系统衍生风险交织叠加。数据安全风险方面，人工智能依托海量数据发展，存在敏感信息泄漏风险，且相关数据的归属权等在法律上尚难界定；算法模型安全方面，安全风险贯穿人工智能模型构建的全生命周期；外部攻击安全方面，数据投毒、模型后门、对抗样本、数据泄漏、模型窃取、软件漏洞等安全隐患屡见不鲜。另一方面，人工智能技术滥用带来数字安全威胁。生成式人工智能的发展标志着其从专用智能迈向通用智能，但大部分传统人工智能模型的安全风险仍然存在，同时生成式人工智能也有技术软肋，易培育假信息"温床"、使用方式简单便捷易形成失泄密"陷阱"、新兴技术尚难监管易成为信息战"武器"等特有问题。②

当代人工智能的发展是一个多维度、跨学科的进程，涵盖了从算法优化、计算能力提升到应用场景拓展等多个方面。随着技术的不断进步和社会需求的日益增长，AI 正处于一个快速发展的时期，其发展趋势

---

① 单志广，国家信息中心信息化和产业发展部主任，中国智慧城市发展研究中心主任。国家大数据发展专家咨询委员会秘书长。出版著作有《计算机网络的服务质量（QoS）》《物联网技术与产业发展》《信息资源分类——方法与实践》《网络计算环境：体系结构》《网络计算环境：数据管理》《网络计算环境：应用开发与部署》《网络计算环境：资源管理与服务》《智慧教育与大数据》《大数据：形势、对策与实践》等。

② 单志广：《夯实人工智能发展的安全基础》，《经济日报》2024 年 2 月 6 日。

主要表现在以下几个方面。

1. 算法的创新与优化

算法的创新与优化是人工智能技术进步的核心。在机器学习和深度学习的领域，近年来新算法的涌现不仅推动了 AI 技术的快速发展，也为解决复杂问题提供了新的途径。例如，变分自编码器（VAE）[①] 和生成对抗网络（GAN）[②] 等算法的出现，为机器学习提供了强大的生成模型，使得机器能够生成高质量的图像、音频和文本，这在图像处理、自然语言处理等领域有着广泛的应用。

算法的创新不仅体现在新模型的设计上，还包括对现有算法的优化。通过改进算法的结构、训练方法或优化技巧，可以显著提高 AI 系统的性能，包括提高准确率、减少训练时间和降低计算成本等。例如，深度学习领域的残差网络（ResNet）通过引入"跳跃连接"解决了深层网络难以训练的问题，极大地推动了深度学习技术的应用。未来，随着 AI 技术在更多领域的应用，对算法的创新和优化需求将不断增长，更加高效、准确的算法将是解决更复杂任务和场景的关键。这不仅需要算法研究者在理论上进行深入探索，还需要结合实际应用场景，不断测试和优化算法性能。

此外，随着 AI 伦理和安全性问题的日益重要，算法的创新也需要考虑到公平性、透明性和可解释性。如何设计既高效又符合伦理标准的 AI 算法，将是未来研究的一个重要方向。总之，算法的创新与优化将继续作为 AI 发展的核心动力，支撑着 AI 技术在各个领域的深入应用和突破。

[①] 变分自编码器（Variational AutoEncoder，VAE）是以自编码器结构为基础的深度生成模型。

[②] Ian Goodfellow，《生成对抗网络》2024 年 6 月，GAN 有能力从训练样本中学习特征，并利用这些学到的模式想象出它们自己的新输出。

2. 计算能力的提升

人工智能技术的突飞猛进，很大程度上得益于背后计算能力的显著提升。在 AI 的发展历程中，计算能力的进步为其提供了强大的动力。随着云计算的普及和边缘计算的兴起，以及专用 AI 芯片的开发和应用，我们正见证着 AI 计算能力的飞速增长。

云计算通过提供弹性的、按需分配的计算资源，极大地降低了 AI 研究和开发的门槛。研究人员和开发者可以轻松访问到海量的计算资源，不再受限于本地硬件的限制。这使得训练大规模的 AI 模型成为可能，加速了 AI 技术的创新和应用。边缘计算则将数据处理能力推向了网络的边缘，即靠近数据产生的源头。这种计算模式对于需要实时处理和反馈的 AI 应用尤为重要，比如自动驾驶、智能监控等。通过在本地进行数据处理，边缘计算能够显著减少延迟，提高响应速度，同时减轻数据中心的负担。

此外，专用 AI 芯片的开发是提升 AI 计算能力的另一个重要方向。与通用处理器相比，这些芯片在设计上更加优化，专门针对 AI 计算任务，如神经网络的训练和推理，提供了更高效的计算性能和能源效率。从谷歌的 TPU（Tensor Processing Unit）[1] 到英伟达的 GPU（Graphics Processing Unit）[2]，这些专用芯片正在成为 AI 计算的重要推手。计算能力的提升不仅使得更加复杂的 AI 模型成为可能，而且大幅缩短了 AI 模型的训练时间，提高了研发效率。随着计算技术的不断进步，未来 AI 的发展将不再受限于计算能力，而是能够不断探索新的可能，推动 AI 技术在更广泛领域的应用和创新。

---

[1] 张量处理单元即 TPU（Tensor Processing Unit），是在美国加州山景城召开的谷歌 I/O 开发者大会上，谷歌 CEO 桑达尔·皮查伊宣布已经开始打造属于自己的专为应用定制的集成电路芯片，是一款为机器学习而定制的芯片，经过了专门深度机器学习方面的训练，具有更高效能。

[2] 图形处理器（Graphics Processing Unit），又称显示核心、视觉处理器、显示芯片，是一种专门在个人电脑、工作站、游戏机和一些移动设备（如平板电脑、智能手机等）上做图像和图形相关运算工作的微处理器。

3. 应用场景的多元化

人工智能技术的快速发展正在推动其应用场景的不断多元化，覆盖了社会生活的方方面面。在互联网领域，AI 技术的应用已经相当成熟，比如个性化推荐、搜索引擎优化、自动化客服等。而随着技术的进步，AI 的应用已经扩展到了制造业、医疗健康、金融服务、智能家居、农业、教育等多个行业。

在制造业中，AI 技术通过机器视觉、预测性维护等方式提高生产效率和产品质量。在医疗领域，AI 不仅能够辅助医生进行疾病诊断，还能通过大数据分析预测疾病风险。金融服务行业利用 AI 进行风险管理、欺诈检测、智能投顾等。智能家居领域中，AI 技术使得家居设备更加智能化，能够根据用户的习惯和偏好自动调整。在农业领域，AI 技术通过精准农业管理帮助提高作物产量和质量。教育领域中，AI 技术可以提供个性化学习方案，辅助教学和评估。

这种应用场景的多元化不仅推动了各行各业的变革，提高了生产效率和服务质量，还为 AI 技术的发展打开了新的空间。面对不同行业的特定需求，AI 技术需要不断地创新和优化，以适应更加广泛和复杂的应用场景。随着技术的进一步发展和应用的深入，AI 技术将在更多领域展现出其独特的价值，为社会带来更加深远的影响。

4. 人机交互的自然化

人机交互的自然化是当前人工智能技术发展的一个重要趋势。随着自然语言处理技术的不断进步，机器能够更加准确地理解和处理人类的语言，使得与机器的交互更加接近人与人之间的自然沟通。这种进步不仅体现在语音识别的准确度的提高，还包括语言理解和生成能力的增强，使得语音助手、聊天机器人等应用能够提供更加流畅、自然的交互体验。

此外，情感计算的发展也是推动人机交互自然化的重要因素。通过分析用户的语音、文字甚至面部表情，AI 可以理解用户的情绪状态，并作出相应的反应，从而提供更加个性化和富有同理心的服务。这种能力的提升，让机器不再仅仅是冰冷的工具，而是能够提供情感支持的伙伴。随着技术的不断完善，未来的人机交互将更加自然和智能。我们可以预见，AI 将能够更好地理解人类复杂的语言表达和非言语交流，如手势、表情等，实现更加全面和深入的交互。这将极大地扩展 AI 在教育、医疗、娱乐等领域的应用，为人类生活带来更多便利和乐趣。人机交互的自然化，最终将使得技术更加贴近人性，让机器成为人类生活中不可或缺的智能伙伴。

5. AI 与其他技术的融合

人工智能作为当今科技领域的前沿技术，其与大数据、物联网（IoT）、区块链等其他技术的融合，正在开启一系列创新的应用模式和业务场景，这不仅极大地提升了 AI 的应用效果，也为社会的数字化转型注入了新的动力。

首先，AI 与大数据的结合，为数据分析提供了强大的动力。大数据技术能够处理和存储海量的数据，而 AI 技术特别是机器学习和深度学习算法，可以从这些数据中学习模式和规律，为决策提供支持。这种结合应用在金融风控、市场预测、用户行为分析等多个领域，极大地提高了数据处理的效率和准确性。

其次，AI 与物联网的融合，正推动着智能化转型的步伐。物联网技术通过传感器和设备连接现实世界的各种对象，收集大量实时数据。结合 AI 技术，这些数据可以用来智能化地监控、管理和控制设备，实现智能家居、智慧城市、智能制造等应用。例如，通过分析环境数据，AI 可以自动调节智能家居的温度和照明，提升用户体验和能效。

再者，AI 与区块链技术的结合，为数据安全和隐私保护提供了新的解决方案。区块链技术以其不可篡改和去中心化的特性，为数据提供了安全的存储和传输渠道。而 AI 技术可以用来分析区块链上的数据，优化交易机制，提升系统效率。此外，结合 AI 的智能合约，可以实现自动化的信任机制和决策流程，为供应链管理、金融服务等领域带来革新。

这种跨界融合的深度和广度，不仅为 AI 技术的应用开辟了新的领域，也推动了整个社会向数字化、智能化的方向转型。随着技术的不断进步和应用的深入，AI 与其他技术的融合将催生出更多创新的业务模式，为不同行业和领域带来更高效、更安全、更个性化的服务，同时也为解决社会问题和挑战提供了新的思路和手段。在这个过程中，如何平衡技术创新与伦理法规的要求，确保技术的可持续发展，将是我们需要共同面对的重要课题。

6. AI 伦理和安全性的重视

随着人工智能技术的快速发展和广泛应用，AI 伦理和安全性的问题引起了全球的广泛关注，并成为当代人工智能发展的题中应有之义。这些问题不仅关系到技术的发展方向，还关乎社会的公平、正义以及个人的隐私和安全。

首先，AI 伦理问题主要集中在公正性和透明性上。AI 系统特别是机器学习模型，其决策过程往往是一个"黑箱"，难以解释其作出特定决策的原因。这就带来了透明性的问题，使得用户难以理解和信任 AI 系统。此外，如果 AI 训练数据存在偏差，那么其输出结果很可能会加剧现有的不公平现象，例如在招聘、信贷审批等领域中的歧视问题。

其次，AI 的安全性问题涉及数据泄漏、恶意使用 AI 技术以及 AI 系统的可控性等方面。随着 AI 在个人生活中的应用越来越广泛，如何保护个人隐私，防止数据被滥用成了一个迫切需要解决的问题。同时，随着 AI 技术的进步，如何防止 AI 技术被用于制造虚假信息、网络攻击等恶意行为，也是安全性问题的一部分。

为了解决这些问题，一方面，需要加强对 AI 伦理和安全性的研究，发展更加公平、透明、可解释的 AI 技术。例如，可解释性 AI（XAI）

的研究旨在让 AI 的决策过程更加透明和可理解。另一方面，需要建立和完善相关的法律法规，为 AI 的发展提供伦理和法律框架。这包括对 AI 使用的数据进行严格管理，确保数据的来源合法、使用过程公正、存储安全，以及明确 AI 技术的使用边界，防止滥用。总之，随着 AI 技术的不断进步和应用领域的不断拓展，其伦理和安全问题将更加复杂多样。只有通过技术创新和法律法规的双重保障，才能确保 AI 技术的健康发展，使其成为推动社会进步的积极力量。

总的来说，当代人工智能的发展呈现出创新持续、应用广泛、交互自然、伦理重视等特点。随着技术的不断进步和应用场景的不断拓展，AI 将在未来社会中扮演越来越重要的角色，为人类生活带来更多便利和可能性。同时，如何平衡技术发展与伦理道德、安全隐私的关系，也将是 AI 发展过程中需要探索和解决的问题。

因此，未来的 AI 发展不仅需要技术创新，还需要全社会共同努力，确保技术的健康发展和对社会的积极贡献。总之，AI 技术的未来充满了机遇和挑战。随着深度学习和神经网络技术的不断进步，我们有理由相信，AI 将在未来塑造一个更加智能、更加便捷的世界。

第二章　人工智能与伦理学的交会

在当今科技飞速发展的时代，人工智能已成为推动社会进步的强大力量。人工智能的发展给人类带来了诸多便利和创新，从智能医疗诊断到自动驾驶汽车，从自动化生产到个性化教育，其应用领域不断拓展。但与此同时，也带来了一系列伦理问题。而且这些问题没有一个简单的答案或统一的解决方案。我们需要跨学科的合作，包括技术专家、伦理学者、法律制定者以及社会各界的共同参与，以确保人工智能的发展符合人类的利益和价值观，让这一强大的技术成为造福人类而不是危害人类的工具。未来，随着人工智能技术的不断演进，我们应持续关注其与伦理学的交汇点，不断探索和完善伦理准则和规范，引领人工智能走向更加美好的未来。

一、伦理学的主要理论框架

伦理学是哲学的一个分支，主要研究道德行为、道德判断以及道德理论的本质、原则和问题。它探讨什么是好的、正义的、应该做的，以及人们如何作出道德判断，如何生活得更有道德。伦理学不仅关注个人行为的道德性，也关注社会规范和制度的正当性。以下将从伦理学的基础概念、主要分支、关键理论和当代挑战等方面进行阐述。

1. 伦理学的基础概念和主要分支

伦理学的关键概念（或核心概念）包括道德、善、正义、责任和自由。道德关注行为的正确与错误；善涉及生活中值得追求的目标和价值；正义强调公平与平等的重要性；责任讨论个体或集体应承担的义务；自由则是指个体在行动时的自主权。

按照不同的划分标准，伦理学的分支众多，这里主要关注其中三个分支：规范伦理学、形而上学伦理学和应用伦理学。规范伦理学主要探讨和制定行为的道德标准，试图回答"我们应该如何行动"这一问题，其中包括德性伦理、义务论和功利主义等理论。形而上学伦理学主要探讨道德现象的本质和基础，包括道德判断的客观性、道德价值的本质等。应用伦理学则将伦理理论应用于具体的道德问题和情境中，如医学伦理、商业伦理和环境伦理等。

在伦理学的发展过程中，形成了诸多道德哲学理论形态，为我们提供了不同的道德行为指南。这里主要关注德性伦理、义务论和功利主义。德性伦理主要强调品德和美德在个人行为中的作用。在西方，亚里士多德是该理论的代表人物，他认为德性是实现幸福的关键。在中国，孟子可以看作是德性伦理学的代表人物。义务论主张道德行为应遵循某些普遍性原则。康德的道德哲学强调行为的动机和遵守道德法则的重要性。在中国，荀子与朱熹可以看作是这方面的代表。功利主义认为行为的道德价值取决于其产生的后果，特别是其对幸福或福祉的贡献。在这一领域，墨家与南宋的陈亮、叶适等人的伦理学，可以看作是这方面的代表。

随着科技进步和社会变迁，伦理学面临着新的挑战，新的研究领域不断拓展，新的理论研究不断深化，如人工智能伦理、环境伦理和全球伦理等。这些挑战要求伦理学家适应时代变迁，重新考虑和扩展传统伦理理论，以应对新兴的道德问题。伦理学提供了一套分析和解决道德问题的工具和框架，帮助个人和社会作出更加明智和负责任的决策。通过深入探讨伦理学的基础概念、分支和理论，我们能够更好地理解道德行为的本质，促进个人和社会的健康发展。随着新的道德挑战的出现，伦理学的探索和应用也将不断进化，为人类提供指导和启示。

2. 关键理论和思想家

伦理学历史悠久，作为探讨道德原则和行为的哲学分支，孕育了丰富多样的理论体系和思想流派。这些理论不仅为理解人类行为提供了深刻的洞见，而且对于指导个人和社会的道德实践具有重要意义。

德性伦理学是一种古老而深刻的伦理学理论，它强调品格和美德在个人道德生活中的核心作用。以亚里士多德为例，他在《尼各马科伦理学》① 一书中，详细探讨了德性的概念，并将其定义为实现人生最终目标——幸福（eudaimonia）的关键因素。如亚里士多德认为，"德性"意味着过度与不足之间的中庸之道，通过理性的指导和实践习惯的养成，个体能够达到美德的最佳状态。德性伦理学不仅关注行为本身，更注重行为背后的动机和品格，强调通过培养美德来引导道德行为。

义务论是另一种重要的伦理学理论，它认为道德行为应当遵循普遍适用的原则或义务。以康德为例，他在《道德形而上学基础》中提出了著名的道德律和绝对命令（Categorical Imperative）。康德认为，道德行为的价值不在于其结果，而在于行为本身是否遵循了道德法则。他提出的"普遍化原则"要求个体在行动之前考虑，如果其行为成为普遍法则是否合理。康德的道德哲学强调理性的作用和个体内在的道德义务，对后世的伦理学思考产生了深远影响。

功利主义是一种以后果为导向的伦理学理论，主张以行为产生的后果，尤其是幸福或快乐的最大化，作为评价行为道德价值的标准。在西方近代哲学中，边沁和密尔是这一学派的重要代表人物。边沁在其《道德与立法原理导论》中提出了"最大幸福原则"，认为行为的正确与否，取决于它是否增加了最大数量人的幸福。密尔的《功利主义》进

---

① 〔古希腊〕亚里士多德：《尼各马科伦理学》，中国人民大学出版社，2003 年。《尼各马可伦理学》第一卷及第十卷里，亚里士多德详细地论述了快乐与幸福的问题。他把人的本性分为三个层次：植物性的生长与繁殖、动物性的感觉与欲望和神性类似的理性精神。人生的幸福仅仅是要最大程度地实现其植物性功能和动物性功能，而最重要的是使人的理性功能得到最大的发挥。

一步发展了功利主义理论，强调质的区别而非仅仅量的多少，认为某些形式的快乐在质量上优于其他形式。功利主义为道德判断提供了实用的标准，尤其在政策制定和伦理决策中得到了广泛应用，但这也不断地遭到义务论一派学者的质疑。

伦理学的这些关键理论及其众多思想家为我们提供了理解和评价道德行为的多元视角。从德性伦理学的品格关注，到义务论的原则遵循，再到功利主义的后果考量，这些理论反映了道德思考的复杂性和多维度。在实际应用中，这些理论往往相互补充，为解决道德困境和指导个人及社会行为提供了宝贵的指导。随着社会的发展和新的伦理问题的出现，伦理学的探索和讨论仍将继续为人类提供道德行为的智慧和指南。

3. 伦理学新视界

随着社会的不断进步和科技的飞速发展，伦理学领域迎来了前所未有的新挑战和新问题。这些新兴议题不仅考验着人们的道德判断力，也在不断重塑人们对于什么是"正确"和"错误"的认识。在这个变革的时代，生物伦理学和信息伦理学这两个领域特别引人注目，它们分别探讨了科技进步带来的生命科学和信息技术相关的道德难题。

生物伦理学关注的是生命科学领域中的伦理问题，其中基因编辑技术（如 CRISPR-Cas9）引发了广泛的道德讨论，促使人们聚焦基因编辑的道德边界问题。这项技术让我们有能力修改生命的基本蓝图——DNA，它既有可能治疗遗传疾病，也引发了关于人类自身本质和未来的深刻反思。例如，是否应该允许通过基因编辑来预防遗传性疾病？在这个问题上，人们的意见分歧巨大。一方面，这种技术代表着对疾病的终极胜利，预示着一个更健康的未来；另一方面，它带来了关于"设计婴儿"、基因优化和社会不平等的担忧。这些问题触及了人类伦理的核心，迫使我们重新审视生命的意义和价值。

信息伦理学关乎技术与隐私之间的"较量"。在信息技术方面，数据隐私、人工智能的伦理使用，以及技术对社会的影响逐渐成为热门话题。随着大数据和人工智能技术的发展，尽管人类生活变得更加便捷，但同时也带来了前所未有的隐私泄漏风险。例如，社交媒体公司如何处理用户数据？自动驾驶汽车在发生事故时应该如何作出决策？这些问题不仅关乎技术，更关乎道德和法律。信息伦理学要求人们在享受技术带来的便利的同时，也要保护个人的隐私权和确保技术的公正使用。它启发人们重新思考人与技术的关系，探索如何在保障个人权益与促进技术发展之间找到平衡点。

面对这些已然来临的伦理挑战，伦理学不仅需要提供解决方案，更应引导人们进行深刻的道德反思，比如，如何在尊重生命、保护隐私和促进科技发展之间找到平衡？这不仅是伦理学家的任务，也是每一个生活在这个时代的个人的责任。我们需要跨学科合作，将伦理原则融入科技创新和政策制定中，确保科技进步服务于人类的整体福祉。未来的伦理挑战将更加复杂，但通过全社会的共同努力，我们有望建设一个既道德高尚又科技先进的未来社会。

作为探讨人类行为道德维度的学科，伦理学既深邃又复杂，它像一盏明灯，照亮了正确行为的路径。在其广阔的领域中，伦理学不仅包含了丰富的基础概念和分支理论，而且涵盖了当前社会面临的众多伦理挑战。通过对伦理学基本理论和历史脉络的梳理，我们不仅能够更加清晰地认识到道德问题的本质，还能在复杂多变的决策过程中，作出更加负责任和明智的选择。

伦理学的魅力在于其关乎人的生存法则的深刻思考及其广泛的应用性。它不仅是哲学的一个分支，更是人类生活中不可或缺的一部分。从个人的日常选择到国家政策的制定，从科技发展的伦理审视到全球环境保护的道德责任，伦理学的影响无处不在。另外，伦理学作为一种方法，是人们思考和解决人类社会生活中道德问题的指导原则，它促使我们反思：什么是善？什么是恶？我们应该如何行动才能成为更好的人、创造更好的社会？

随着社会的不断进步和科技的迅猛发展，伦理学的讨论也在不断深化，面临着新的挑战。例如，人工智能的发展引发了关于机器人是否拥有道德权利的讨论；基因编辑技术的突破，使人们不得不重新审视生命的定义和价值；全球化背景下，不同文化之间的道德冲突和融合也提出了新的伦理问题。这些挑战要求人们不断更新既有的道德观念，寻找适应新时代的伦理指南。在这个变化莫测的世界中，伦理学为我们提供了一种方法论，帮助我们在道德的迷雾中寻找方向。通过学习和讨论伦理学，我们可以培养出更加敏锐的道德洞察力，更加深刻地理解人类行为背后的动机和后果。这不仅能够帮助人们在个人生活中作出更好的选择，也能够在职业道德、社会正义、生态与环境伦理等领域作出有益于社会的贡献。

伦理学的探索是永无止境的。每一个时代都会提出新的道德问题，每一个社会都需要找到适合自己的道德解答。在这个过程中，伦理学不断地挑战人们的思维，促使人们超越传统的道德观念，探索更加公正、更加人性化的行为准则。正是这种不断的探索和挑战，使得伦理学成为一门极其重要的关乎人类命运的学问，引导着人类社会向着更加光明和美好的未来前进。随着伦理学研究的不断深入，人们将学会如何在复杂多变的环境中作出明智的选择，如何在面对冲突和挑战时保持道德的清晰和坚定。伦理学不仅是对"正确"与"错误"的探索，更是一门关于人性、社会和未来的深刻思考的学问。通过这种思考，我们将更加理解自己，更加珍视他人，更加尊重我们共同的世界。在这个不断变化的时代，伦理学可以看作是我们前行的灯塔，照亮我们前进的道路，引导我们寻找真正的道德方向。

二、应用伦理学在技术领域的作用

在今天这个由技术驱动的时代，人工智能的迅猛发展不仅改变了我们的生活方式，也提出了一系列新的伦理问题。这些问题触及了人类的基本价值观、权利、责任以及社会结构，迫切需要我们从伦理学的角度进行深入探讨。其中，应用伦理学凭借自身专注于道德与实践的关系，立足伦理实践开展跨学科研究（如商业伦理、生命医学伦理、技术伦理、环境伦理、人工智能伦理等），既重塑了伦理学研究解决社会现实问题的规范伦理学形象，还为研究解决社会现实问题提供了富有创见的分析框架和推理理论。近年来，应用伦理学在人工智能伦理研究中得到了广泛关注。作为研究解决道德困境的方法体系，它体现了跨学科的巨大优势，可望成为人工智能伦理研究的新的生长点。

在探索应用伦理学在技术领域的作用这一重要议题时，彼得·辛格（Peter Singer）[①] 深入探讨了应用伦理学在技术领域的关键作用。他强调，在技术迅速发展的当下，伦理考量必须贯穿技术创新的全过程。

辛格指出，应用伦理学在技术领域的作用首先体现在为技术的发展方向提供价值引导。技术创新不应仅仅追求效率和功能的提升，还应考虑其对人类社会和环境的潜在影响，以确保技术的发展符合人类的整体利益和长远福祉。

其次，应用伦理学能够帮助制定技术应用的道德准则和规范。例如，在生物技术、人工智能等领域，明确界定哪些应用是可接受的，哪些是应被禁止的，从而避免技术的滥用和误用。

应用伦理学在智能技术领域的作用尤为重要，它不仅能够帮助人们理解和评估 AI 技术带来的伦理挑战，还能够引导人们在技术创新过程中作出负责任的决策，确保技术发展与人类价值观相协调。

1. 应用伦理学介入人工智能的伦理治理

人工智能正以前所未有的速度改变着我们的世界，重塑着全球的经

[①] 彼得·辛格是澳大利亚哲学家，现任教于澳大利亚莫纳什大学哲学系。他是现代效益主义的代表人物，也是动物解放运动的活动家。他专注于应用伦理学的研究，从效用主义的观点来思考伦理问题。他的代表作《动物解放》一书自 1975 年出版以来，被翻译成 20 多种文字，在几十个国家出版，英文版的重版多达 26 次。这本书促使读者严肃地思考应当如何对待非人动物的问题，推动了动物权益保护运动的发展。他还著有《实用伦理学》，这本书被广泛用作应用伦理学的教科书。

济结构并改变着人们的生活方式。从智能助手到自动驾驶汽车，从精准医疗到智慧城市，AI 的应用无处不在，为人类社会带来了巨大的便利和效率。然而，随着这些技术的快速发展，伴随而来的道德问题也日益凸显，引起了全社会的广泛关注。在这样的背景下，应用伦理学适时地介入 AI 领域并发挥其价值形塑作用，就显得尤为迫切。

应用伦理学在根本上是为应用伦理社会实践服务的，它从应用伦理实践中来，又回到应用伦理实践中去。应用伦理学研究在中国已成为"显学"，作为伦理学的重要分支，它专注于将深奥的道德理论和原则应用于现实生活的各个领域，其中就包括了快速发展的技术领域。它试图构建一座桥梁，将高高在上的道德理念与地面上的实际操作相连接，为我们在面对新兴技术时提供道德指导和决策支持。

在 AI 领域，应用伦理学的任务尤为紧迫和复杂。它要求我们深入探讨并解决 AI 技术在设计、开发、部署和使用过程中可能引发的一系列道德问题。在技术层面，这些问题涉及个人隐私的保护、数据的安全使用、算法中的偏见和歧视，以及人工智能对人类劳动力的影响等。在人机关系层面，这些问题涉及智能机器可能引发的社会发展和人类安全问题、分配不公和群体歧视等社会正义问题、智能增强阻碍人类能力全面发展的问题、人类自由自主空间的被挤压问题。每一个问题都是一个伦理难题，需要我们仔细权衡、深思熟虑。

举个例子，当一个 AI 系统能够通过分析大量个人数据来预测某人的健康状况时，这无疑是一项革命性的技术进步。然而，这同时也引发了关于隐私保护的严重担忧。人们担心自己的个人信息被滥用，担心失去对自己数据的控制权。在这种情况下，应用伦理学要求我们在追求技术创新的同时，也必须确保个人的隐私权得到充分保护，找到技术进步与个人权利之间的平衡点。又比如，随着 AI 系统在招聘、信贷审批等领域的应用，算法偏见成了一个不容忽视的问题。如果一个 AI 系统在训练过程中接触到了偏见的数据，那么它的决策也可能变得带有偏见，从而加剧社会不平等。在这里，应用伦理学强调的是公正性和透明度。

它要求我们对 AI 系统的决策过程进行审查，确保算法的公平性，并且让这一过程对用户透明，让人们明白 AI 是如何作出决策的。

通过这些例子我们可以看到，应用伦理学在 AI 领域的作用不仅仅是理论上的讨论，它更是指导实践、解决问题的有力工具。它帮助我们在追求技术创新的同时，不忘初心，坚持人类的基本伦理原则，确保技术的发展能够真正服务于人类的福祉，促进社会的公正与和谐。总之，应用伦理学在人工智能领域的作用是多方面的，它既是一盏指路灯，为我们在技术创新的道路上提供道德指引，又是一把尺子，帮助我们衡量每一项技术创新是否符合我们的伦理标准。在未来，随着 AI 技术的不断发展，应用伦理学将发挥更加重要的作用，引导技术发展与人类伦理的和谐共生。

2. 应用伦理学与 AI 技术运用的结合

在这个由人工智能技术主导的时代，人们正站在一个前所未有的道德十字路口。随着大数据和 AI 技术的深入应用，一系列伦理挑战浮现出来，它们不仅考验着人们的技术能力，更触及人们的道德底线。实现应用伦理学与 AI 技术运用的结合，可以加强对人工智能发展的伦理风险的研判和防范。

（1）隐私权与数据保护。想象一下，每当你浏览网页、购物或是使用智能手机时，你的个人信息就像散落的星星被收集起来。这些数据汇集成了一张巨大的网络，而 AI 技术就是在这张网中捕捉信息的"渔夫"。个人隐私在这个过程中变得极其脆弱，如同透明玻璃屋中的人。如何在收集、使用和分析数据的过程中保护个人隐私，防止数据滥用，成为技术发展中亟待解决的问题。这不仅是技术上的挑战，更是道德上的考验。

（2）算法偏见与歧视。在一个理想的世界里，AI 系统应该是公正无私的裁判，但现实却远非如此。算法的决策依赖于数据，而数据往往是不完美的。如果输入的数据存在偏见，或算法设计不当，就可能导致

AI 系统的决策具有歧视性。这种技术加剧的社会不平等，就像一块隐形的绊脚石，让那些已处于不利地位的人群更加难以前行。

（3）责任归属问题。当 AI 系统的行为导致损害时，我们面临着一个复杂的责任归属问题。是开发者、用户还是 AI 系统本身应当承担责任？这个问题就像一团乱麻，牵扯着法律、伦理和技术的多重维度。例如，当一个自动驾驶汽车发生事故时，责任的归属成了一个难解的谜题。这不仅是技术层面的挑战，更是法律体系和道德规范需要共同面对的问题。

（4）人机关系。随着 AI 技术的发展，人机交互变得越来越频繁，人类与机器之间的界限逐渐模糊。如何建立一种健康、和谐的人机关系，确保技术服务于人类而不是控制人类，成了一个重要的伦理议题。人们期待的是一种伙伴关系，而不是主仆关系；人们追求的是技术赋能，而不是技术统治。这需要人们在技术设计和应用的每一个环节中都以人为本，确保技术的发展符合人类的整体福祉。

总之，面对上述伦理挑战，人们需要的不仅是技术上的突破，更需要伦理上的深思熟虑。人们需要在技术创新的同时，不断地反思和更新自己的伦理观念，通过应用伦理学的指导，构建一个道德和技术并行的未来。这是一个需要技术开发者、政策制定者、伦理学家以及社会各界共同努力的过程。只有这样，人们才能确保 AI 技术的发展不仅是技术上的飞跃，更是人类文明的进步。

3. 应用伦理学的深度参与

在当今复杂多变的社会环境中，应用伦理学的深度参与正成为解决诸多现实问题、推动社会进步的关键力量。应用伦理学不再仅仅是理论层面的探讨，而是切实地融入到各个领域，发挥着引导、规范和评价的重要作用。在应用伦理学领域，彼得·辛格（Peter Singer）专注于应用伦理学的研究，从效用主义的观点来思考伦理问题。辛格提出了"有效利他主义"的思想，这一思想基于极其简单的想法：人们应该尽自己所能去行善事。

应用伦理学的深度参与体现在医疗领域。随着医疗技术的飞速发展，诸如基因编辑、器官移植、临终关怀等问题引发了广泛的伦理争议。应用伦理学在此发挥着关键作用，它帮助医疗从业者在面对复杂的医疗决策时，权衡各种利益和价值，确保医疗行为不仅符合技术要求，更遵循伦理原则。例如，在基因编辑技术的应用中，应用伦理学促使我们思考如何在追求治疗疾病的同时，避免对人类基因库造成潜在的不可预测的影响；在器官移植中，它引导我们建立公平、公正、透明的器官分配机制，保障每一个患者的权益。

在科技领域，应用伦理学的参与同样至关重要。人工智能、大数据、生物技术等新兴科技带来了前所未有的机遇和挑战。从算法偏见导致的社会不公，到个人数据隐私的保护，应用伦理学促使科技开发者在创新的道路上时刻保持对伦理问题的敏感性。它促使科技公司制定伦理准则，加强内部审查机制，以确保科技的发展造福人类，而不是带来危害。例如，在自动驾驶技术的研发中，应用伦理学需要解决在不可避免的事故场景中，如何设定算法以做出最符合伦理的决策。

经济领域也离不开应用伦理学的深度参与。在市场经济中，企业的社会责任、公平竞争、消费者权益保护等问题都需要从伦理的角度进行审视。应用伦理学引导企业在追求经济利益的同时，关注社会利益和环境可持续发展。它促使企业建立良好的商业道德，不从事欺诈、垄断等不道德的商业行为，同时积极参与公益事业，回馈社会。

政治领域中，应用伦理学为政策的制定和执行提供了价值导向。公共政策的制定应当考虑公平、正义、民主等伦理原则，以保障公民的基本权利和社会的公共利益。例如，在教育政策中，要确保教育资源的公平分配，让每一个孩子都有机会接受优质的教育；在环境政策中，要权衡经济发展与环境保护之间的关系，实现可持续发展的目标。

第三章　人工智能伦理学的构建

在科技日新月异的今天，人工智能以其惊人的发展速度和广泛的应用领域，成为了社会变革的重要驱动力。然而，随着人工智能技术的不断深化和普及，一系列伦理问题也逐渐浮出水面，使得构建人工智能伦理学成为当务之急。马克·考科尔伯格（Mark Coeckelbergh）[①] 在《人工智能伦理学》（AI Ethics）一书中探讨了人工智能提出的主要伦理学问题，涉及隐私问题、责任和决策委派、透明度和偏见等，这些问题出现在数据科学流程的所有阶段。另外，在人工智能伦理学领域还有其他一些重要学者和他们的研究成果。例如尼克·波斯特洛姆（Nick Bostrom）[②]，他提出了"超级智能"的概念，其著作《超级智能》《人工智能的未来》，引领了人工智能的哲学和伦理研究；斯图尔特·罗素（Stuart Russell）[③] 提出了"人类中心 AI"的概念，强调了人工智能的安全和可控性。

人工智能伦理学的构建首先需要明确其价值基础。我们应当秉持以人为本的原则，确保人工智能的发展始终服务于人类的福祉和社会的进

[①]　马克·考科尔伯格（Mark Coeckelbergh），维也纳大学哲学系媒体与技术哲学的全职教授，他的专长集中在伦理和技术方面，特别是机器人和人工智能。

[②]　尼克·波斯特洛姆（Nick Bostrom），全球著名思想家，牛津大学人类未来研究院的院长，哲学家和超人类主义学家。其学术背景包括物理、计算机科学、数理逻辑以及哲学，著有大约 200 种出版物，已经被翻译成 22 种语言。曾获得尤金·甘农（Eugene R. Gannon）奖（该奖项的获得者每年只有一名，他们来自哲学、数学、艺术和其他人文学科与自然科学领域）。

[③]　斯图尔特·罗素（Stuart Russell），加州大学伯克利分校计算机科学专业教授、人类兼容人工智能中心（Center for Human-Compatible AI）创始人。发表著作：《人工智能程序设计范例：通用 Lisp 语言的案例研究》《Verbmobil：一个面对面对话的翻译系统》，以及《UNIX 的智能帮助系统》。

步。这意味着在设计和应用人工智能系统时，要充分考虑到人类的尊严、权利和利益，避免对人类造成伤害或侵犯。

公平、公正与透明是构建人工智能伦理学的核心要素。人工智能算法不应存在偏见和歧视，其决策过程应当清晰可解释，以保障每个人都能在人工智能的影响下受到公平对待。同时，对于可能因人工智能而处于不利地位的群体，应当给予特别的关注和保护。

责任的界定也是人工智能伦理学的重要组成部分。从研发者到使用者，每一个参与到人工智能系统中的个体都应当承担相应的道德责任。研发者需要确保技术的安全性和可靠性，使用者则应当遵循道德规范合理地运用人工智能。

此外，建立有效的监管机制和法律法规至关重要。政府和相关机构应制定明确的准则和规范，对人工智能的发展和应用进行监督和管理，以防止其被滥用或误用。

一、人工智能伦理的范畴界定及核心议题

人工智能伦理学是研究 AI 系统在决策、行为和影响人类生活时所关注的道德和伦理问题的学科。2023 年 3 月，国家人工智能标准化总体组、全国信标委人工智能分委会发布《人工智能伦理治理标准化指南（2023 版）》，以人工智能伦理治理标准体系的建立和具体标准的研制为目标，将人工智能伦理概念的内涵概括为三个方面：一是人类在开发和使用人工智能相关技术、产品及系统时的道德准则及行为规范；二是人工智能体本身所具有的符合伦理准则的道德编程或价值嵌入方法；三是人工智能体通过自我学习推理而形成的伦理规范。这一概念通过阐释伦理与道德、科技、科技伦理、人工智能伦理的关系，进一步明确人工智能伦理的准确内涵。可见，加强对人工智能伦理范畴的深度探讨，可以为 AI 技术的健康发展提供理论指导和实践指南。

人工智能技术对人类伦理的挑战是前所未有的，不仅撼动了传统的伦理原则，引发了一系列伦理冲突，更触及了人的本质和尊严。因此，人类必须慎重对待，于忧患中深入反思，并作出负责任的回应。结合对人工智能技术边界的考量，人工智能伦理的核心议题包括以下方面。

1. 隐私保护

在人工智能的世界里，隐私保护已迅速上升为一个不容忽视的核心伦理议题。随着大数据和机器学习技术的广泛应用，个人信息的收集、处理与使用正变得日益普遍，同时也更加深入人们的日常生活。这种趋势虽然为个性化服务和技术创新提供了强大动力，但也带来了对个人隐私安全的严峻挑战。因此，如何在 AI 技术的设计和开发过程中有效保护个人隐私，成了一个亟待解决的问题。隐私保护设计（Privacy by Design，PbD)[1] 原则提供了一种前瞻性的解决框架，旨在 AI 系统的每一个设计和开发阶段都内嵌隐私保护的考量。这种方法不仅有助于构建用户信任，还能够确保技术解决方案在提供便利的同时，不会侵犯个人隐私。

实现隐私保护需要具备三个关键策略。

一是数据最小化。数据最小化原则强调的是，在收集个人信息时应当坚持必要性原则，仅收集为实现特定功能所绝对必需的数据。这种方法有助于减少个人信息的过度收集和滥用风险，从而降低对个人隐私的侵入程度。通过仔细评估数据收集的目的，并限制收集范围，我们可以在保障服务质量的同时，最大程度地保护用户隐私。

二是数据匿名化。数据匿名化技术通过去除或替换个人信息中可以识别个人身份的部分，来减少数据泄漏的风险。在处理和分析数据时采用匿名化或去标识化技术，意味着即使数据被不当访问或泄漏，也极大

---

[1]　PbD 是一种将隐私保护的原则和措施贯彻到产品开发、设计、实施和维护过程中的方法论。它的主要目的是在产品或系统的整个生命周期中，预防和最小化个人信息的泄漏、破坏或滥用，同时最大化用户的数据自主权和透明度。

程度上减少了对个人隐私的影响。这种技术的应用，为数据安全提供了一道额外的防线，保护个人信息不被滥用。

三是用户控制。赋予用户对自己数据的控制权是实现隐私保护的另一重要方面，这包括让用户能够轻松访问自己的数据，并在需要时对其进行修改或删除。通过提供透明的数据管理政策和易于使用的工具，用户可以更好地了解和管理自己的信息，从而在享受 AI 带来的便利的同时，也能有效保护自己的隐私权益。

总之，隐私保护在 AI 技术的设计和开发中扮演着至关重要的角色。通过实施数据最小化、数据匿名化和增强用户控制等策略，不仅能够有效保护个人隐私，还能够建立起用户对 AI 系统的信任，促进技术的健康发展和广泛应用。在这个信息爆炸的时代，让隐私保护成为 AI 技术发展的基石，是人们共同的责任和挑战。

2. 算法公正性

在人工智能的快速发展过程中，算法公正性已经成为一个不可忽视的伦理问题。算法偏见，即算法在处理数据时对特定人群或结果的不公平倾向，可能导致决策过程中的不公正，从而影响到特定群体的权益，甚至加剧社会不平等。为了确保 AI 技术的健康发展，并赢得公众的信任和支持，我们必须采取切实有效的措施来消除算法偏见，确保算法的公正性。

一是数据集的多样化，这是消除算法偏见的首要步骤。AI 系统的学习和决策能力依赖于训练数据。如果训练数据集存在偏差，比如某些群体的数据被过度代表或者被忽略，那么由此训练出的 AI 系统很可能在决策时重复这种偏差，从而对某些群体造成不公平的待遇。因此，确保训练数据覆盖不同的人群、背景和情境，是提高算法公正性的关键。这要求数据科学家和开发者在数据收集和选择时充分考虑数据的代表性和多样性，避免或减少数据偏差。

二是算法过程的透明性，这是消除算法偏见的另一个关键因素。透明的算法过程可以让用户和监管机构更好地了解 AI 系统是如何作出决策，从而有助于发现和指出潜在的偏见和不公正。提高算法的可解释性，意味着开发者需要采用更为直观和可理解的模型，或者开发辅助工具来解释复杂模型的决策逻辑。这不仅有助于提升用户对 AI 系统的信任，也为监管机构提供了必要的透明度，以便在必要时进行干预和调整。

三是定期的算法审计，这是确保算法长期公正性的有效手段。通过邀请第三方机构定期对 AI 系统进行审计，可以及时发现和纠正算法偏见问题。这些独立的审计机构应当具备专业的技术能力，能够深入分析 AI 系统的决策过程和结果，评估是否存在偏见或不公正现象，并提出改进建议。此外，算法审计的结果应当公开透明，让公众和利益相关者都能了解 AI 系统的公正性状况，从而增强社会对 AI 技术的信任和接纳。

总之，确保算法公正性不仅是技术挑战，更是伦理责任。通过实施多样化的数据集策略、提高算法过程的透明性以及定期进行算法审计，我们可以有效地减少甚至消除算法偏见，确保 AI 系统的决策过程既公平又公正。这不仅有助于促进 AI 技术的健康发展，也是赢得公众信任、构建更加公平和包容社会的重要基石。

3. 责任归属

在当今人工智能技术迅速发展的时代，AI 系统在决策过程中的作用变得越来越重要。从自动驾驶汽车到智能医疗诊断，AI 的应用领域持续扩大，给人类社会带来了前所未有的便利。然而，随之而来的是一个复杂而紧迫的问题：当 AI 系统的决策导致损害时，责任应当归属于谁？这个问题触及了法律、伦理和技术多个层面，需要人们深入探讨并提出切实可行的解决方案。

一要明确法律框架。建立针对 AI 技术的特定法律框架是确保责任归属明确的基础。当前，许多国家和地区的法律体系尚未完全适应 AI

技术的发展，特别是在责任归属和赔偿问题上存在较大的法律空白。因此，制定专门针对 AI 系统的法律规定变得尤为重要。这些规定需要明确 AI 系统的开发者、使用者及其他相关方在不同情况下的法律责任，从而为 AI 系统可能引发的法律纠纷提供明确的解决指南。例如，对于自动驾驶汽车引发的交通事故，法律框架应明确在何种情况下责任应由制造商承担，何种情况下应由用户或其他相关方承担。

二是制定伦理指导原则。除了法律规定之外，制定伦理指导原则对于引导 AI 技术的负责任使用同样重要。伦理指导原则可以为 AI 的开发和应用提供道德上的指导，帮助开发者和使用者在面对伦理困境时作出正确的决策。这些原则应当涵盖诚实、透明、公平和尊重个人隐私等核心价值，确保 AI 技术的发展和应用不仅遵循法律规定，也符合社会伦理标准。通过伦理指导原则的实施，可以增强公众对 AI 技术的信任，促进其健康可持续地发展。

三是建立责任追溯机制。建立有效的责任追溯机制是解决责任归属问题的关键。随着 AI 系统变得越来越复杂，当损害发生时，要追溯到具体的责任主体变得异常困难。因此，需要通过技术和管理手段建立一套完善的责任追溯机制。这包括但不限于：记录 AI 系统的决策过程和依据，确保决策过程的透明度；在 AI 系统的设计和开发阶段引入可审计性，使其在出现问题时能够追踪到具体的操作和决策链；建立责任追溯的法律和技术标准，指导实践中的责任判定和赔偿。通过这些措施，可以确保在 AI 系统出现问题时，能够迅速、准确地找到责任主体，有效解决责任归属问题。

总体而言，随着 AI 技术的不断进步和应用范围的扩大，如何确定当 AI 系统导致损害时的责任归属成了一个亟须解决的问题。通过明确法律框架、制定伦理指导原则和建立责任追溯机制，不仅能够为 AI 技术发展提供坚实的法律和伦理基础，也能够在 AI 系统引发问题时，快速、公正地处理责任归属问题。这对于保护个人和社会的权益，促进 AI 技术的健康发展，以及构建人类与 AI 和谐共存的未来具有重要意义。

4．人机协作

在探索人工智能技术的边界时，人们面临着一个关键的挑战：如何促进人机和谐协作，而不仅仅是将机器作为人类工作的替代品。这个问题不仅关系到技术的发展方向，更触及我们对未来社会的愿景。为了实现这一目标，需要采取一系列切实可行的策略，确保 AI 技术的发展既服务于人类的需求，又能够与人类和谐共处。

一是强调人的主导地位。在人机交互设计中，必须将"人"置于主导地位。这意味着在设计 AI 系统时，应确保人类用户不仅能够理解并预测 AI 系统的行为，还能够在必要时对其进行控制和干预。这不仅是一个技术问题，更是一个设计哲学问题。未来，需要开发出那些能够增强人类决策能力，而不是取代人类决策的 AI 系统。例如，医疗诊断 AI 可以为医生提供数据分析和建议，但最终的诊断决定应由医生作出。这样，人们既能利用 AI 技术的强大能力，又能保障人类的主导地位。

二是促进技能互补。开发 AI 系统时，应注重人类与机器的技能互补。这意味着 AI 系统的设计和开发应侧重于强化人类的能力，填补人类的能力空白，而不是简单地替代人类的工作。例如，AI 可以处理大量的数据分析工作，而人类则擅长进行创造性思考和复杂的情感判断。在制造业中，AI 驱动的机器人可以执行重复性高、危险性大的任务，而人类工人则可以专注于更需要创造力和策略性的工作。通过这样的技能互补，不仅能提高工作效率，还能为人类工作带来更多的价值和意义。

三是关注人类福祉。确保 AI 技术的发展符合人类的整体福祉是核心原则。这意味着 AI 技术的应用不应导致社会分裂或加剧不公平现象。为此，需要在 AI 的设计、开发和应用过程中考虑到广泛的社会、经济和文化因素。例如，通过提供定制化的教育 AI 工具，可以帮助弱势群体提升技能，增加就业机会。同时，还需要确保 AI 技术的发展能够促进包容性增长，让所有人都能从中受益，而不是仅仅造福技术精英。

通过上述三个策略的实施，可以有力推动 AI 技术的发展方向更加注重人机和谐协作。我们的目标是构建一个既能充分利用 AI 技术带来的巨大潜力，又能确保技术进步服务于人类整体福祉的未来。这不仅需要技术创新，更需要对于人类角色和价值的深刻思考。在这一过程中，每一位 AI 开发者、用户乃至整个社会都扮演着不可或缺的角色。只有全社会共同努力，才能确保 AI 技术的发展既智能又有心，为构建更加和谐的未来社会奠定坚实的基础。

5. 技术透明度和可解释性

AI 系统的透明度和可解释性对于建立用户信任、确保公平决策和促进责任归属至关重要。为此，应当制定相应的保障措施。

（1）提高算法透明度，即通过公开算法的设计原理和决策逻辑，增加系统的透明度。

（2）增强系统可解释性，即开发和应用可解释的 AI 技术，使非技术用户也能理解 AI 系统的决策过程。

（3）用户教育，即通过教育和培训提高公众对 AI 技术的理解，帮助他们更好地使用和监督 AI 系统。

通过上述讨论，我们不仅梳理了人工智能伦理的关键范畴，还辨析了相关核心议题，提出了具有操作性的解决方案。随着 AI 技术的不断进步，这些伦理问题将更加复杂多样，需要人们持续关注和深入研究，确保 AI 技术的健康发展能够造福人类社会。

二、人工智能伦理问题的分类

人工智能伦理问题的探讨是一个多维度、跨学科的议题，它关注的是在 AI 技术迅速发展和广泛应用的背景下，如何确保技术发展与人类价值观和社会伦理相协调。随着 AI 技术在医疗、交通、教育、司法等领域的应用，其带来的伦理问题也日益凸显，成为学术界、工业界乃至政策制定者关注的焦点。人工智能伦理问题的探讨涵盖了广泛的领域，通常可以分为以下几个主要类别。

1. 数据权利保护问题

随着人工智能技术的发展和应用范围的不断扩大，大量个人数据的收集和处理成为实现技术创新和提供个性化服务的基础。然而，这一过程中对个人隐私的潜在侵犯和数据滥用的风险也随之增加，引发了社会各界对隐私和数据保护问题的广泛关注和担忧。隐私权是个人基本权利之一，它关系到个人信息的自主控制权，包括个人信息是否被收集、如何被使用以及被谁使用等方面。在 AI 时代，个人数据的价值被极大地放大，从基本的身份信息到消费习惯、位置数据乃至生物识别信息等都成为 AI 系统训练和决策的重要输入。这种对个人数据的广泛收集和深入分析，如果没有得到充分的监管和适当的保护措施，很容易导致个人隐私的泄漏和滥用，给个人带来损害，甚至影响个人自由和社会公正。

为了应对这些挑战，多国已经开始制定和完善相关的法律法规。例如，欧盟的《通用数据保护条例》（GDPR）[①] 旨在加强对个人数据的保护，赋予个人更多控制自己数据的权利，同时对违反隐私保护规定的机构施加严厉的处罚。此外，技术创新也在为隐私保护提供新的解决方案，例如通过使用加密技术、匿名化处理和差分隐私等技术手段，来降低个人数据在收集、传输和处理过程中被泄漏的风险。然而，尽管有了法律法规和技术手段的支持，隐私和数据保护在 AI 时代仍面临诸多挑战。一方面，AI 的发展速度远远超过了法律法规的更新速度，现有的

[①] 《通用数据保护条例》（GDPR）是一套管理整个欧盟个人数据隐私的准则和政策。其主要目标是统一和协调组成联盟的许多州的数据隐私保护。该条例的适用范围极为广泛，任何收集、传输、保留或处理涉及欧盟所有成员国内的个人信息的机构组织均受该条例的约束。

法律框架很难覆盖所有新出现的技术和应用场景。另一方面，技术手段虽然可以降低风险，但不能完全消除隐私泄漏的可能性，尤其是在大数据和深度学习的背景下，单个数据点可能在不经意间泄漏个人信息。

此外，隐私和数据保护的问题还涉及更广泛的伦理和社会价值问题，比如数据收集和使用过程中的透明度、公平性和责任归属等。这要求社会各界（包括政府、企业、技术开发者和公众）共同参与到隐私保护的讨论和实践中，通过建立全面的治理机制，增强公众意识和参与度，以及不断探索和优化技术解决方案，共同促进 AI 技术的健康发展，确保个人隐私和数据的安全。总之，隐私和数据保护是 AI 伦理领域的核心议题之一，它要求我们在享受 AI 技术带来的便利和效益的同时，不断审视和平衡技术发展与个人权利保护之间的关系。

2. 算法公平性问题

算法偏见和歧视是人工智能伦理问题中的一个重要方面，它直接关系到 AI 系统的公正性和公平性。在 AI 系统的开发和应用过程中，如果训练数据存在偏见，那么这些偏见很可能会被 AI 系统学习并加以放大，从而导致不公平或歧视性的决策结果。这种问题在人脸识别、招聘筛选、信贷审批等多个领域已经显现，引起了公众和学者的广泛关注。

偏见的来源可能是多方面的，包括但不限于历史不平等、社会结构性歧视、数据收集和标注过程中的主观性等。例如，在招聘筛选的 AI 应用中，如果历史数据显示某一性别或种族的候选人被录用的概率更高，未经纠正的 AI 系统可能会学习这一模式，导致未来的筛选过程中对其他性别或种族的候选人产生不公平的偏见。

为了应对算法偏见和歧视问题，需要采取多种措施。首先，加强对训练数据的审查和预处理，尽可能消除数据中的偏见。其次，开发和应用更加公平的算法模型，这些模型能够识别并纠正潜在的偏见。此外，提高算法的透明度和可解释性，使得决策过程更加清晰，有助于识别和纠正偏见。最后，建立健全的伦理审查和监督机制，确保 AI 系统的开发和应用符合公平和正义的原则。通过这些措施，可以有效减少 AI 系统中的算法偏见和歧视，促进技术的公正和包容性发展。

3. 技术后果评估问题

在当前人工智能技术飞速发展的背景下，AI 系统在各行各业的应用越来越广泛，从简单的个人助理到复杂的自动驾驶汽车，AI 的决策和行为正逐渐影响着人们的生活。然而，随着 AI 系统自主性的增强，当这些系统作出错误的决策或行为导致损害时，责任归属的问题变得尤为复杂。这不仅是一个技术问题，更是一个涉及法律、伦理和社会规范的复杂议题。

一是如何处理技术自主性带来的损害后果。AI 系统之所以能够在众多领域发挥作用，很大程度上依赖于其能够学习和自主作出决策的能力。这种自主性意味着 AI 系统在没有人类直接指令的情况下，能够根据自身的算法和所接收到的数据作出反应和决策。然而，正是这种自主性，使得当 AI 系统的决策或行为导致损害时，责任归属变得模糊。

二是如何弥补法律和伦理框架的缺失。在传统的责任归属理论中，责任通常归于能够控制行为并预见行为后果的行为主体。然而，AI 系统的自主性打破了这种传统的归责模式，因为 AI 系统的决策过程往往超出了设计者和用户的直接控制和预见范围。这就引发了一个问题：当 AI 系统的行为导致损害时，我们应该如何确定责任归属？

三是如何评估多方责任的可能性及其缺陷。在 AI 系统导致损害的情况下，可能涉及多方责任。首先，系统设计者可能因设计缺陷而负有责任。其次，系统制造商可能因生产过程中的疏忽而负有责任。再次，系统的使用者或所有者也可能因为使用不当而承担责任。最后，如果 AI 系统在学习过程中接触到偏见或错误的数据，导致错误决策，那么数据提供者也可能被认为负有一定责任。

四是如何追溯责任主体并寻求新的解决方案。鉴于 AI 系统自主性带来的责任归属问题，需要探索新的伦理和法律框架。一种可能的方案是建立基于贡献度和利益收益的责任归属机制，考虑到 AI 系统的设计、部署、使用和维护过程中各方的责任和贡献。这要求对 AI 系统的决策过程进行透明化和可解释化，以便在发生损害时追溯责任。此外，也有学者提议建立专门的 AI 责任保险体系，通过保险机制来分散由 AI 系统错误决策或行为造成的损害风险。这不仅能够为受害者提供及时有效的补偿，也能促进 AI 技术的健康发展。

随着 AI 技术的不断进步和应用的不断扩大，技术后果和责任归属问题的解决方案需要不断迭代和完善，以适应技术和社会的发展。确保公平正义和保护受害者的权益，应该是设计新框架和机制的核心原则。通过建立更加全面和灵活的责任归属机制，提高 AI 系统的透明度和可解释性，以及探索新的保险和补偿机制，人们可以更好地应对 AI 自主性带来的挑战，促进 AI 技术的负责任使用和可持续发展。

4. 决策的准确性和可靠性问题

在人工智能的发展中，尤其是深度学习模型，其决策过程的不透明性成为一个显著问题，对于确保系统的责任归属和赢得公众信任构成挑战。这种模型往往作为一个"黑箱"，即使是开发者也难以解释其具体的决策逻辑。这不仅影响了用户对 AI 决策的理解和接受程度，也给制定相关法律和伦理标准带来了难题。因此，提高 AI 系统的透明度和可解释性变得尤为重要。这要求研究者和开发者探索新的方法和技术，使 AI 的决策过程更加清晰和可追踪。通过提升透明度和可解释性，可以增强 AI 系统的准确性、可靠性和信任度，为用户提供更加安全和可控的 AI 应用，同时也为监管机构提供了更加明确的监管依据。

5. 系统的安全性问题

随着人工智能技术的快速进步，AI 系统变得更加强大和自主，引发了关于其安全性和控制的重要讨论。确保这些先进系统的安全运行，防止它们行为失控或被恶意利用，成了一个紧迫的议题。这不仅涉及技术层面的安全措施，如增强 AI 系统的鲁棒性和可靠性，还包括在法律和伦理层面建立相应的监管框架，确保 AI 技术的发展与应用不会对人类社会造成不利影响。因此，从研发初期就将安全性和可控性纳入考量，通过跨学科合作，制定全面的策略和准则，对于促进 AI 技术的健康发展至关重要。

6. 技术的社会责任问题

人工智能技术的迅猛发展给社会带来深远影响，尤其在就业、社会结构和人类福祉方面。工作自动化是 AI 技术的直接后果之一，这可能导致传统职业的消失，引发广泛的失业问题。同时，AI 的应用也可能加剧社会不平等，因为技术的先进性可能仅为特定群体所享，加大贫富差距。然而，AI 也有潜力通过提高生产效率和创造新的就业机会来增进社会福祉。因此，如何平衡 AI 技术的积极与消极影响，确保其发展同时促进社会公平和包容性，成为亟须解决的问题。这要求政策制定者、企业和社会各界共同努力，制定有效策略，以确保 AI 技术的健康发展能惠及社会的各个层面。

三、人工智能伦理问题的个案分析

1. 社交媒体平台的数据泄漏

2018 年，Facebook[①] 与 Cambridge Analytica[②] 的数据丑闻成为隐私和数据保护领域的典型案例，引起了全球范围内对数据隐私问题的高度关注。在此事件中，数百万 Facebook 用户的个人信息未经授权被收集

[①] Facebook，即脸谱网，是一个社交网络服务网站，于 2004 年 2 月 4 日上线。从 2006 年 9 月到 2007 年 9 月间，该网站在全美网站中的排名由第 60 名上升至第 7 名。同时 Facebook 是美国排名第一的照片分享站点，每天上载 850 万张照片。

[②] Cambridge Analytica 是由共和党大金主、对冲基金亿万富豪罗伯特·默瑟投资，美国总统特朗普前首席战略顾问班农担任董事的数据分析公司。

并用于政治广告目的，暴露了社交媒体平台在数据管理和保护方面的重大漏洞。这一事件不仅凸显了个人信息保护的重要性，也促使各国政府和国际组织加强对数据隐私的立法和监管，推动了全球数据保护标准的提升和完善。同时，它也提醒个人用户更加谨慎地管理自己的数据，对隐私权的重视程度空前提高。

2. 犯罪预测软件的算法歧视

2016 年，美国研制的一款预测罪犯再犯可能性的风险评估软件（COMPAS）投入使用。自此对其的质疑纷纭，认为这软件存在严重的种族偏见问题，即该软件对黑人罪犯的再犯风险评估过高。这一发现引发了广泛关注，成为公众对 AI 算法公正性和偏见问题讨论的焦点。该事件凸显了算法设计和应用中潜在的歧视问题，促使科技界、政策制定者和社会各界重新审视 AI 技术的伦理和公正性。为应对这一挑战，呼吁加强算法的透明度、可解释性和监管，确保 AI 应用的公平性和无偏见，防止技术加剧社会不平等。此外，该事件也推动了对算法偏见（或机器偏见）的进一步研究和教育，以提高公众和开发者对这一问题的认识和理解。如今这款犯罪预测软件已逐渐停止使用。

3. 自动驾驶事故的责任主体

2018 年，一起由自动驾驶汽车引发的致命事故激发了对于 AI 系统造成伤害时责任归属问题的广泛讨论。这一事件突出了在 AI 技术日益融入日常生活的背景下，当发生事故或伤害时，如何确定责任主体的复杂性。问题不仅涉及技术故障，还包括制造商、软件开发者、用户以及监管机构的责任范围。此事故促使法律专家、技术开发者和政策制定者共同探讨制定相应的法律框架和标准，以明确 AI 系统操作中的责任归属，确保受害者能够获得公正的赔偿。同时，这也推动了对自动驾驶汽车安全性能和伦理指导原则的进一步研究，旨在预防此类事件的再次发生，确保 AI 技术的健康发展和社会的广泛接受。

4. 自动化决策权的限度

2018 年，欧盟的《通用数据保护条例》（GDPR）引入了"对自动决策的权利"，这一规定要求所有基于自动处理的决策过程，包括那些涉及 AI 的，必须保持透明并向受其影响的个人提供可理解的解释。该条例的实施强调了透明度和可解释性在 AI 应用中的重要性，旨在保护个人免受无法理解或不公正的自动化决策的影响。GDPR 的这一规定促使开发者和公司在设计和部署 AI 系统时，必须考虑到如何使其决策过程对用户更加透明和可解释。这一要求不仅提高了公众对 AI 技术的信任度，也推动了 AI 领域向着更加对用户友好和伦理负责的方向发展。通过实施这些措施，GDPR 为全球范围内关于 AI 透明度和可解释性的讨论和实践树立了标杆。

5. 智能机器人的风险控制

2016 年，当谷歌旗下 DeepMind① 开发的 AlphaGo② 击败世界围棋冠军时，这一壮举不仅展示了 AI 技术的先进能力，也引发了人们对 AI 可能超出人类控制的深刻讨论和担忧。这个事件成为人工智能安全性和控制问题的一个关键案例，促使学者、技术开发者以及公众反思如何确保 AI 技术的发展既能利用其巨大潜力，又能避免潜在的风险和不可预测的后果。此外，AlphaGo 的胜利也加速了对制定相应政策、指导原则和安全标准的讨论，以确保 AI 系统的行为符合人类的伦理和价值观。这些措施旨在保障 AI 技术在为社会带来积极影响的同时，不会失去对其的适当控制，确保人工智能的发展方向能够与人类的长期福祉和安全相

---

① DeepMind，位于英国伦敦，是由人工智能程序师兼神经科学家戴密斯·哈萨比斯（Demis Hassabis）等人联合创立的 Google 旗下前沿人工智能企业。其将机器学习和系统神经科学的最先进技术结合起来，建立强大的通用学习算法。

② AlphaGo，即阿尔法围棋，是第一个击败人类职业围棋选手、第一个战胜围棋世界冠军的人工智能机器人，由谷歌旗下 DeepMind 公司戴密斯·哈萨比斯领衔的团队开发。其主要工作原理是"深度学习"。

协调。

6. 技术性失业导致了新的不平衡

自动化和 AI 技术的快速发展，在提高生产效率和创新速度的同时，也导致了某些行业就业岗位的减少。这一变化引发了广泛的社会关注，特别是关于 AI 可能引起的大规模失业和社会不平等加剧的讨论。这种技术进步对劳动市场的影响促使政策制定者、企业和学术界共同探讨如何平衡技术创新与就业保护之间的关系。该讨论集中于如何通过教育和培训计划为工人提供重新技能化和再就业的机会，以及如何设计社会保障体系来缓冲技术变革带来的冲击。此外，也有对于如何利用 AI 技术促进社会包容性和减少不平等的探讨，旨在确保技术发展的红利能够公平分配，避免社会分裂。这些讨论和措施反映了对于在技术进步与社会福祉之间寻找平衡的迫切需求。

综上所述，随着人工智能技术的飞速发展与广泛应用，AI 伦理领域面临的议题和挑战也日益增多，引起了学术界、工业界以及政策制定者的广泛关注和深入讨论。这些伦理问题包括但不限于算法偏见与歧视、责任归属、透明度与可解释性、安全性与控制以及社会影响等方面。这些讨论不仅关乎技术本身的进步，更触及如何在促进技术创新的同时，确保技术发展符合社会伦理标准、维护公共利益、保障个人权益，并促进社会公正与平等。随着 AI 技术在医疗、交通、教育等更多领域的应用，其伦理问题的复杂性和影响范围也将进一步扩大。因此，构建一个多学科、多利益相关方参与的合作框架，共同探索和制定有效的伦理准则、政策和监管机制，已成为一个迫切需要解决的全球性课题。只有通过持续的对话、合作和创新，才能确保 AI 技术的健康发展，让其成为推动人类社会进步的积极力量。

四、人工智能伦理学的跨学科性质

人工智能伦理问题的凸显呼唤人工智能伦理学的建构。人工智能伦理学是指研究和讨论在开发、部署和使用人工智能技术过程中涉及的伦理问题和道德准则。人工智能伦理学将打破学科壁垒，体现出跨学科领域与学科交叉的发展趋势。

1. 跨学科的重要性

人工智能伦理学的跨学科性质在当前科技发展的背景下显得尤为重要。随着 AI 技术在各个领域的广泛应用，人们面临着一系列复杂而紧迫的伦理挑战，这些挑战触及从自动驾驶汽车到智能医疗诊断等多个领域。AI 技术所引发的伦理问题不仅包括隐私保护、数据安全等常见议题，还扩展到算法偏见、责任归属以及人机关系等更为深层的问题。这些问题的存在不仅挑战了传统的伦理观念，也对现有的法律和社会规范提出了新的要求。

要全面理解这些问题并找到有效的应对策略，人们需要汲取并整合来自不同学科的知识和方法。这包括但不限于计算机科学、社会学、心理学、法学和哲学等领域。例如，从计算机科学角度，人们需要深入理解 AI 技术的工作原理，以便识别可能导致算法偏见的技术因素；从社会学和心理学角度，人们需要考察 AI 技术对社会行为和人类心理的影响，以及这些影响如何反过来影响技术的发展方向；从法学角度，人们需要探讨如何制定和调整法律法规，以保护个人隐私，确保数据安全，同时促进技术创新；从哲学角度，人们需要反思人机关系的本质，以及如何在保障人类尊严的前提下发展和应用 AI 技术。

此外，人工智能伦理学的跨学科性质还意味着需要不同背景的人士共同参与到讨论中来。技术开发者、政策制定者、社会活动家、学者和公众等都应该是这一讨论的参与者。通过跨领域的合作，人们可以更加全面地理解问题，从多角度出发寻找解决方案，共同推动 AI 技术的健康发展。总之，人工智能伦理学的跨学科性质不仅是理解和应对 AI 发展所带来的伦理挑战的关键，也是推动 AI 技术健康、可持续发展的重要途径。通过跨学科的合作，人们不仅可以更好地理解 AI 技术及其潜在的伦理问题，还可以促进社会各界的对话，共同探索科技发展与人类社会和谐共处的道路。

2. 跨学科的必要性

人工智能伦理学的跨学科性是其核心特征之一，这种特征不仅体现在问题的复杂性上，更在于它所涉及的广泛领域和深远影响。AI 技术的快速发展触及了计算机科学、信息技术、机器学习、神经科学、心理学、社会学、法学、哲学等多个学科领域，这些领域的交叉融合为理解和解决 AI 伦理问题提供了必要的多元视角和深度分析。

AI 伦理问题的复杂性首先来源于技术本身。例如，算法偏见不仅仅是一个技术层面的问题，它根植于数据选择、编程决策等多个环节，这些环节反映了开发者的主观判断和社会文化背景。因此，从计算机科学和技术的角度出发，人们需要深入探讨 AI 算法的设计和实现过程，识别和纠正可能导致偏见的技术因素。

从社会学和心理学的角度看，AI 技术的应用影响着人类行为和社会结构，算法偏见等问题触及平等、公正等社会价值观念。社会学的平等原则要求人们关注技术如何影响不同群体的机会和权益，心理学则关注人们对 AI 技术的态度和反应，从而在设计和应用 AI 技术时考虑到人的因素。

法学在 AI 伦理学中的作用不可小觑。随着 AI 技术的应用日益广泛，如何制定有效的法律法规来规范 AI 技术的发展和使用，保护个人隐私、数据安全，成为迫切需要解决的问题。法学的公正要求强调了制定公平、透明的规则和标准的重要性，确保技术发展不会侵犯个人权利，也不会加剧社会不公。

哲学提供了 AI 伦理学的思考框架和道德基础。在探讨人机关系、机器自主性以及 AI 技术对人类意义和价值的影响时，哲学的视角至关重要。伦理学的道德标准为评估 AI 技术的行为提供了准则，帮助我们思考如何在促进技术创新的同时，保持人类的道德原则和价值观。此外，神经科学的研究成果对于理解人工智能的学习机制、决策过程等也提供了重要的科学依据，而信息技术则是实现 AI 应用的基础。这些领域的知识和方法的融合，为 AI 伦理学的发展提供了丰富的资源和广阔的视野。

综上所述，AI 伦理学的跨学科性质要求人们从多个学科领域汲取知识和方法，这不仅有助于我们全面理解 AI 技术及其伦理问题，更重要的是，它促进了不同学科之间的对话和合作，为解决 AI 伦理问题提供了更加全面和深入的思考。面对 AI 技术带来的挑战，跨学科的合作和研究是探索解决方案的关键。通过整合不同学科的知识和智慧，人们可以更有效地应对 AI 伦理学中的问题，共同推动 AI 技术的健康发展，确保技术进步服务于人类社会的整体福祉。

3. 理论与实践的结合

人工智能伦理学的跨学科性质不仅体现在其所涵盖的多个学科领域，更重要的是，它强调了理论与实践相结合的重要性。在这个领域中，理论研究和实际应用是相辅相成、不可分割的两部分。从理论层面来看，AI 伦理学依赖于哲学、伦理学等学科提供的理论框架，这些理论框架帮助人们形成了评价 AI 行为的道德标准和伦理准则。这些标准和准则为 AI 技术的发展提供了道德指导和价值导向，确保技术进步与人类伦理价值观相协调。

在实践层面，AI 伦理学的应用涉及法律、政策研究等领域，这些领域的知识对于制定和实施有关 AI 的行为准则、政策规范至关重要。随着 AI 技术的快速发展和广泛应用，如何通过有效的政策和法律手段来规范 AI 的发展、防止技术滥用、保护个人隐私和数据安全，成为 AI 伦理学研究中的一个重要实践方向。这要求政策制定者、伦理学家、法律专家与技术开发者之间进行密切的合作，共同探讨和解决 AI 技术发展中遇到的伦理问题和挑战。同时，计算机科学、数据科学等技术领域的知识对于 AI 伦理学同样不可或缺。深入理解 AI 技术的工作原理、算法设计和数据处理过程，是识别潜在伦理风险、提出有效解决方案的基础。例如，通过技术手段减少算法偏见，提高决策的透明度和可解释性，都需要技术领域专家的深入研究和实践应用。此外，AI 伦理学的研究还需要密切关注技术在社会中的实际应用情况，包括技术如何影响人类工作和生活、如何改变社会结构和人际关系等。这不仅需要社会学、心理学等学科的理论支持，更需要通过实地调查、案例研究等方法，收集实际应用中的经验和教训。

因此，AI 伦理学的研究既是一个跨学科的理论探讨过程，也是一个涉及多方利益相关者、需要在实际中不断尝试和修正的实践过程。它要求人们不仅要深入理解 AI 技术本身，还要关注技术如何被社会接受和应用，如何通过法律、政策等手段来引导技术发展，确保技术进步能够促进社会公正，增进人类福祉。

综上所述，AI 伦理学的跨学科性质要求人们将理论与实践紧密结合，通过跨学科的合作，共同面对和解决 AI 技术发展中的伦理挑战。这不仅涉及技术开发者和研究者的责任，也需要政策制定者、法律专家、社会学者、心理学家等多方面的力量共同参与，通过不断地探讨、实践和反思，推动 AI 技术的健康发展，使其更好地服务于人类社会。

4. 社会文化因素的考量

在探讨人工智能伦理学的跨学科性质时，还必须重视社会文化因素的重要性。AI 技术的应用和发展不仅仅局限于技术本身的进步和限制，更深刻地受到社会文化环境的影响。不同社会和文化背景下，人们对于 AI 技术的态度、接受程度、期望甚至担忧都存在显著差异。这种差异不仅影响了 AI 技术的接受度和普及方式，也对 AI 伦理学的研究提出了更高的要求，即考虑并尊重这些社会文化因素，从多元文化的视角审视和解决 AI 技术的伦理问题。

社会学、人类学、文化研究等学科在这一过程中扮演着至关重要的角色，为人们提供了理解不同社会文化背景下人类行为和社会结构的理论框架和研究方法。通过这些学科的知识和方法，人们可以更深入地探讨 AI 技术如何在不同文化中被理解、接受和应用，以及这些技术如何影响特定社会文化环境下的人类行为和社会结构。

例如，社会学可以帮助人们分析社会结构和社会关系如何影响 AI 技术的发展方向和应用场景，以及这些技术如何反过来影响社会结构。人类学和文化研究则能够提供更深层次的洞察，帮助人们理解不同文化背景下对于 AI 技术的基本态度、价值观念以及期望和担忧，从而在设计和实施 AI 技术时能够更好地考虑到文化差异和多样性。

此外，考虑社会文化因素还意味着 AI 伦理学需要关注技术如何在特定社会文化环境中被公平地使用，如何避免加剧现有的社会不平等，以及如何确保技术发展的利益能够公平地惠及所有人群，特别是那些在技术革新中可能被边缘化的群体。这就要求人们在制定 AI 伦理准则和政策时，不仅要基于普遍的伦理原则，还要具体考虑到不同社会文化背景下的特定需求和挑战。

综上所述，AI 伦理学的研究需要深入考虑社会文化因素，这不仅是对 AI 技术发展的一种必要反思，也是确保技术进步能够增进更广泛社会福祉的关键。通过跨学科合作，结合社会学、人类学、文化研究等学科的知识和方法，人们可以更全面地理解和应对 AI 技术在不同社会文化环境中所面临的伦理挑战，推动 AI 技术的健康发展，使其更好地服务于全人类的多元文化社会。

5. 跨学科研究的挑战、机遇与前景

跨学科研究在当今学术界和技术发展中扮演着越来越重要的角色，

尤其是在人工智能伦理学的研究领域。当前，跨学科研究的挑战主要体现在两个方面。一方面，不同学科有着各自的理论体系、研究方法和专业术语，这在一定程度上增加了合作的难度。例如，计算机科学家和社会学家可能在研究同一个 AI 伦理问题时，采用完全不同的方法和角度。另一方面，研究者之间的沟通障碍也是一个不容忽视的问题。不同学科背景的研究者需要找到有效的沟通方式，以确保信息的准确传递和理解。

尽管跨学科研究面临着不少挑战，如学科间的知识和方法存在差异、研究者之间的沟通障碍等，但同时也带来了无可比拟的独特机遇。第一，这种研究模式促进了不同领域知识的融合，催生了新的思想和方法，为深入理解和解决 AI 伦理问题提供了更全面的视角。第二，通过不同学科的知识融合和合作，可以为解决 AI 伦理问题提供更加全面和深入的方法视域。同时，通过促进社会各界的对话和合作，可以确保 AI 技术的发展更加符合伦理标准，更好地服务于人类社会。人工智能伦理尽管面临前所未有的挑战，但挑战的同时也是机遇，更昭示了未来光明的前景。

其一，跨学科研究在 AI 伦理学领域展现出了巨大的潜力和价值。通过不同学科的合作，可以将计算机科学、哲学、伦理学、法学等领域的知识和方法结合起来，形成更为全面的研究视角和解决方案。这种融合不仅有助于发现和解决 AI 技术发展中的伦理问题，也能够推动新的思想和方法的形成。此外，跨学科研究还促进了社会各界的对话和合作。技术开发者、政策制定者、社会活动家以及公众等不同群体，可以共同参与到 AI 伦理问题的讨论和解决过程中。这种广泛的参与不仅有助于提升全社会对 AI 伦理问题的认识和理解，也能够确保制定的政策和解决方案更好地反映社会的多元需求和价值观。

其二，人工智能伦理学的跨学科性质不仅构成了其研究的核心，也是有效应对 AI 伦理挑战的关键所在。跨学科合作的价值在于，它使人们能够从更广泛的视角全面理解 AI 技术及其伴随的伦理问题。这种合作不仅促进了理论知识与实际应用的融合，还使人们能够考虑到社会文化因素的影响，进而为 AI 技术的负责任使用提供了明确的指导。

其三，在 AI 技术迅速发展并渗透到社会的各个层面的今天，其所引发的伦理问题变得日益复杂，涉及隐私、安全、公平性等多个方面。这些问题的解决不仅需要技术知识，还需要哲学、法学、社会学等多个学科的知识和理论支持。因此，跨学科合作显得尤为重要。它促使来自不同领域的专家学者共同参与讨论，共同寻找解决方案，从而确保 AI 技术的发展既符合技术进步的要求，又不背离社会伦理和文化价值。

其四，社会文化因素在 AI 伦理学中的重要性不容忽视。不同的社会和文化背景会对 AI 技术的接受度、期望以及担忧产生不同的影响。通过跨学科的合作，人们可以更好地理解这些差异，确保 AI 技术的发展既满足全球化的技术标准，又尊重地域性的文化差异，从而促进 AI 技术的健康、平衡发展。

综上所述，面对 AI 技术带来的伦理挑战，人们迫切需要建立一个跨学科的、合作的、包容的研究和实践环境。这样的环境不仅能够帮助人们更全面地理解 AI 技术及其伦理问题，还能够推动 AI 技术的负责任使用，确保技术进步服务于人类社会的整体福祉。跨学科合作的桥梁正在搭建中，它将引领人们走向一个更加明智、更加公正的 AI 未来。

中 篇

人工智能伦理的核心议题

第四章　隐私权与数据伦理

在当今数字化的时代，隐私权与数据伦理成为了至关重要的议题。布鲁斯·施奈尔（BruceSchneier）[1] 在面对大数据时代的两面性，以及如何认识和应对它对现代社会的冲击等问题时强调：在没有公开透明监督条件下，政府和巨头公司可能会侵占用户数据和隐私。尼科·范·艾克（Nico van Eijk）[2] 认为：整个法规框架的最终目标不是罚款，而是改变企业的行为，令市场更加规范地发展。

随着信息技术的飞速发展，我们的个人数据被大量收集、存储和分析。从日常的网络浏览习惯，到购物偏好，甚至是健康信息，都成为了数据的一部分。然而，这种数据的收集和使用并非总是在透明和合法的框架内进行，这就严重威胁到了个人的隐私权。

隐私权是个人自由和尊严的重要组成部分。每个人都有权在一定范围内决定自己的个人信息是否被披露，以及如何被使用。当我们的隐私被侵犯时，会感到不安、焦虑，甚至可能遭受实际的损失，比如身份被

---

[1] 布鲁斯·施奈尔（Bruce Schneier），美国的密码学学者、资讯安全专家与作家。其《应用密码学：协议、算法和 C 源程序》对密码学造成重大影响。施奈尔（与人合作）设计了许多密码学的算法，其中包含 Blowfish、Twofish 与 MacGuffin 的区块加密模式（Block Cipher），Helix 与 Phelix 的串流加密（Stream Ciphers），以及 Yarrow 与 Fortuna 的拟乱数产生器。而密码学算法 Solitaire 是施奈尔设计给一般人脑运算使用的密码学算法。该算法以 Pontifex 的名称出现于尼尔·史蒂芬生（Neal Stephenson）的小说《Cryptonomicon》。施奈尔独立或与人一起发表过上百篇密码学相关的文献。

[2] 尼科·范·艾克（Nico van Eijk）是荷兰阿姆斯特丹大学法学院信息法研究所（IViR）的媒体和电信法教授、信息法研究所所长。他曾在蒂尔堡大学学习法律，并获得阿姆斯特丹大学的法学博士学位。其研究领域包括媒体、电信、隐私、言论自由、国家安全、监督和互联网相关问题，如互联网治理和网络中立问题等。他还担任独立法律顾问，为律师事务所、公司和（半）政府组织提供建议。20 多年来，他一直活跃于金融领域（电信和媒体交易），同时担任荷兰情报与安全服务评估委员会（CTIVD）的知识网络成员。

盗用、金融欺诈等。

数据伦理则要求在处理数据时遵循基本的伦理原则。企业和机构在收集数据时，应当明确告知用户收集的目的、方式和范围，并获得用户的明确同意。同时，所收集的数据应当被妥善保管，防止数据泄漏和滥用。

此外，数据的二次使用也需要谨慎对待。即使是已经收集的数据，在用于新的目的时，也应当重新评估其对个人隐私的影响。在法律层面，需要建立健全的法律法规来保护隐私权和规范数据的使用。同时，加强监管力度，对侵犯隐私权和违反数据伦理的行为进行严厉惩处。

一、数据收集、处理与共享的伦理问题

在人工智能的演进之旅中，数据无疑是核心驱动力之一。它的收集、处理及共享构成了技术实施的根基，同时也是伦理与法律讨论的热点。数据的使用不仅关系到技术的进步，更触及个人隐私、数据安全和公平性等敏感问题，这些问题的处理方式直接影响着公众对 AI 技术的信任和接受程度。

因此，一方面，要深度剖析数据在 A1 发展中所面临的伦理挑战，包括但不限于数据收集的透明度问题、处理过程中的偏见问题以及共享数据时的隐私保护问题；另一方面，要探讨这些问题背后的伦理原则，提出既切实可行又具有操作性的解决方案，阐述对 AI 数据相关伦理问题的深刻理解，辨析在实际操作中如何平衡技术发展与伦理责任，确保 AI 技术的可持续发展不仅遵循技术规范，更遵守伦理原则，从而建立一个既促进技术创新又能保护个人权益的健康发展环境。

1. 数据收集的伦理考量

（1）透明度与知情同意。在数据收集活动中，透明度与知情同意构成了数据伦理行为的基石。这意味着，在收集任何形式的数据之前，必须向数据提供者清楚且明确地解释数据将被收集的目的、所涉及的范围、它如何被使用，以及为保护这些数据所采取的安全措施。这一原则要求从事数据收集的开发者和企业必须做到信息的充分披露，且这些信息需要是易于理解的，以便数据提供者能够在完全理解所涉及内容的基础上，自主作出是否同意数据被收集和使用的决定。

为了真正实现透明度与知情同意，开发者和企业需要采取一系列的措施。首先，隐私政策和同意书必须用简明、易懂的语言编写，避免使用复杂的法律或技术术语。只有这样，数据提供者才能确切地理解他们的数据将如何被处理。其次，需要确保在请求同意时，数据提供者不受到任何形式的压力或误导，他们的决定应当是基于自由意志的。此外，应当明确告知数据提供者有权随时撤消同意，并告知他们如何操作以实现这一点。

在实践中，这还意味着企业和开发者应该设计出一种机制，以便数据提供者能够轻松地访问、更正甚至删除有关他们的信息。这样的做法不仅体现了对数据提供者权利的尊重，也有助于建立公众对技术和企业的信任。

透明度与知情同意的原则强调了一种以人为本的数据处理方式，它要求在技术创新和数据收集的过程中，始终将数据提供者的权益放在首位。通过确保数据提供者充分了解并同意其数据的使用，可以促进一种更加公正、可持续的数字环境的发展。

总之，透明度和知情同意不仅是数据收集中的伦理要求，也是构建信任和确保数据使用合法性的关键。企业和开发者必须认真对待这一原则，将其融入数据管理的各个方面，从而确保在追求技术创新的同时，也保护了个人的隐私权利和数据安全。

（2）最小化数据收集。在当今日益增长的数字化时代，数据成为推动人工智能和其他技术进步的关键资源。然而，随着数据收集活动的增加，个人隐私保护成了一个重要的伦理和法律问题。为了在促进技术发展和保护个人隐私之间找到平衡，实施数据最小化原则变得尤为重要。数据最小化原则的核心理念是：仅收集实现特定目标所绝对必需的数据。这一原则要求在设计数据收集方案时，必须进行严格的需求分析以明确哪些数据是完成目标所必需的（"需要知道"的数据），哪些数据虽然可能对增强服务或产品有所帮助，但并非必不可少（"希望知道"的数据）。通过这种方式，数据收集活动可以在不牺牲必要功能的前提下，最大限度地减少对个人隐私的侵犯。

实施数据最小化原则需要采取一系列具体措施。首先，开发者和数据科学家需要在项目规划阶段就加入隐私保护的考量，采用隐私设计的方法，确保数据收集方案从一开始就将隐私保护作为核心要素之一。其次，对于收集到的数据，应当采取适当的数据管理和保护措施，比如数据加密和访问控制，以防止未经授权的访问和数据泄漏。此外，应当定期评估收集的数据，及时删除那些不再需要的数据，以进一步降低数据持有量，减少潜在的隐私风险。在此过程中，透明度也是一个关键因素。相关机构应该清晰地向数据主体（即数据提供者）通报其数据收集的目的、范围以及如何处理这些数据。这包括提供易于理解的隐私政策和同意表单，确保数据主体能够作出知情的决定。同时，为数据主体提供足够的控制权，比如允许他们访问、更正甚至删除关于他们的数据，也是尊重个人隐私权的重要体现。

进一步地实施数据最小化原则也要求跨部门和跨学科的合作。例如，技术开发者、法律顾问和伦理专家应当共同参与数据收集方案的设计和执行过程，以确保从多个角度对隐私保护的要求得到满足。此外，随着技术的发展和社会对隐私保护意识的提高，数据最小化原则的应用也应当不断适应新的挑战和需求，进行相应的更新和调整。最后，实施数据最小化原则不仅仅是为了遵守法律法规或者避免潜在的法律风险，更是一种对用户隐私权重视和尊重的体现。通过收集必要的数据，企业和机构可以建立起用户的信任，从而在长远来看促进产品和服务的可持续发展。在这个过程中，数据最小化原则作为一种有效的隐私保护策略，对于平衡技术创新和个人隐私保护之间的关系，实现社会的整体福祉具有重要意义。

2. 数据共享的伦理考量

（1）隐私保护。在当今这个数据驱动的时代，数据共享已成为推动知识进步和技术革新的重要力量。企业与研究机构通过共享数据，能够加速发现新知识，推动社会发展。然而，随着数据共享的广泛应用，个人隐私保护的问题也日益凸显，成为人们不得不面对的重要挑战。如何在促进数据共享的同时，确保个人隐私不被侵犯，成了一个需要深思熟虑的问题。

隐私保护在数据共享领域扮演着至关重要的角色。为了确保个人隐私不被侵犯，采取适当的脱敏措施处理数据成了一个必要的前置步骤。这意味着在共享数据之前，必须通过技术手段对数据进行处理以去除或隐藏那些可能直接或间接指向个人身份的信息。这样，即便数据被共享，接收方也无法通过这些数据追踪到个人。此外，数据共享的过程还应当遵循数据最小化的原则。这个原则强调，只有那些为了达到共享目的确实必要的数据才能被共享，任何不必要的数据都应当被排除在外。这种做法不仅能够进一步保护个人隐私，还能够减少数据处理的复杂性，提高效率。

然而，实现这种平衡并非易事。它要求人们在数据共享的每一个环节中都保持高度的警惕和责任感。从数据收集、存储，到处理和共享，每一个步骤都必须遵循严格的规范和标准。这不仅是技术问题，更是伦理问题，需要建立一套基本而又具有涵盖性的数据伦理框架，来指导数据共享的实践，确保人们的行为既合乎道德，又符合法律。在这个框架中，透明度和责任是两个关键的原则。透明度要求我们对数据的来源、用途以及处理方式进行充分披露，让数据主体了解自己的数据将如何被使用。责任则要求我们对数据的安全负责，对可能的隐私泄漏采取预防措施，并在发生问题时及时采取补救措施。

此外，公众的参与也是保障个人隐私的重要环节。应该鼓励和促进公众对数据共享政策的讨论和反馈，倾听他们的担忧和建议，使政策的制定更加民主、透明。只有当公众对数据共享的过程和目的有充分的了解和信任时，数据共享活动才能得到广泛的支持和参与。在这一过程中，技术的创新也发挥着至关重要的作用。随着人工智能、区块链等先进技术的发展，人们有了更多的工具来保护数据的安全和隐私。例如，区块链技术的不可篡改性和透明性，为数据共享提供了一个安全可靠的平台。而人工智能技术则可以帮助人们更有效地识别和管理数据中的敏感信息。

综上所述，隐私保护在数据共享领域的重要性不言而喻。通过对数据进行脱敏处理，以及坚持数据最小化原则，人们能够在促进数据共享的同时，确保个人隐私得到有效保护。这种平衡是在当今数据驱动的世界中，实现数据共享价值与保护个人隐私兼顾的关键。在这一过程中，每一步都需谨慎行事，确保数据共享活动既安全又负责任。通过建立全面的伦理框架、加强透明度和责任、鼓励公众参与以及利用技术创新，可以在推动社会发展的同时，保护好每个人的隐私权益。这是一个持续的过程，需要所有人的共同努力和不懈追求。

（2）数据使用的责任界定。在这个信息爆炸的时代，数据共享已经成为知识流通、创新驱动以及决策制定的重要工具。它像一座无形的桥梁，连接着不同领域、不同组织甚至不同文化之间的知识与智慧，使得信息能够自由流动，激发创新的火花。然而，伴随着数据共享的巨大潜力和价值，个人隐私和数据安全的问题也随之而来，成为人们不得不面对的挑战。在这样的背景下，如何在充分发挥数据共享价值的同时保护个人隐私，成了一个需要深思熟虑的问题。

要实现这一目标，首先需要在数据共享方案中制定明确的数据保护措施。这包括但不限于如何加密数据、如何安全地存储和传输数据，以及在数据泄漏时的应对策略。这些措施的目的在于防止数据被未经授权的第三方访问，确保数据的安全性和完整性得到保障。另外，明确数据使用的范围对于防止数据滥用同样至关重要。数据使用方应当仅在协议规定的目的、范围和时间内使用数据，任何超出原定目的的使用都应被视为违约行为，需要承担相应的法律责任。

此外，违反协议的后果也应当在数据共享协议中得到明确规定，这包括违约金、赔偿责任乃至法律诉讼等。这些规定不仅具有威慑作用，防止数据使用方违反协议，同时也为数据提供方在权益受损时提供了法律依据。

为了保障数据的合理使用，数据共享协议中还应当明确规定数据使用方的权利与限制。这意味着数据使用方在享有数据使用权的同时，也承担着保护数据安全、尊重数据主体隐私的义务。通过法律手段，如合同约定、版权法等，可以有效地维护数据提供方和数据使用方的合法权益，确保数据共享活动的合理性和合法性。

在这个过程中，我们必须认识到，数据共享不仅是一项技术活动，更是一项充满伦理考量的社会实践。它要求人们在追求效率和创新的同时，也要对个人隐私和数据安全负责。这种责任不仅落在数据的提供方和使用方身上，也是整个社会共同承担的。因此，建立一个全社会参与的数据共享生态系统，鼓励开放、透明的数据共享实践，成为实现数据共享价值最大化的关键所在。

在这个生态系统中，政府、企业、研究机构以及公众等所有利益相关方都扮演着重要角色。政府应当制定合理的政策和法律框架，为数据共享活动提供指导和监管；企业和研究机构应当遵循伦理原则，确保数据共享的安全性和合法性；公众则应当增强数据意识，积极参与到数据共享的监督和反馈中来。

总之，通过在数据共享方案中明确数据使用方的责任和义务，不仅能够促进数据的有效利用，还能够保护数据主体的隐私权和数据的安全性。这要求数据提供方和数据使用方达成明确、详尽的数据共享协议，通过法律手段确保协议的执行，从而在促进数据流通的同时，保障个人隐私和数据安全。这种平衡是实现数据共享价值最大化的关键，也是人们在数据驱动的世界中追求的目标。在这个持续发展的过程中，需要所有利益相关方的共同努力和不懈追求，以确保数据共享活动既能促进社会的进步和创新，又能保护好每个人的隐私权益。

二、隐私保护技术与政策

随着 AI 技术的突飞猛进和其在各个领域的广泛应用，大量数据的收集、处理和使用已成为常态。这不仅带来了便利和效率的提升，也引发了公众对于个人隐私安全的严重担忧。深入探讨隐私保护技术与政策旨在人工智能时代找到技术进步与个人隐私保护之间的平衡点，提出一个多维度的解决方案，包括技术创新、政策制定，以及国际合作的加强。

1. 技术维度

在技术层面上，隐私保护技术的进步主要致力于利用先进的技术手段来保障数据的安全与隐私。为了应对隐私保护的需求，出现了多种创新技术和方法。这些技术包括但不限于数据匿名化、同态加密、差分隐私和区块链技术等。数据匿名化技术通过去除或替换个人数据中的识别信息，有效防止个人身份的泄漏。同态加密技术则允许在加密数据上进行计算，既保证了数据处理过程中的隐私安全，又保持了数据的使用价值。差分隐私技术通过向数据添加一定量的随机噪声，使得从发布的数据中准确推断出个人信息变得极为困难。区块链技术利用其独特的去中心化和加密特性，为数据提供了一个安全、透明的存储和交换环境。这些技术的发展不仅推动了隐私保护技术的革新，也为个人数据的安全提供了更为坚实的保障。

首先，数据匿名化技术旨在通过删除或替换个人数据中的识别信息（例如姓名、地址等），来防止个人身份的识别。这种技术是隐私保护的重要手段，尤其是在处理大量个人数据时。它能够减少个人信息泄漏的风险，为数据共享和分析提供了一种相对安全的途径。然而，随着数据挖掘和分析技术的不断进步，即便是经过匿名处理的数据，也面临着被重新识别的潜在风险。复杂的算法和强大的计算能力可能使攻击者能够从匿名数据中恢复出个人信息，从而威胁到个人隐私的安全。这表明，单靠数据匿名化技术可能不足以全面保护个人隐私，需要结合其他隐私保护技术和严格的数据管理政策，以构建一个更加全面和强大的隐私保护体系。

其次，同态加密技术展现了一种革命性的数据保护方式，允许对加密数据进行直接计算，而这些计算的结果依旧维持在加密形态。这样的技术特性意味着数据的处理与分析可以完全在加密状态下进行，极大地增强了数据隐私性的保护。传统的数据加密方法在数据处理前需要先解密，这一过程容易暴露数据，增加了隐私泄漏的风险。然而，同态加密技术的应用，使得数据在整个处理过程中都不需要解密，从而有效避免了这一风险。这一技术不仅对保护个人隐私信息至关重要，同时也为云计算、大数据分析等领域提供了新的可能性。在这些领域中，需要处理和分析大量敏感数据，同态加密技术能够确保这些数据在分析过程中的安全性和隐私性，从而使得数据分析和处理既安全又高效。因此，同态加密技术被视为数据安全和隐私保护领域的一个重大突破，它不仅提高了数据处理的安全性，也拓展了加密数据的应用范围，为数据隐私保护提供了更为强大的技术支持。

再次，差分隐私技术是一种先进的隐私保护方法，它通过在数据查询的结果中加入一定量的随机噪声，有效地阻止了攻击者从这些结果中准确地推断出个人信息。这种技术的核心在于平衡数据的可用性与个人隐私的保护。即使是在数据集中进行多次查询，差分隐私技术也能确保个人信息的安全，因为加入的随机噪声使得任何特定个体的信息都被有效地"掩盖"，从而避免了个人信息的泄漏。差分隐私技术的应用范围非常广泛，从政府部门到私营企业，都可以利用这项技术来保护个人数据，同时还能分析和利用这些数据来进行决策支持和服务改进。它为数据分析提供了一种新的路径，既满足了对数据分析的需求，又极大地降低了隐私泄漏的风险。

此外，差分隐私技术不仅能够保护个人隐私，还能够促进数据的共享和利用。在这种保护机制下，研究人员和数据分析师可以在确保数据隐私的前提下，探索和发现数据中的有价值信息，推动科学研究和商业分析的发展。总之，差分隐私技术通过在保护个人隐私的同时保留数据的核心价值，解决了数据利用与隐私保护之间的矛盾，被视为隐私保护领域的一大突破。这种技术的发展和应用，对于推动数据驱动的创新和保护个人隐私都具有重要意义。

最后，区块链技术以其去中心化①特性和先进的加密机制，为数据存储和交换构建了一个既安全又透明的环境。这项技术最显著的优点在于其数据完整性和防篡改能力，这些特性使得任何试图修改已存储信息的行为都会被系统检测并阻止，从而确保了数据的真实性和安全性。此外，区块链技术还开辟了隐私保护的新途径，通过智能合约和私有链等方式，可以在不暴露个人身份的情况下进行交易和数据共享，进一步增强了个人隐私的保护。随着技术的发展，区块链已经超越了最初的金融领域应用，开始在供应链管理、医疗健康、数字身份认证等多个领域展现其潜力。在这些应用场景中，区块链不仅提高了操作的透明度和效率，还通过去中心化的数据管理，减少了中间环节，降低了成本，并提高了系统的整体安全性。

更重要的是，区块链技术的应用促进了数据共享和开放的同时，也确保了数据交换过程中个人隐私的保护。这种独特的平衡机制为处理敏感数据提供了新的解决方案，推动了数据驱动行业的创新发展，同时也为用户隐私带来了前所未有的保障。因此，区块链技术不仅是一种创新

---

① 去中心化，在一个分布有众多节点的系统中，每个节点都具有高度自治的特征。节点之间彼此可以自由连接，形成新的连接单元。任何一个节点都可能成为阶段性的中心，但不具备强制性的中心控制功能。

的技术应用，更是推动社会向更高透明度、更强安全性和更佳隐私保护方向发展的关键驱动力。随着其不断成熟和应用领域的扩展，区块链技术将在未来的数字化世界中扮演更加重要的角色。

2. 政策维度

隐私保护是当前社会面临的重大挑战之一，它不仅依赖于技术的进步和应用，更需要有完善的政策和法律框架作为支撑。在全球化的今天，个人信息的收集、使用和传播跨越了国界，这就要求不同国家和地区的政府，乃至国际组织，必须采取行动，制定出一套既能有效保护个人隐私，又能促进数据自由流动和经济发展的政策和标准。

欧盟在这方面走在了世界前列，其《通用数据保护条例》（GDPR）自 2018 年开始实施，被认为是最严格的数据保护法规之一。GDPR 对个人数据的定义极为广泛，几乎涵盖了所有能够直接或间接识别到个人身份的信息。它要求企业在处理个人数据时必须遵循明确的原则，提高数据处理的透明度，并给予数据主体广泛的权利，如知情权、访问权、删除权和被遗忘权等。违反 GDPR 的企业可能面临高达全球年营业额 4% 或 2000 万欧元的罚款，这无疑给全球范围内的企业带来了巨大的压力和挑战。

美国虽然没有全国性的数据保护法规，但加州的消费者隐私法案（CCPA）为美国的隐私保护立法树立了一个标杆。CCPA 为消费者提供了更多的控制权，赋予了消费者更多的权利，包括查询和删除个人信息的权利，以及拒绝个人信息被销售的权利。

除了 GDPR 和 CCPA，还有其他许多国家和地区也开始制定或更新他们的数据保护法律，如巴西的 LGPD[①]、日本的个人信息保护法等。这些法律和条例在全球范围内形成了一个复杂的法律网络，为国际企业

[①] 《巴西通用数据保护法》（Lei Geral de Proteção de Dados，LGPD）是巴西的主要个人数据保护立法。LGPD 受到《欧盟通用数据保护条例》（GDPR）的启发，给巴西的数据保护框架带来了深刻的变化，颁布了一套在数据处理活动中需要遵守的规则。

的运营带来了新的挑战，标志着隐私保护在法律层面得到了前所未有的重视。

然而，一方面，在推进隐私保护的过程中，人们也面临着不少挑战。技术的局限性、政策执行的难度，以及国际数据保护标准的不一致，都是需要解决的问题。技术手段虽然在不断进步，但仍存在成本高、适用性有限等问题。政策和法规的制定和执行过程中，也经常遇到监管资源有限、技术更新迅速等难题。此外，随着数据跨境流动的增加，如何在不同的法律体系中协调统一的数据保护标准，也是一个亟待解决的国际问题。另一方面，仅有法律和政策还不够，还需要强有力的执行机制以及公众对隐私保护意识的提高。这包括建立监管机构来监督和执行这些法律，以及通过教育和宣传活动提高公众对个人隐私权的认识和保护意识。

总之，隐私保护是一个多方面的问题，需要技术、法律和社会意识的共同进步。随着数字化时代的深入发展，如何在保护个人隐私和促进经济社会发展之间找到一个平衡点，将是各国政府、国际组织、企业乃至每一个个体共同面临的挑战，同时也促使各国的立法和政策更加严密且具有针对性。

其一，消费者隐私法案（CCPA）标志着美国隐私保护立法的一个重要里程碑，尤其是为加州居民设立了前所未有的隐私权利，从而在美国隐私保护法律的发展史上占据了重要位置。该法案赋予加州居民包括但不限于知情权、删除权以及反对个人信息销售的权利，为个人隐私保护设定了新的标准。知情权使消费者有权了解企业收集、使用和共享其个人信息的具体情况；删除权让消费者可以要求企业删除其收集的个人信息；而反对个人信息销售的权利则允许消费者拒绝企业将其个人信息出售给第三方。

CCPA 的实施不仅提高了企业对个人数据处理的透明度和责任，而且促进了整个美国在隐私保护方面的立法进步。它为其他州的隐私保护法律提供了借鉴和启示，促使更多的州考虑采纳类似的法律，以增强对消费者隐私的保护。此外，CCPA 也为企业如何在遵守法律的同时有效管理和保护个人信息提供了实践指南，推动了企业内部隐私保护政策和流程的改善。总之，CCPA 不仅为加州居民提供了更加全面的隐私保护，也推动了美国隐私保护法律的进一步发展，对于促进更广泛的数据保护和隐私权益保障具有深远影响。

其二，随着全球化的深入发展，数据的跨境流动成为了常态，这对全球数据治理提出了新的要求和挑战。为了应对这些挑战，国际的合作变得尤为重要，需要共同努力制定一套统一的数据保护标准和规则。全球数据治理面临的挑战，主要包括法律和制度上的差异、数据主权的问题以及跨境数据流动的监管难题。

法律和制度上的差异意味着不同国家和地区在数据保护方面的法律规定可能大相径庭，这给国际企业的运营带来了复杂性和不确定性。数据主权的问题则关系到国家对其境内数据的控制和管理权，不同国家对数据主权的看法和要求不一，这在一定程度上限制了数据的自由流动。此外，跨境数据流动的监管难题也是全球数据治理需要解决的重要问题，如何在保护个人隐私和促进数据自由流动之间找到平衡点，是各国政府和国际组织需要共同考虑的问题。为了有效应对这些挑战，国际社会需要加强合作，探索建立全球性的数据治理框架，制定一套既能够保护个人隐私和数据安全，又能促进数据跨境流动和数字经济发展的国际规则和标准。这不仅需要国家之间的政治意愿和协调一致，也需要私营部门、非政府组织和公众的广泛参与和支持。通过共同努力，可以逐步构建一个更加公平、透明、高效的全球数据治理体系，为全球数字经济的健康发展提供坚实的基础。

其三，在数字化时代，数据的跨境流动日益增加，这对全球数据治理提出了新的挑战和要求。为了应对这些挑战，国际合作成为制定统一数据保护标准和规则的关键。全球数据治理面临的主要挑战，包括不同国家之间法律和制度的差异、数据主权问题，以及跨境数据流动的有效监管。不同国家和地区在数据保护方面的法律极其多样，这种差异给全球企业的运营带来了复杂性，同时也影响了数据的自由流动。数据主权问题涉及国家对其境内数据的控制权，不同国家对此有着不同的要求和看法，这在一定程度上制约了全球数据的流通。此外，如何在保障个人隐私和数据安全的同时，有效监管跨境数据流动，是全球数据治理亟须解决的难题。

为有效克服这些挑战，迫切需要国际社会加强合作，共同探讨和建立一套全球性的数据治理框架。这要求不仅政府部门之间的协调一致，还需要私营部门、非政府组织以及公众的参与和支持。通过国际的共同努力，旨在创建一个既能够确保数据安全和个人隐私保护，又能促进数据跨境流动和数字经济全球化发展的数据治理体系。构建这样一个体系，将为全球数字经济的健康稳定发展提供坚实基础，促进全球经济一体化进程。

3. 未来面临的新挑战

尽管在隐私保护方面，技术进步和政策制定已取得显著成果，但未来仍然面临不少新挑战。这些挑战主要包括技术手段的局限性、政策执行的实际难度，以及数据治理在国际层面上的协调问题。技术虽然在不断发展，但在保护隐私方面仍有其局限，不能完全解决所有隐私泄漏的风险。同时，即便是制定了严格的隐私保护政策，其在实际操作中的执行效果也面临诸多困难和挑战，包括监管资源的不足、执行力度的不一等问题。此外，随着数据跨境流动的加剧，国际在数据治理方面需要更加紧密合作和协调，以形成有效的全球数据保护机制。这些问题共同构成了当前隐私保护工作面临的复杂挑战，需要各方面的共同努力和智慧来解决。

首先，技术在隐私保护领域的应用虽已取得一定进展，但现有技术的局限性仍然明显，这主要体现在效率不高和适用范围有限等方面。随着数字化时代的深入发展，个人信息的收集和处理变得日益复杂，传统的隐私保护技术往往难以满足当前的需求。例如，一些加密技术虽然能够保护数据安全，但在处理大规模数据时可能会导致效率低下，严重影响用户体验和业务流程。此外，隐私保护技术的适用范围有限，某些技术可能只适用于特定场景或数据类型，难以广泛应用于各种数据处理环境中。

面对这些挑战，需要通过持续的技术创新和改进来提升隐私保护技术的效率和适用性。这包括开发新的加密算法、提高数据匿名化技术的效果、优化数据处理流程以减少对隐私的侵害等。同时，也需要探索更多跨学科的解决方案，例如利用人工智能和机器学习技术来智能识别和保护个人隐私信息，或者开发更灵活的隐私保护框架，以适应不断变化的数据处理需求和隐私保护法规。总之，虽然现有的隐私保护技术面临诸多挑战，但通过不断的技术创新和跨学科合作，有望逐步克服这些局限性，为个人隐私提供更加有效和全面的保护。

其次，在实施隐私保护法律和政策的过程中，执行难度是一个不容忽视的问题。这种难度主要源自监管资源的有限性以及技术快速变化带来的挑战。监管机构往往面临人力和财力资源的制约，这限制了其对隐私保护法规执行的广度和深度。随着技术的迅速发展，尤其是在大数据、人工智能和互联网技术领域，新的隐私保护问题不断涌现，要求监管机构不仅要跟上技术发展的步伐，还要预见未来可能出现的隐私风险，这无疑增加了政策执行的复杂性。

为了有效应对这些挑战，加强监管能力和机制显得尤为重要。一是要增加对隐私保护监管机构的资源投入，包括扩大人力资源和提高监管技术水平，以确保监管机构具备足够的能力应对复杂的隐私保护任务。二是应当建立和完善多层次的监管机制，包括制定更加灵活的政策和指导原则，以适应技术发展的快速变化。三是鼓励公私合作，利用私营部门的技术和资源优势，共同推动隐私保护工作的进展，也是提高政策执行效率的有效途径。

同时，监管机构应当加强与国际同行的合作，共享监管经验和技术，形成统一或兼容的隐私保护标准和实践，以应对跨境数据流动带来的挑战。通过这些措施，可以提高隐私保护法律和政策的执行效率和效果，更好地保护个人隐私权利。

最后，在全球化的大背景下，数据的跨境流动变得日益频繁，不同国家和地区对于数据保护的标准和要求各不相同，这种差异给全球数据治理带来了显著的挑战。为了有效应对这一挑战，加强国际的沟通和协作，推动数据保护国际标准的统一成为迫切需要解决的问题。不同国家的数据保护法律和政策差异，可能导致跨境数据传输和处理遭遇法律障碍，影响国际贸易和数据流动的顺畅。因此，建立一套共识的国际数据保护标准，对于促进全球经济一体化具有重要意义。

为了推进这一目标，国际社会需要通过多边机构和论坛加强对话和合作，共同探讨和制定兼顾各方利益和关切的国际数据保护框架。这包括对现有的国际协议进行修订或创建新的国际法律工具，以解决跨境数据流动中的隐私保护问题。同时，也需要加强国家间的技术交流和政策对接，促进监管经验和最佳实践的共享。

此外，鼓励私营部门的参与同样重要，许多跨国公司在数据保护方面积累了丰富的经验和技术，他们的参与可以为制定实用且高效的国际标准提供支持。通过公私合作，可以更好地应对技术快速发展带来的新挑战，确保国际数据保护标准能够适应未来的需求。总之，通过加强国际的沟通和协作，共同推进数据保护的国际统一标准的制定和实施，不仅能够提高全球数据治理的效率和效果，也有助于保护个人隐私，促进全球经济的健康发展。

4. 未来发展方向

未来保护隐私的有效路径将涵盖多个层面，包括技术创新、法律框架的完善以及国际合作的加强，继续向着更高效、更智能的方向发展。法律框架也需要不断更新，以适应技术变革和社会需求的变化。国际合作在推进全球数据保护标准的统一上将发挥关键作用。通过技术创新、政策完善以及国际的协调合作，人们可以期待在 AI 时代中实现个人隐私保护与技术进步的和谐共存。

首先，技术创新是提升隐私保护能力的关键，为了更有效地保护个人隐私，技术创新扮演着至关重要的角色。未来，我们需要不断探索和发展更加高效、更加安全的隐私保护技术。其中，利用人工智能（AI）进行数据保护的自动化管理是一个重要方向，包括开发更先进的加密技术、提高数据匿名化处理的效率，以及利用人工智能辅助识别和防范潜在的隐私风险。AI 技术能够帮助我们更智能地识别敏感信息，自动实施加密和匿名化处理，以及实时监控数据处理活动，确保隐私保护措施的有效执行。此外，区块链技术也为隐私保护提供了新的可能性，其分布式账本①的特性可以增强数据的透明度和安全性，同时保护用户的隐私。进一步地发展更先进的加密技术，如同态加密，可以在不解密数据的情况下进行数据处理，从而在保证数据利用价值的同时，最大限度地保护个人隐私。

这些技术创新不仅需要科技界的持续研究和开发，还需要政策制定者、企业和社会各界的共同支持和推动。通过跨学科合作，集合不同领域的智慧和资源，人们可以更快地实现这些技术创新，有效提升隐私保护的能力。同时，随着技术的不断进步，也需要不断更新和完善相关的法律法规，确保技术应用不会侵犯个人隐私，实现技术发展和隐私保护之间的平衡。

其次，完善的法律框架为隐私保护提供了必要的规范和指导，这要求不断更新和调整法律条文，以适应技术进步和社会发展的需求，同时确保法律执行的有效性和公正性。随着技术的迅速发展和社会需求的不断变化，完善隐私保护的法律框架成为保障个人隐私权利的一个重要任务。这要求立法机构持续关注新兴技术，如人工智能、大数据分析、云计算等对个人隐私的潜在影响，并根据这些技术进步和社会变迁，适时

---

① 分布式账本（Distributed ledger）是一种在网络成员之间共享、复制和同步的数据库。分布式账本记录网络参与者之间的交易，比如资产或数据的交换。这种共享账本降低了因调解不同账本所产生的时间和开支成本。

调整和更新现有的隐私保护法律法规。为了有效应对这些挑战，法律框架的完善应当包括但不限于：明确个人数据的收集、处理和传输标准；设立更严格的数据保护要求和合规性检查；增强数据主体的权利，如访问权、更正权和删除权等；以及对违反隐私保护规定的行为设立更为严厉的惩罚措施。

此外，法律框架的完善还需要考虑到跨境数据流动的复杂性，通过国际合作和协调，推动全球数据保护标准的统一或兼容，以便更好地应对全球化带来的隐私保护挑战。这不仅有助于保护跨境数据流动中的个人隐私，也促进了国际贸易和数据交换的便利性。综上所述，不断更新和完善隐私保护的法律框架，是一个涉及多方面、需要长期努力的过程。这不仅需要法律专家和政策制定者的智慧，也需要公众、企业和国际社会的广泛参与和支持，共同构建一个既能促进技术创新和经济发展，又能有效保护个人隐私权利的社会。

最后，加强国际合作对于应对跨境数据流动中的隐私保护挑战至关重要。这包括在国际层面上建立共识，推动制定统一或兼容的数据保护标准，以及促进监管机构之间的信息交流和协调行动。通过这些综合措施，可以在全球范围内形成更加坚实和高效的隐私保护网络，既保护个人隐私权益，又促进数据的合理利用和数字经济的发展。在全球化的今天，数据的跨境流动成为常态，这就要求各国在数据保护领域加强国际合作，以应对共同面临的挑战。通过国际组织和多边机构的平台，各国可以加强在数据保护领域的沟通和合作，共同推动全球数据保护标准的制定和实施。这种合作不仅涉及共享最佳实践和监管经验，还包括在技术、法律和策略等多个层面的协调。通过这样的国际合作，可以促进不同国家之间的理解和信任，减少法律和监管的碰撞，为个人数据的跨境流动提供更加清晰和统一的规则。

此外，加强国际合作还有助于应对全球性的隐私保护挑战，如打击网络犯罪、保护跨境电子商务中的消费者隐私等。通过制定兼容的国际标准和协议，各国可以更有效地保护个人隐私，同时促进数字经济的健康发展。这要求国际社会共同努力，包括发达国家与发展中国家之间的协作，确保全球数据保护规则的公平性和普遍性。

国际合作的加强还意味着需要定期举行国际会议和研讨会，搭建更多的交流平台，促进不同文化和法律体系背景下的共识形成。同时，鼓励跨国公司和国际组织积极参与到全球数据保护标准的制定过程中来，利用他们在数据处理和隐私保护方面的经验和技术，为构建一个更加安全、公平的全球数据环境贡献力量。

总之，人工智能时代个人隐私的保护问题愈益重要和紧迫，需要全世界共同协作、全社会共同努力。在技术创新方面，需要持续探索和发展更加安全有效的隐私保护技术，如加密技术、匿名化处理技术等，以及利用 AI 自身的能力来增强数据保护。在政策制定方面，呼吁更新和完善相关的法律法规，确保它们能够跟上技术发展的步伐，为个人隐私提供坚实的法律保障。此外，鉴于数据和 AI 技术的全球性特点，加强国际合作成为保护隐私的关键一环。这包括在国际组织和多边机构的框架下，推动全球数据保护标准的制定和实施，以及促进不同国家之间在隐私保护方面的沟通和协作。通过这些综合措施的实施，可以为个人隐私提供更强有力的保护，同时确保人工智能技术的健康发展和广泛应用。这不仅有助于增强公众对 AI 技术的信任和接受度，也为构建一个更加公正、安全和可持续的数字未来奠定了基础。

三、可操作性的伦理解决方案

1. 建立伦理审查机制

在这个数字化蓬勃发展的时代，数据无疑成为连接全球的关键纽带。企业和研究机构通过收集、处理和共享数据，开辟了无数的机遇，推动了科技的飞速进步和经济的全球化发展。然而，这些活动同时也带来了伦理挑战，尤其是在个人隐私和公众利益这两个方面。因此，建立一套有效的伦理审查机制，以确保这些活动不会侵犯个人隐私或损害公众利益，成为时代的必然要求。

伦理审查机制的建立，其核心目的在于对所有数据相关项目进行全面的伦理评估。这意味着，从项目的设计阶段开始，就需要深入分析数据的收集、处理和共享过程中可能出现的伦理风险，确保每一步操作都符合伦理准则和法律要求。这种评估不仅需要审视数据使用的目的，还应涵盖对数据收集方法、数据存储安全性以及数据共享范围的综合考量。

为实现这一目标，企业和研究机构必须组建一个由伦理学、法律、数据科学等多领域专家组成的伦理审查委员会。这个委员会的职责是制定明确的伦理审查标准和流程，对提交的项目进行审查，并提供专业的伦理指导。同时，委员会还应定期审查和更新伦理标准，以适应技术和社会的不断发展。

伦理审查机制的另一个关键组成部分是对参与数据相关工作人员的伦理培训。通过培训，可以有效增强他们的伦理意识，使他们在日常工作中能够识别和处理伦理问题，从而在项目实施过程中主动遵守伦理标准。此外，伦理审查机制的建立还需要公众的参与和透明度的增加。企业和研究机构应通过公开讨论、咨询等方式，积极听取公众对数据使用的看法和建议，确保数据活动能够获得社会的广泛认可和支持。

在实施过程中，伦理审查机制应采取灵活的策略，对不同类型和规模的数据项目采取不同的审查标准。对于涉及敏感数据或可能对个人隐私造成重大影响的项目，应实施更为严格的审查。同时，一旦发现伦理问题，应及时采取措施，包括调整项目设计、增强数据保护措施等，以确保问题得到有效解决。

总的来说，建立伦理审查机制是确保数据活动符合伦理标准的重要措施。通过对数据相关项目进行全面的伦理评估，不仅可以预防和减少伦理风险，还能提升企业和研究机构的社会责任感和公众信任度。在快速发展的数字化世界中，伦理审查机制的建立和完善将是一个持续的过程，需要所有相关方的共同努力和不断探索。

我们正处在一个关键时刻，必须审慎行动，确保技术进步不仅推动社会向前发展，同时也保护和尊重每个个体的权利和尊严。通过建立健全的伦理审查机制，可以确保数据的力量被用于正道，为人类的福祉和社会的进步贡献力量，而不是成为侵犯隐私和伤害公众利益的工具。这不仅是对技术发展的负责，更是对社会和未来的承诺。

2. 实施隐私保护技术

在数字化时代，数据的重要性日益增长，同时数据隐私保护的问题也变得尤为重要。为了有效地保护个人隐私并防止数据在其生命周期中的潜在泄漏，引入和实施先进的隐私保护技术变得至关重要。差分隐私和同态加密是两种在当前隐私保护领域中尤为关键的技术。

（1）差分隐私。差分隐私作为一种旨在保护个人隐私的先进技术框架，已经在数据安全领域引起了广泛的关注和应用。它的核心理念是在数据发布时加入一定量的随机噪声，这样即便在不泄漏任何个体信息的前提下，也能够对整个数据集进行有效地分析和研究。通过这种方式，差分隐私能够在保护个体隐私的同时，不影响数据的整体价值和分析的准确性。差分隐私的实现依赖于数学上的严格定义和保障措施，这些措施确保了即使攻击者获取了数据集中除特定个体外的所有数据信息，也无法准确判断该特定个体是否存在于数据集中。这一特性使得差分隐私成为一种非常有效的隐私保护技术，能够在保障个人隐私的同时，允许数据的安全使用和共享。

差分隐私技术的应用非常广泛，涵盖了社会科学研究、商业数据分析、公共政策制定等多个领域。在这些领域中，差分隐私技术的应用不仅帮助研究人员和决策者获得有价值的洞察，同时也确保了参与者的隐私得到了有效保护。例如，全球知名的科技公司谷歌和苹果，都已在其产品和服务中集成了差分隐私技术，以保护用户数据不被泄漏。通过实施差分隐私，企业和研究机构不仅能够保护个人隐私，还能够在不违反隐私保护原则的情况下，充分利用数据资源。这种平衡个人隐私保护与数据利用之间的关系的能力，是差分隐私技术最为显著的优势之一。它为数据驱动的社会进步和技术创新提供了强有力的支持，同时也为数据隐私保护树立了新的标杆。

然而，差分隐私技术的实施并非没有挑战。如何在添加随机噪声的同时保持数据分析的准确性，如何平衡隐私保护与数据可用性之间的关系，以及如何设计出既高效又安全的差分隐私算法，都是当前研究和应用中需要解决的关键问题。此外，推广差分隐私技术的应用，还需要克服技术复杂性、提高用户和企业的接受度，以及配合相应的法律法规等方面的挑战。总的来说，差分隐私作为一种创新的隐私保护技术，为处理和分析敏感数据提供了一种既安全又有效的方法。随着技术的不断发展和应用的不断拓展，差分隐私有望在未来的数据安全和隐私保护领域发挥更加重要的作用。为了实现这一目标，需要来自技术、法律和社会各个方面的共同努力和支持，以确保在数据驱动的世界中，个人隐私得到充分而有效的保护。

（2）同态加密。同态加密代表了隐私保护技术的一大进步，它使得在加密数据上直接进行计算成为可能，同时计算结果也保持加密状态。这种技术的核心优势在于，它允许数据的处理和分析在不需解密的情况下进行，从而在根本上保障了数据隐私的安全。这种技术的出现为数据的安全使用和共享开辟了新的路径。特别是在对数据隐私要求极高的领域，如医疗健康、金融服务等，同态加密技术展现了巨大的潜力。在这些领域中，即使是对敏感数据的处理和分析，也能在不泄漏任何个人信息的前提下，安全地进行。这意味着，多个机构可以在完全保护隐私的前提下，共享和分析加密数据，从而实现数据价值的最大化，而不必担心数据安全问题。

以医疗健康领域为例，同态加密技术的应用可以使得多家医院共同对加密的患者数据进行分析，既保证了患者隐私的安全，又提升了疾病诊断的准确性和效率。这种跨机构的合作，在没有同态加密技术的支持下，几乎是不可能实现的。同态加密技术不仅限于医疗健康领域，其在金融服务领域的应用同样具有革命性意义。金融机构可以利用这项技术对加密数据进行分析，以识别潜在的风险和机会，而无需暴露客户的敏感信息。这不仅增强了数据的安全性，也提高了金融服务的效率和质量。

然而，尽管同态加密技术具有巨大的潜力和优势，但在实际应用中仍面临一些挑战。其中，最主要的挑战之一是计算效率问题。由于在加密数据上直接进行计算的复杂性，同态加密操作往往需要较高的计算资源和时间。因此，如何提高同态加密技术的计算效率，是当前研究和应用中需要解决的关键问题。此外，同态加密技术的普及和应用还面临着技术复杂性、用户和企业的接受度，以及相关法律法规支持等方面的挑战。解决这些挑战需要技术创新、法律法规的完善，以及社会各界对这项技术价值的认识和接受。总之，同态加密技术作为一种先进的隐私保护技术，为数据的安全使用和共享提供了新的可能性。它在医疗健康、金融服务等领域展现了巨大的应用潜力，有望在未来的数据安全和隐私保护领域发挥更加重要的作用。随着技术的不断进步和应用的不断拓展，同态加密技术有望成为保护数据隐私的重要工具之一。为了实现这一目标，需要来自技术、法律和社会各个方面的共同努力和支持，以确保在数据驱动的世界中，个人隐私和数据安全得到充分而有效的保护。

（3）结合应用与挑战。虽然差分隐私和同态加密各自有着显著的优势，但在实际应用中，它们往往需要结合其他技术和管理措施一起使用，以达到最佳的隐私保护效果。此外，实施这些先进技术也面临着一些挑战，包括技术复杂性、性能开销，以及用户和企业对新技术的接受度等。

为了克服这些挑战，需要从技术、法律和社会三个层面共同努力。技术层面，研究人员需要不断优化算法，提高隐私保护技术的效率和可用性；法律层面，政府和监管机构需要制定相应的法律法规，为隐私保护提供法律支持；社会层面，公众和企业需要提高对隐私保护重要性的认识，共同推动隐私保护技术的应用和发展。

总之，随着数字化时代的到来，数据隐私保护已经成为一个不容忽视的问题。通过采用差分隐私、同态加密等先进的隐私保护技术，我们可以在享受数据带来便利的同时，有效保护个人隐私，促进社会的健康发展。未来，随着技术的不断进步和社会意识的提高，我们有理由相信，数据隐私保护将会越来越得到重视和改善。

3. 伦理培训与教育

在当前数据驱动的社会中，对于那些从事数据收集、处理和共享的工作人员，进行伦理培训变得尤为重要。伦理培训的目的在于提升这些专业人员的伦理意识和操作技能，确保他们在日常工作中能够识别和妥善处理与数据相关的伦理问题，并能够根据伦理原则来指导自己的行为。伦理培训的内容应该包括但不限于教育工作人员理解数据伦理的基本概念，如数据隐私、数据安全性、数据的透明度以及数据的公正性等。此外，培训还应该涵盖如何识别潜在的伦理风险，包括但不限于个人隐私泄漏、数据滥用、数据歧视等问题，并教授他们如何采取预防措施来避免这些风险。

更重要的是，伦理培训应当着重于实际操作技能的提升，包括如何在收集、处理和共享数据的过程中，实施伦理原则和最佳实践。这包括教导工作人员如何设计和执行数据管理计划，确保数据收集的合法性，处理数据的透明度，以及在共享数据时保护数据主体的隐私权和利益。此外，伦理培训还应该强调跨学科合作的重要性，鼓励数据相关工作人员与伦理学家、法律专家以及社会学家等不同领域的专家合作，以确保从多个角度审视和处理数据伦理问题。这种跨学科的视角不仅能够帮助工作人员更全面地理解数据伦理问题，还能够促进更加负责任和创新的数据管理实践。

实施伦理培训的另一个关键方面是持续性教育。随着技术的不断进步和数据使用环境的不断变化，数据伦理面临的挑战和问题也在不断演变。因此，定期更新培训内容和方法，以适应新的技术和伦理挑战，对于维持和提升工作人员的伦理意识和操作技能至关重要。总之，对从事数据收集、处理和共享的工作人员进行伦理培训，是确保数据使用的伦理性和责任性的关键步骤。通过提升工作人员的伦理意识和操作技能，不仅可以预防和减少数据使用过程中可能出现的伦理问题，还可以促进数据的安全、公正和高效使用，从而支持社会的可持续发展和技术创新。

4. 建立透明度机制

在当今信息时代，数据的收集、处理和共享已成为日常生活的一部分，而公众对于数据相关政策和活动的关注也日益增加。为了建立公众信任并保障数据主体的权益，采取公开透明的机制对外披露数据相关的政策和活动变得尤为重要。

实施公开透明机制的一个有效途径是定期发布透明度报告。这些报告应详细介绍数据的收集、处理和共享的范围、目的，以及为保护数据安全和隐私所采取的措施。透明度报告还应解释如何识别和处理数据使用过程中可能出现的伦理问题，包括但不限于数据滥用、隐私泄漏和数据歧视等问题。

通过这种方式，组织不仅可以展示其对数据伦理的承诺和责任，还可以增强公众对其数据管理实践的理解和信任。公众了解组织如何收集、使用和保护其数据，有助于减少误解和疑虑，促进数据的合理利用。

除了透明度报告之外，推行公开讨论和反馈机制也是提升透明度的重要手段。组织应鼓励公众、利益相关者和专家就数据政策和活动提出意见和建议，通过互动交流找到更好的数据管理解决方案。

此外，透明度还应体现在数据政策的制定过程中。通过邀请公众参与政策的讨论和制定，不仅能够确保政策更加全面和公正，还能提升政策的社会接受度和执行效率。

　　总的来说，通过公开透明的机制披露数据相关政策和活动，是构建数据伦理框架的关键环节。这不仅有助于保护数据主体的权益，还能促进数据的安全、公正和高效利用，最终支持社会的可持续发展和技术创新。要实现这一目标，需要组织持续致力于提高透明度，积极与公众沟通，共同探索更好的数据管理策略。

　　在人工智能时代，数据收集、处理与共享的伦理问题日益凸显。通过实施上述操作性强的方法，人们可以在保障技术创新和发展的同时，确保数据活动的伦理性和合法性，保护个人隐私和社会公平。未来，随着人工智能技术的不断进步，我们需要不断更新和完善伦理标准和操作方法，以应对新的挑战和机遇。

第五章 算法偏见与公平性

算法何以产生偏见，除了研发人员在算法程序的研发过程中自带的偏见、歧视，以及所采用的数据带有偏见或歧视之外，算法的其他利益相关者的算法操控（如政治内嵌、资本介入）也是不容忽视的因素。

算法偏见之所以成为人工智能伦理学的一个核心议题，是因为它直接关联到人工智能系统是否能够公正、透明和可信。算法偏见发生时，AI 在处理数据、作出决策或预测的过程中，会展现出对某些群体的不公平偏好或排斥。这种偏见不仅可能导致特定群体遭受不公正对待，降低他们的生活质量和机会，还可能加深社会的不平等和歧视。

为此，如何秉持智能算法的客观、中立、准确的价值立场，保障技术公正和算法公平，成为人工智能伦理学必须进行深度反思的课题。

一、算法偏见的形态及其成因

1. 数据偏见

解析算法偏见的成因，首先要指出数据偏见的问题。AI 系统的学习依赖于大量数据，如果输入的数据本身就带有偏见，如某些群体的数据被过度代表或忽略，那么 AI 学习后的结果就会继承这种偏差，进而影响其决策的公正性。例如，在使用 AI 进行简历筛选时，如果历史数据中男性被录用的比例远高于女性，基于这些数据训练的 AI 很可能会倾向于推荐男性候选人，这就是典型的数据偏见。

可见，尽管算法偏见的形成复杂多样，但其中最为关键的成因之一就是数据偏见。数据偏见不仅是算法偏见产生的主要源头，也是导致AI系统决策不公的根本原因。深入探讨数据偏见的成因、表现形式、影响以及解决方案，可以为阐释算法偏见提供更全面和更有说服力的路径。

（1）数据偏见成因分析。数据偏见产生的原因多种多样，但归根结底可以总结为以下三点。一是历史偏见的继承。许多AI系统的训练数据源自现实世界的历史记录，这些记录往往包含了长期以来社会、文化和经济结构中固有的偏见。例如，性别或种族歧视在历史数据中可能被无意识地记录和传递，导致基于这些数据训练的AI系统继承了这些偏见。二是数据收集过程中的偏差。在数据收集阶段，由于样本选择不当、调查方法的偏差或数据处理不当等原因，可能导致某些群体被过度代表或忽略。例如，在进行健康研究时，如果样本主要来自特定地区或人群，那么得到的结论可能无法准确反映全体人群的实际状况。三是技术限制和资源分配不均。有时候，数据偏见也可能源于技术限制或资源分配的不平等。例如，在某些低收入国家和地区，由于缺乏足够的数据收集和处理能力，相关群体的数据可能在全球数据集中被较少地考虑。

（2）数据偏见的表现形式。数据偏见可以通过多种形式表现出来，最常见的包括以下三种。一是代表性偏差。某些群体在数据集中被过度代表，而其他群体则被忽略或少表示，导致AI系统在处理不同群体的信息时表现出不平等。二是标注偏差。在数据标注过程中，由于标注者的主观偏见，某些数据可能被错误标注，进一步影响AI系统的学习和决策。三是时间偏差。随着时间的推移，社会结构和人类行为可能发生变化，但是如果AI系统训练所用的数据未能及时更新，就可能导致基于过时数据作出的决策不再适用于当前情况。

（3）数据偏见的影响。数据偏见对个人和社会的影响深远，具体表现在以下三个方面。一是加剧社会不平等。数据偏见可能导致特定群体在就业、金融服务、法律执法等方面受到不公平对待，加剧现有的社会不平等现象。二是损害个体权益。错误的数据导致的偏见决策可能直接影响到个体的生活，如不公平的信贷审批、就业机会丧失等。三是侵蚀公众对 AI 的信任。频繁发生的由数据偏见引发的争议和问题，可能导致公众对 AI 技术的信任度下降，影响 AI 技术的广泛应用和发展。

（4）解决数据偏见的方案。针对数据偏见问题，社会各界需要采取综合措施来减轻其影响。一是提高数据多样性和质量。通过采集更加全面和多样化的数据，确保数据集能够公正地代表不同的群体。二是实施公平的数据处理和分析方法。开发和应用新的算法，以识别并纠正数据集中的偏见，确保数据处理过程的公正性。三是加强跨学科合作。通过促进计算机科学家、社会学家、伦理学家等不同领域专家的合作，共同探索解决数据偏见的有效方法。四是提高透明度和可解释性。增加 AI 系统的透明度和可解释性，让公众和监管机构能够更好地理解 AI 系统的决策过程，及时发现和纠正偏见问题。五是制定相关政策和法规。政府和监管机构应制定相关政策和法规，指导和规范数据的收集、处理和使用过程，保护个人数据权利，促进 AI 技术的健康发展。

通过上述措施，可以有效减轻数据偏见对 AI 系统公正性的影响，推动构建更加公平、透明和可信的 AI 环境。这不仅有助于提升 AI 技术的社会接受度，也是实现技术进步惠及全社会的重要一步。

2. 设计偏见

在探讨人工智能伦理问题时，设计偏见也是一个关键议题，同样直接关系到 AI 系统的公平性、透明度和可信度。设计偏见也是导致算法偏见的一个重要因素。在 AI 系统的设计和开发过程中，开发者的主观意识、个人信念、价值观和对问题的理解可能会不自觉地影响到 AI 系统的设计，进而导致偏见的产生。尤其是当开发团队缺乏多样性时，他们可能无法充分识别和解决潜在的偏见问题。因此，有必要深入探讨设计偏见的成因、表现、影响以及可能的解决方案，以期作出更全面的理解和更有说服力的阐述。

（1）设计偏见的成因。设计偏见的产生可以归因于多个方面。首先缘于开发者的主观性。AI 系统的设计和开发是一个高度主观的过程。开发者的个人经历、文化背景、价值观念等都可能不自觉地影响到他们的设计决策。例如，如果开发者对某一社会群体有偏见，这种偏见可能在设计决策中得以体现，从而在 AI 系统中复制和放大。其次源于团队多样性的缺失。设计偏见还与开发团队的构成有着密切的关系。如果团队成员在性别、种族、文化等方面缺乏多样性，他们可能无法全面地理解和预见到 AI 系统在不同群体中应用时可能遇到的问题，从而无法识别和解决潜在的偏见问题。最后源于对问题的片面理解。在设计 AI 系统时，开发者可能会基于自己对问题的理解来设定参数和决策逻辑。如果这种理解存在偏差或仅从一个角度出发，可能导致设计出的系统同样带有偏见。

（2）设计偏见的表现形式。设计偏见在 AI 系统中的表现形式多种多样，具体可概括为三类。一是功能性偏见。在 AI 系统的功能设计中，可能会优先考虑某些用户群体的需求，而忽视或边缘化其他群体的需求。二是交互性偏见。AI 系统的用户界面和交互设计可能对某些用户群体更为友好，而对其他群体则考虑不够，导致使用体验上的不公平。三是决策逻辑偏见。在设定 AI 决策逻辑时，如果依据的是片面或偏差的信息，可能导致 AI 系统在处理问题时表现出偏见。

（3）设计偏见的影响。设计偏见对个人和社会的影响深远，具体表现在全方位地触及了用户、公众和社会的利益。一是加剧社会不平等。设计偏见可能导致特定群体在使用 AI 系统时遭受不公平对待，加剧现有的社会不平等现象。二是损害用户体验。设计偏见可能导致部分用户在使用 AI 系统时体验不佳，影响 AI 技术的普及和接受度。三是侵蚀公众对 AI 的信任。频繁发生的由设计偏见引发的问题可能导致公众对 AI 技术的信任度下降，限制了 AI 技术的发展潜力。

（4）解决设计偏见的方案。针对设计偏见问题，社会各界需要采取综合措施来减轻其影响。一是增加团队多样性。设计偏见源自 AI 系统的设计和开发过程，如果开发团队的主观意识、价值观以及他们对问题的理解缺乏多样性，那么他们可能无法识别并解决潜在的偏见问题。通过构建性别、种族、文化等方面多样化的开发团队，增加不同视角和经验，有助于识别和减少设计过程中的偏见。二是加强伦理教育和培训。对 AI 开发者进行伦理教育和偏见意识培训，提高他们对设计偏见的认识和解决能力。三是采用包容性设计原则。在 AI 系统的设计和开发过程中，采用包容性设计原则，确保系统对不同群体的需求和特点都有充分考虑。四是开展公众参与和反馈。鼓励公众参与 AI 系统的设计和评估过程，收集来自不同群体的反馈，及时调整和优化设计。五是制定相关政策和标准。政府和行业组织应制定相关政策和标准，引导和规范 AI 系统的设计和开发，确保其公平性和透明度。

通过上述措施，可以有效减轻设计偏见对 AI 系统公正性的影响，推动构建更加公平、透明和可信的 AI 环境。这不仅有助于提升 AI 技术的社会接受度，也是实现技术进步惠及全社会的重要一步。

3. 算法逻辑偏见

一般而言，偏见就是一种主观看法，它既不需要符合逻辑，也不需要符合情理。随着 AI 应用的不断扩展，"算法逻辑"不断"破界"和"跑偏"，以致成为迎合偏好、固化偏见的看不见的"裁决者"。如何破除这一跌落底层的"算法逻辑"，厘清算法逻辑偏见的本质，日益成为一个不容忽视的问题。算法逻辑本身之所以可能带有偏见，是因为在设计算法时，设计者可能过于注重某一特定的性能指标，而忽视了公平性的考量。这种算法逻辑上的偏差，会在 AI 系统的决策过程中体现出来，进一步加剧偏见问题。

概言之，算法逻辑偏见指的是 AI 系统在处理信息、作出推断或预测时，由于算法设计中存在的逻辑问题而导致的偏见。这种偏见可能会导致 AI 系统在决策过程中无意中忽略公平性的考量，从而产生不公平或有偏差的结果。为此，有必要深入探讨算法逻辑偏见的成因、表现、影响及解决方案，以期达到更全面的理解和更有说服力的阐述。

（1）算法逻辑偏见的成因。算法逻辑偏见的产生主要归因于以下三个方面。一是目标函数的单一性。在设计 AI 算法时，开发者往往会设置一个或几个明确的目标函数来优化算法性能。然而，这些目标函数可能过于关注于特定的性能指标，而忽略了公平性、多样性等其他重要的社会价值。二是数据驱动的局限性。AI 算法的学习和决策往往基于大量数据。如果这些数据本身存在偏差，算法在学习过程中就可能无意中继承并放大这些偏差，导致算法逻辑偏见。三是算法设计者的偏见。算法设计者的个人信念、价值观和对问题的理解可能会影响到算法的设计逻辑。如果设计者缺乏对公平性和多样性的充分考虑，他们的主观偏见可能会在算法设计中得到体现。

（2）算法逻辑偏见的表现。算法逻辑偏见在 AI 系统中的表现形式多种多样，包括但不限于以下三种类型。一是决策结果的不公平。算法逻辑偏见可能导致 AI 系统在作出推断或预测时偏向于某些群体，而忽视或歧视其他群体。二是结果解释的不透明。由于算法逻辑的复杂性，算法逻辑偏见产生的决策过程可能难以解释和理解，导致结果的不透明性。三是社会影响的负面化。算法逻辑偏见可能加剧社会不平等，影响特定群体的权益，损害社会的整体和谐。

（3）算法逻辑偏见的影响。算法逻辑偏见对个人、社会乃至整个 AI 行业的影响深远，具体体现在三个方面。一是加剧社会不平等。算法逻辑偏见可能导致特定群体在获取就业、金融服务等方面遭受不公平对待，加剧社会分裂和不平等。二是损害公众信任。频繁发生的由算法逻辑偏见引发的问题，可能导致公众对 AI 技术的信任度下降，限制 AI 技术的发展潜力和社会接受度。三是影响 AI 技术的可持续发展。如果算法逻辑偏见问题得不到有效解决，可能会阻碍 AI 技术的健康、可持续发展，影响技术进步惠及全社会的目标。

（4）解决算法逻辑偏见的可行性方案。针对算法逻辑偏见问题，社会各界需要采取综合措施来减轻其负面影响。一是优化目标函数。在设计算法时，应综合考虑公平性、多样性等社会价值，确保目标函数的多元化和平衡性。二是增强数据质量和多样性。通过采集更加全面和多样化的数据，减少数据本身的偏差，从源头上减轻算法逻辑偏见。三是提高算法透明度和可解释性。开发和应用新的技术手段，提高 AI 系统的透明度和可解释性，让公众和监管机构能够更好地理解 AI 系统的决策过程。四是加强伦理教育和多元化培训。对 AI 开发者进行伦理教育和多元化培训，提高他们对算法逻辑偏见的认识和解决能力。五是制定相关政策和标准。政府和行业组织应制定相关政策和标准，引导和规范 AI 系统的设计和开发，确保其公平性和透明度。

通过上述措施，可以有效减轻算法逻辑偏见对 AI 系统公正性的影响，推动构建更加公平、透明和可信的 AI 环境。这不仅有助于提升 AI 技术的社会接受度，也是实现技术进步惠及全社会的重要一步。

二、算法偏见的影响分析

算法偏见的影响是多方面的，它不仅加剧了社会不平等，还引发了一系列法律和道德上的挑战。此外，算法偏见还可能导致公众对 AI 技术的信任度下降，从而限制了 AI 技术的发展潜力和社会接受度。如何确保 AI 系统的决策既公正又透明，以及如何为由 AI 决策造成的不公平结果承担责任，成为一个需要人们严肃对待和亟待解决的问题。为了解决这一问题，一方面需要在技术层面着力，比如从提高数据的质量和多样性、增加开发团队的多样性、设计更加公平的算法逻辑等多个维度入手。另一方面需要在伦理治理层面着力，提高算法的透明度和可解释性，增强公众信任、推动 AI 健康发展，确保 AI 技术的进步能够惠及全社会，而不是加剧现有的不平等。

1. 社会不平等的加剧

当前，人工智能技术已广泛应用于就业筛选、贷款审批、法律执法等多个领域,其决策结果直接影响着个人的生活和机会。然而,随着 AI 技术的快速发展,算法偏见的负面效应愈益显现,它可能加剧现有的社会不平等,对特定群体造成不公平对待,进而影响到整个社会的和谐与信任。如何制定可能可信的解决方案,以消除算法偏见对个体和社会的不良影响,已成为人工智能伦理学亟待解答的议题。

概言之,算法偏见加剧社会不平等的根源有三。一是数据源的偏差。AI 算法的训练依赖于大量数据。如果这些数据反映了历史上的偏见或不平等,算法在学习这些数据时,可能会无意中继承并放大这些偏差,导致决策结果对某些群体不利。二是算法设计的局限性。算法设计者可能由于个人的无意识偏见或对特定群体的不了解,导致算法在设计时忽略了公平性和多样性的考虑,从而在应用过程中产生偏见。三是评估标准的不公。在某些应用场景中,算法评估的标准可能存在不公,如在就业筛选中过度依赖学历、经验等传统评价标准,忽略了个人潜力和能力的多样性,导致特定群体难以获得平等的机会。

当前,算法偏见对个体和社会的负面影响仍在延伸。从对个体层面的影响来看,算法偏见可能导致某些群体在就业、贷款审批等方面受到不公平对待,影响到他们的生活机会和质量。例如,一个因算法偏见而被错误拒绝贷款的个体,可能无法购买房屋或开展业务,从而影响其经济状况和生活发展。从对社会层面的影响来看,算法偏见加剧的社会不平等可能导致社会分裂和不信任。特定群体如果长期遭受不公平对待,可能会对社会制度失去信心,引发社会紧张和冲突。

"兼听则明,偏信则暗"[①]。面对固执偏见的算法,如何使之重回正途,需要一个系统有效、多措并举的解决算法偏见的方案。一是提高数据质量和多样性。确保 AI 算法训练所用的数据集广泛、多样化,减少数据源的偏差,以降低算法偏见的风险。二是增强算法的透明度和可解释性。提高算法决策过程的透明度,使得算法的决策逻辑对用户和监管

---

① 汉·王符《潜夫论·明暗》,指要同时听取各方面的意见,才能正确认识事物;只相信单方面的话,必然会犯片面性的错误。

者更加清晰，便于识别和纠正可能的偏见。三是实施多元化的算法设计和评估。在算法的设计和评估阶段，加入多元化的视角和标准，确保算法考虑到不同群体的需求和特点，促进公平性。四是建立健全的监管机制。政府和相关机构应建立健全的 AI 伦理和监管机制，制定明确的指导原则和标准，对 AI 应用进行有效监督，确保其公平性和正义性。五是加强公众教育和意识提升。通过公众教育，提高社会对算法偏见的认识，增强个体对自身权益的维护能力，促进社会对 AI 技术的健康发展和应用。

通过上述措施，可以有效减轻算法偏见对社会不平等的加剧作用，促进构建更加公平、透明和可信的 AI 环境。这不仅有助于保障个体的权益，也是维护社会和谐与信任、推动技术进步惠及全社会的重要途径。

2. 法律与道德挑战

在人工智能技术迅猛发展的当下，算法偏见不仅挑战着技术发展的边界，更引发了一系列复杂的法律与道德问题。如何确保 AI 系统的决策过程既公正又透明，以及如何为由 AI 决策造成的不公平结果承担责任，是当前社会面临的重要问题。

（1）算法偏见的法律挑战。算法偏见在法律层面引起的挑战主要体现在以下三个方面。一是责任归属的模糊性。当 AI 系统的决策导致不公平或有害的结果时，确定责任归属变得复杂。由于 AI 系统的决策过程涉及开发者、使用者以及算法本身，如何界定各方的责任范围和程度是一个亟待解决的问题。二是法律框架的滞后性。现有的法律法规大多未能跟上 AI 技术的发展步伐，对 AI 决策的公正性和透明度缺乏明确的规定，这导致算法偏见问题难以在现行法律框架下得到有效解决。三是国际标准的缺失。随着 AI 技术的全球化应用，算法偏见问题也呈现出跨国界的特性。然而，不同国家和地区在 AI 监管上的标准和要求存在差异，缺乏统一的国际标准，使得跨国界的算法偏见问题更加复杂。

（2）算法偏见的道德挑战。在道德层面，算法偏见引发的挑战主要包括三类。一是公正性的损害。AI 系统应当为所有用户提供公平、无偏见的服务。然而，算法偏见可能导致特定群体受到不公平对待，损害了基本的公正性原则。二是透明度的缺失。为了保证决策的公正性，AI 系统的决策过程需要足够透明，以便相关方能够理解和评估决策依据。但现实中，许多 AI 系统的决策逻辑复杂且不透明，使得监督和评估变得困难。三是信任的侵蚀。算法偏见问题的频发不仅损害了公众对 AI 技术的信任，也对社会整体的技术接受度和技术进步产生了负面影响。

（3）解决方案。针对算法偏见引发的法律与道德挑战，社会各界可以采取以下措施。一是完善法律法规。政府和立法机构应当加快制定和完善与 AI 技术发展相适应的法律法规，明确算法偏见的法律责任归属，为 AI 决策的公正性和透明度提供法律保障。二是制定国际标准。国际组织和各国政府应共同努力，制定和推广 AI 技术的国际标准，特别是关于算法偏见的识别、预防和解决方案的标准，以应对 AI 技术全球化应用中的挑战。三是提高算法透明度。AI 开发者应采用可解释的 AI 技术和方法，提高算法的透明度，使得 AI 系统的决策过程对用户和监管机构更加透明和可理解。四是加强伦理教育和监管。对 AI 开发者和使用者进行伦理教育和培训，提高他们对算法偏见问题的认识和解决能力。同时，建立健全的 AI 技术监管机制，确保 AI 系统的设计和应用符合道德和法律标准。

通过上述措施的实施，可以有效应对算法偏见引发的法律与道德挑战，推动 AI 技术的健康发展，确保 AI 系统的决策既公正又透明，保护所有用户的权益。这不仅是对 AI 技术发展的负责，也是对社会公正和进步的承诺。

3. 技术信任危机

在当今社会，人工智能技术的迅猛发展为人类生活带来了巨大变革，从智能家居到自动驾驶汽车，从医疗诊断到金融服务，AI 的应用几乎遍布每一个角落。然而，随着 AI 技术的广泛应用，其伴随而来的算法偏见问题也日益凸显，不断爆发的算法偏见事件严重影响了公众对 AI 技术的信任度，进而限制了 AI 技术的发展潜力和社会接受程度。

纵观当前算法偏见的负面影响，其所导致的技术信任危机已对公众产生了心理"阴影"。究其根源，主要表现在三个方面。一是缘于算法偏见的频繁曝光。随着 AI 应用的深入，算法偏见事件频繁曝光，如在招聘、信贷审批等领域的不公平现象，使得公众对 AI 技术的公正性和可靠性产生怀疑。二是缘于决策透明度不足。AI 系统的决策过程往往被视为"黑箱"，缺乏足够的透明度和可解释性，使得用户难以理解 AI 如何作出决策，增加了对 AI 技术的不信任感。三是缘于缺乏有效的监管机制。AI 技术的快速发展超出了现有法律法规的覆盖范围，缺乏有效的监管机制来保障 AI 应用的公平性和安全性，进一步加剧了公众的不信任。

技术信任危机的负面影响将是长期的。首先，它将限制 AI 技术的发展潜力。公众对 AI 技术的不信任会限制 AI 系统的广泛应用，从而抑制 AI 技术创新和发展的动力。其次，它将影响社会对 AI 技术的接受程度。技术信任危机不仅会影响到特定 AI 应用的推广，还可能导致社会对 AI 技术整体的接受程度下降，阻碍 AI 技术在更广泛领域的应用和普及。最后，它将损害社会和谐。算法偏见导致的不公平现象可能加剧社会分裂，损害社会和谐，对社会稳定构成挑战。

当前，为了应对技术信任危机，人们开始寻求各种方式方法，提出了多种解决方案。一是提高算法的透明度和可解释性。通过技术和政策手段提高 AI 决策过程的透明度和可解释性，使公众能够理解 AI 如何作出决策，增加 AI 系统的可信度。二是加强算法偏见的监管和纠正。建立健全的法律法规体系，对算法偏见进行有效监管，及时纠正偏见问题，保障 AI 应用的公平性和正义性。三是推广 AI 伦理教育和培训。通过 AI 伦理教育和培训，提高 AI 技术开发者和使用者对算法偏见的认识，促进公平、公正的 AI 应用开发。四是建立多方参与的监督机制。鼓励政府、企业、科研机构和公众等多方参与 AI 技术的监督，共同推动 AI 技术的健康发展。通过上述措施，可以有效解决技术信任危机，重建公众对 AI 技术的信任，促进 AI 技术的健康发展和广泛应用。这不仅有助于推动 AI 技术的创新和进步，也是实现技术进步惠及全社会的重要途径。

总之，算法偏见是一项复杂的挑战，它不仅涉及数据选择和处理的公正性，还关乎算法设计和逻辑的合理性。要有效解决这一问题，需要综合多方面的努力。首先，确保输入数据的多样性和高质量至关重要，这可以减少数据本身的偏差。其次，推动开发团队成员的多样性，有助于从不同视角识别并解决潜在的偏见问题。此外，设计促进公平性的算法和建立完善的法律与道德框架也是不可或缺的。关键在于提升算法的透明度和可解释性，这样不仅可以使 AI 系统的决策过程更加清晰，还能增强公众对 AI 技术的信任。最终目标是开发出既智能又公正的 AI 系统，确保技术进步能够惠及整个社会，促进更广泛的社会接受和应用。

三、促进算法公平性的伦理治理措施

算法公平性问题，已经成为 AI 伦理领域亟须解决的重大挑战。算法公平性不仅关系到 AI 系统是否能够在多样化的应用场景中作出客观、无偏见的决策，还触及技术发展与社会正义之间的平衡问题，为了应对这一挑战，必须从根本上审视和改进 AI 技术的发展路径。

清华大学人工智能国际治理研究院副院长梁正认为，公平具有多维性，常常面临"不可能三角"① 式的挑战。清华大学产业发展与环境治理研究中心主任陈玲认为，算法借助大数据和算力大大提高了信息处理效率，也提高了准确度和客观性。从某种意义上讲，算法模型呈现出来的就是客观事实，和客观事实具有高度一致性。但不可否认的是，AI 算法在现实中，特别是在汽车和医疗保险、犯罪风险审查、就业招聘等广泛的领域里都引起了公平性争议。她提出"建立一个全球算法治理的共识起点，寻求最低限度的可接受公平"② 的观点。

通过综合性的措施，包括优化数据管理、改进算法设计、提升透明度与可解释性、鼓励多元化参与以及建立健全的监管和伦理框架，我们有望在确保算法公平性的同时，推动 AI 技术朝着更加公正、可持续的方向发展。这不仅是技术进步的要求，更是社会发展的必然选择。

1. 数据管理的公平性

数据管理的质量和多样性是算法公平性的基石。因此，需要确保数据采集过程中的全面性，避免因数据偏差而导致的算法歧视。

（1）构建公平的 AI。实现人工智能技术的公平性的关键之一是确保数据的全面性和多样性。数据不仅仅是 AI 系统的燃料，更是其决策过程的基石。因此，数据集的构成直接影响到算法的公平性和偏见程度。

在数据收集阶段，人们面临着一个重要的责任：确保数据能够广泛覆盖不同的群体和背景。这包括但不限于性别、年龄、种族、文化等多个维度。这样的全面性和多样性确保了 AI 系统的训练数据集能够成为社会多样性的真实映射，而不是一个偏颇的缩影。例如，在开发面向全球市场的推荐系统时，如果数据仅采集自特定地区或文化，那么算法可

---

① "不可能三角"，在 1999 年，由美国麻省理工学院教授克鲁格曼在蒙代尔-弗莱明模型的基础上，结合对亚洲金融危机的实证分析中提出。是指经济社会和财政金融政策目标选择面临诸多困境，难以同时获得三个方面的目标。在金融政策方面，资本自由流动、固定汇率和货币政策独立性三者也不可能兼得。

② 于 2021 年 12 月 4 日清华大学举行的"2021 人工智能合作与治理国际论坛"中提出。

能会忽略或误解其他地区或文化的特定需求和偏好，从而导致服务的不公平。这种偏差不仅会损害算法的普遍适用性，还可能加剧社会不平等。

确保数据多样性的重要性远远超出了提高算法准确性的技术层面。它触及了公平性、伦理和社会正义的核心。当数据集能够真实反映社会的广泛多样性时，AI 系统在作出决策时就能更加公正无偏，能够平等地服务于所有人群，而不是仅仅偏向于数据集中的主要群体。然而，实现这一目标并非易事。它要求人们在数据收集、处理和使用的每一个环节都采取积极的措施。这既意味着需要开发出更加包容的数据收集策略，确保从广泛的来源和背景中收集数据；还意味着需要在数据预处理阶段识别和纠正潜在的偏见，确保数据在不同维度上的平衡性；此外还意味着需要在算法设计和开发过程中不断评估和调整，以确保算法的决策过程既公正又透明。

除了技术层面的努力，实现数据全面性和多样性还需要政策制定者、企业和社会各界的共同参与和支持。这包括制定和实施相关的政策和标准，以促进数据的公平收集和使用，以及提高公众对于数据偏见和算法公平性问题的认识。总之，确保数据的全面性和多样性是实现算法公平性的基础。这不仅是一个技术挑战，更是一个社会责任。通过共同努力，人们可以构建更公正、更可靠的 AI 系统，使其成为促进社会公平和包容性的力量，而不是加剧不平等的工具。

（2）数据采集的全面性与多样性。在人工智能技术的发展和应用中，确保算法的公平性是一项至关重要的任务。这一目标的实现，首先依赖于数据的全面性和多样性。数据的全面性和多样性不仅是提高算法性能的基础，更是确保算法公平性的关键。在数据收集阶段，人们必须采取积极的措施，以尽可能覆盖广泛的群体和背景，确保数据集能够在不同性别、年龄、种族、文化等多维度上具有代表性。这意味着 AI 系统的训练数据集应成为社会多样性的真实缩影，能够全面反映不同群体的特征和需求。

例如，在开发一个面向全球市场的推荐系统时，如果数据的收集仅限于某一地区或文化，算法就可能忽视或错误地解读其他地区或文化群体的需求和偏好。这种情况下，算法的决策可能会不自觉地偏向于数据集中的主要群体，从而导致对其他群体的服务不公平。这不仅损害了受影响群体的利益，也限制了 AI 系统的普遍适用性和有效性。

进一步讲，数据的全面性和多样性还有助于提高算法的准确性和可靠性。当数据集能够全面覆盖多样的群体特征时，算法在学习过程中能够接触到更广泛的情况和场景，从而提高其泛化能力。这不仅使算法能够更公正地服务于所有用户，也能够提高其在复杂环境下的适应性和鲁棒性。然而，实现数据的全面性和多样性并非易事。这需要人们在数据收集、处理和分析的各个阶段都采取细致周到的措施。例如，人们需要设计包容性的数据收集策略，确保从不同群体中收集数据；在数据预处理阶段，需要警惕并消除可能的数据偏差；在算法设计和训练过程中，需要不断评估和优化算法的公平性指标。

总之，确保数据的全面性和多样性是实现算法公平性的基石。这不仅要求人们在技术层面不断创新和优化，更需要人们在伦理和社会责任方面保持高度的警觉和承诺。通过全面而多样的数据，人类可以为构建更公正、更智能的 AI 系统奠定坚实的基础，从而使人工智能技术的发展惠及全人类。

（3）减少数据偏差的技术手段。在人工智能的发展过程中，数据清洗①和预处理阶段扮演着至关重要的角色，尤其是在确保算法公平性方面。数据本身可能携带有历史偏见或社会偏见，如果在预处理阶段未能妥善处理，这些偏见便有可能被 AI 系统学习并进一步放大，导致算法的决策过程不公。因此，为了避免这种情况，采取有效的措施来减少和消除数据集中的偏差是最为重要的。

数据均衡化和重采样是两种在预处理阶段常用以提高数据集公平性

---

① 数据清洗是大数据预处理的关键环节，旨在通过重新审查和校验数据，发现并纠正数据文件中的可识别错误，处理无效值和缺失值等，以确保数据的高质量。

的方法。数据均衡化主要通过技术手段调整数据集中不同类别样本的比例，以实现在关键维度（如性别、种族）上的平衡。例如，在处理医疗影像数据时，确保不同性别和种族的数据比例均衡，可以帮助医疗诊断算法更准确地识别和处理各类病例，避免对某些群体的偏见。

重采样技术，包括过采样少数类别的数据和欠采样多数类别的数据，也是减少数据集不平衡的有效方法。过采样少数类别的方法通过增加少数群体的样本数量来实现数据平衡，而欠采样多数类别的数据则是减少多数群体样本的数量。这两种方法通过调整数据集中不同类别样本的比例，有助于减轻数据不平衡带来的偏差问题。

通过这些方法的应用，不仅能够减少训练数据集中的偏差，还能够提高算法的公平性和准确性。这对于构建能够公正服务于所有用户的AI系统至关重要。然而，值得注意的是，尽管数据均衡化和重采样能在一定程度上减轻数据偏差，但它们并不能完全解决问题。因此，持续监测和评估算法的公平性，并结合多种策略和技术手段来优化数据和算法，对于确保 AI 系统的长期公正和可靠十分重要。

（4）数据偏差的识别与纠正。在追求数据和算法的公平性之路上，人们必须接受一个基本事实：纠正数据中的偏差是一项永无止境的任务。这一过程要求人们在数据的收集、预处理乃至算法部署的每一个环节中都保持高度的警觉性。人们必须认识到，算法并非一经部署便能自行确保公正无偏，而是需要持续地监控其表现，特别是在不同的应用情境下，以确保其决策过程不会因为未被察觉的偏差而偏离公正的轨道。

为了实现这一目标，可能需要人们开发出新的工具和指标，这些工具和指标能够帮助人们更准确地评估算法的公平性，并为人们提供必要的反馈，以便人们能够不断地对数据集和算法本身进行调整和优化。这不仅是一个技术挑战，更是一个哲学问题，它要求人们不断地反思和审视自己的工作，确保技术进步能够真正地服务于所有人，而不是无意中加剧现有的不平等。

这一过程是对人们持续追求完善和公正的体现，它提醒人们，技术的发展必须伴随着对社会正义的深刻理解和不懈追求。通过不断地努力和优化，人们可以逐步构建出更加公平、透明和可信的 AI 系统，使技术成为推动社会向更加公正方向发展的力量。

（5）跨学科合作的重要性。在这个由数据驱动的时代，算法的公平性已经成为一个不容忽视的议题。它不仅挑战着人类的技术极限，更触及了深层的伦理和社会责任问题。要真正实现数据和算法的公平性，人们需要超越单一学科的界限，实现跨学科的深度合作。这意味着数据科学家、社会学家、伦理学家等来自不同领域的专业人士必须携手合作，从多元化的视角出发，共同识别和解决问题。

社会学家和伦理学家在这个过程中扮演着至关重要的角色。他们能够帮助数据科学家深入理解数据背后的社会文化含义，指出那些可能被技术视角忽视的潜在偏见。这种跨学科的对话和合作，有助于人们构建一个更加全面和深刻的问题认识框架，从而更有效地解决问题。

此外，通过法律、政策和伦理准则的制定，人们还可以为数据和算法的公平性提供外部的指导和约束。这些规范不仅为技术发展提供了道德指南针，也为社会公正设定了基线，确保技术进步不会以牺牲公平为代价。

确保算法的公平性，从根本上说是一个关乎伦理和社会责任的问题。从数据收集的源头上减少偏差，确保数据的全面性和多样性，是迈向公平算法的第一步。通过技术手段减少数据偏差、跨学科合作识别和纠正偏见，以及持续监控算法的表现，人们可以逐步推进向更加公平、透明和可信的 AI 技术进步。

2. 算法设计的公正性

在人工智能技术的发展和应用过程中，算法设计不仅关乎技术的高效性和精确性，更承载着确保系统公平性的重要责任。为此，算法设计阶段应融入公平性原则①，通过引入公平性约束和优化算法，确保 AI 决策过程的公正性。公平性在这里意味着 AI 系统能够在处理来自不同群体的数据时，作出无偏见且平等的判断。这一目标的实现，依赖于在算法设计阶段采取的一系列原则和措施，旨在消除或减少算法可能产生的歧视性结果。

（1）公平性算法设计原则。公平性算法设计原则是确保 AI 系统公平性的基础。这些原则包括但不限于以下三种。一是引入公平性约束条件。在算法设计时，通过明确的数学约束条件来限制算法的学习过程，确保算法的决策不会偏向任何特定的群体。例如，可以设置约束条件，要求算法对不同群体的识别准确率保持一致。二是使用公平性优化算法。开发和应用旨在优化算法公平性的技术，比如通过调整算法的权重分配，确保算法对所有群体的处理更加平衡。三是倡导多样性和包容性。在算法设计过程中，考虑到不同群体的特性和需求，避免采用"一刀切"的解决方案。这要求设计团队具有多元化的背景和视角，以确保算法设计能够充分反映和尊重社会的多样性。

（2）公平性的衡量和评估。在探索算法设计的公平性时，我们面临着一项深刻的哲学探讨：如何衡量和维护公正？这不仅仅是技术层面的挑战，更是对人们道德意识和伦理意识的考验。要实现这一目标，必须构建有效的衡量和评估机制，这意味着开发出能够精准反映公平性的指标，并定期对 AI 系统的输出进行审查，以侦测并纠正潜在的偏差。

然而，公平性的评估不应被视为一项单次任务，而是一个持续的、动态的过程。它要求人们在 AI 系统的整个生命周期中都保持警觉，不断审视和调整，以确保我们的技术创新能够与社会正义的追求同步前进。这一过程不仅反映了人们对技术的掌控，更体现了人们对公正的承诺和追求。

---

① 公平原则是民法的一项基本原则，它要求当事人在民事活动中应以社会正义、公平的观念指导自己的行为，平衡各方的利益，要求以社会正义、公平的观念来处理当事人之间的纠纷。

　　我们必须认识到，技术本身并无善恶之分，公平与否取决于人们如何设计、部署和监管这些技术。通过持续的努力和反思，人们有机会将AI转化为推动社会公正的强大工具，为所有人创造更加公平的未来。这不仅是技术发展的必然要求，也是人们作为社会成员的道德责任。

　　（3）透明度与可解释性。在追求算法公平性的征途中，提高透明度和可解释性不仅是一项技术上的挑战，更是一场关乎信任与理解的哲学之旅。透明的算法让其决策过程像阳光下的水晶一样清晰，使得每一个逻辑的转折都能被用户和监管机构所洞察。这种透明度是公平性评估的前提，它允许人们对算法的判断进行验证，确保它们不会无意中复制或放大社会的不公正。

　　然而，透明度仅是第一步。要让技术服务于人类，人们还需要赋予算法以可解释性。可解释的AI像是一座桥梁，连接着复杂算法与人类的理解，它使开发者和用户能够洞悉算法可能的偏差来源，并据此采取措施进行调整。这不仅是对技术的掌控，更是对人类智慧的尊重，它让人们能够与机器共舞，而不是被其所引导。

　　可见，在这一过程中，技术本身并非孤立存在，它是人类智慧和伦理观的延伸。提高算法的透明度和可解释性，实际上是在强调一种对话，一种在人类与机器、开发者与用户之间的持续对话。这种对话基于相互理解和尊重，它促使人们不断地审视和反思，确保技术创新能够真正反映人们对公正、对未来的共同愿景。

　　因此，这场关于算法透明度和可解释性的追求，实际上是对人类自身的探索。它挑战人们如何在高速发展的技术世界中保持人性的光辉，如何确保人们的创新能够增进社会的整体福祉。通过持续的努力和对话，人类有望构建一个既高效又公正的数字未来，其中技术不仅仅是解决问题的工具，更是连接人心、促进理解的桥梁。

　　（4）持续地反馈和优化。在探索算法公平性的道路上，人们必须接受一个深刻的哲学真理：变化是唯一不变的常态。算法设计不是铸造在青铜器里的铭文，而是一部需要不断修订的法案。随着时间的推移和技术的进步，新的数据将被发现，新的评估方法将被开发，新的公平性问题将浮出水面。这一切都要求人们建立一个持续的反馈和优化机制，以确保人们的算法能够适应这个不断变化的世界。

这个机制要求人们定期收集和倾听用户的反馈，监测算法的表现，更新数据集和算法模型，以及适时调整公平性约束条件和优化策略。这不仅是一个技术过程，更是一个伦理过程，它体现了人们对公正的承诺和对技术进步的谦逊态度。

这一过程提醒人们，算法不仅仅是代码和数据的集合，更是人们价值观的体现。通过持续地反馈和优化，人类不仅在技术层面上追求完善，更在伦理层面上追求进步。这种持续的努力和追求，让人们有机会在这个快速变化的时代中，确保人类的技术能够服务于所有人，而不是成为不公正的加速器。

因此，确保算法公平性的过程，实际上是一场关于人性、伦理和技术如何和谐共存的探索。它要求人们不断地反思和审视，不仅是人们的算法，更是人们的价值观和社会责任。通过这个过程，人类不仅能够构建更公平、更透明、更可信的 AI 系统，更能够促进一个更加公正和包容的社会。

最终，这场追求算法公平性的旅程，是一次对人类智慧和伦理的挑战，它要求人们在不断变化的技术前沿中，保持对公正的追求和对未来的希望。通过持续的努力和优化，人类有机会让技术成为推动社会向更美好方向发展的力量。

（5）多元化的设计团队。在追求算法公平性的征程中，构建一个多元化的设计团队不仅是一项策略，更是一种对人性深刻理解的体现。《荀子·王制篇》在谈到人与动物的区别时说："力不若牛，走不若马，而牛马为用，何也？曰，人能群，彼不能群也。"即是说，人的特有本质是"能群"，即具有社会属性。这种"能群"的属性让多元化背景的成员团结起来，共同追求一个理想的目标。这个世界是一个丰富多彩的织锦，每个人都是这幅画卷中独一无二的色彩。当设计团队成员来自不同的背景、拥有不同的经历和视角时，他们能够带来宝贵的洞察力，帮助人们识别和减少在算法设计过程中可能忽略的偏见。这种团队的多样性是创造力的源泉，它能够促进更加全面和包容的算法设计，确保 AI 系统能够更公正地服务于所有人。

在这个过程中，人们不仅是在构建技术，更是在编织社会的共同未来。确保 AI 系统的公平性，是一项既复杂又至关重要的任务。它要求人们在算法设计的每一个阶段都采取一系列原则和措施，包括引入公平性约束条件、使用公平性优化算法、确保设计的多样性和包容性、提高透明度和可解释性、实施持续的反馈和优化机制，以及构建多元化的设计团队。

这些措施不仅是技术上的要求，更是对人类伦理和道德观的考验。它们提醒人们，技术的发展必须伴随着对人类价值的深刻反思和追求。通过这些努力，人们可以朝着创建更加公平、透明和可信的 AI 系统迈进，从而确保技术进步能够惠及社会的每一个角落。

最终，这场追求算法公平性的旅程，是对人类作为技术开发者、作为社会成员身份的深刻反思。它警示人们如何在这个快速发展的技术时代中，保持自己对公正、多样性和包容性的承诺。通过持续的努力和反思，人类有机会让技术成为连接人心、促进理解、推动社会向更美好方向发展的桥梁。这是一个漫长而艰巨的旅程，但每一步都充满了对更加公正世界的希望和承诺。

3. 透明度与可解释性的提升

提升 AI 系统的透明度和可解释性，对于建立用户信任、识别和纠正偏见至关重要。在这个由数据驱动的时代，人工智能技术如同潮水一般，涌入我们生活的每一个角落。它在金融、医疗、社交媒体乃至司法等领域展现出了惊人的能力，成为现代社会不可或缺的一部分。然而，随着 AI 的影响力日益扩大，其决策过程的透明度和可解释性也逐渐成了公众、学者和政策制定者的关注焦点。在这个复杂的背景下，提升

AI系统的透明度和可解释性不仅是技术上的挑战，更是一场关乎信任和责任的哲学探索。

AI的每一个决策都是在塑造我们的现在和未来，因此，确保这些决策过程是透明和可解释的，对于维护社会公正和促进算法公平性具有深远的意义。人们不仅要关注AI技术的发展，更要关注它是如何被设计和应用的。这是一种对技术深度负责的态度，一种确保技术进步服务于全人类福祉的承诺。

在追求透明和可解释的AI时，人们实际上是在寻求一种平衡，即在创新的力量和伦理的约束之间找到和谐。这不仅仅是为了让技术的使用者能够理解和信任AI的决策，更是为了确保人们的技术创新能够在尊重每个人权利和尊严的基础上前行。这是一场关于如何让技术以最负责任的方式服务于人类的探索，是一次对人类智慧和道德勇气的考验。

因此，提升AI系统的透明度和可解释性，不仅是技术发展的必然要求，更是人们共同构建一个更加公正、包容和可持续未来的基石。这是一项充满挑战的任务，但正是这些挑战激发了人们追求更高智慧和更深层次公正的决心。

（1）透明度的重要性。在人工智能这个宏大叙事中，透明度不仅是一个技术要求，更是一种伦理承诺，它要求AI系统的工作原理、决策过程以及所依赖的数据源对用户和公众是开放和可访问的。这种透明度的核心，在于构建一座沟通的桥梁，让技术的使用者不再是被动的接受者，而是能够理解、质疑乃至信赖这些智能系统的主动参与者。

当一个AI系统向世界展示其决策的"思考"路径时，它实际上是在邀请用户进入一个共同的理解空间，其中用户能够洞察到机器如何模拟决策过程，如何从海量数据中提取意义。这种开放性不仅有助于构建信任，更是一种对用户智慧的尊重，一种信任用户能够理解并接受AI作出的决策的信任。

同时，透明度还赋予了外部专家和监管机构一种能力，让他们能够深入到AI的内部世界，确保这些智能系统在追求效率和创新的同时，也遵循了道德、伦理和法律的边界。这种监督不仅是对 AI 技术的一种保护，更是对人们社会价值观的一种维护，确保技术的发展不会偏离公正和正义的轨道。

因此，透明度在 AI 领域的重要性不仅仅体现在技术层面，更是一种对人类尊严和社会正义的深刻致敬。它提醒人们，技术的发展必须植根于对人类价值的深刻理解和尊重之中，确保在这个由数据和算法驱动的新时代，每一个人都能感受到公平、尊重和信任。这是对人工智能未来的一种期许，也是对人类自身智慧和伦理观的一次深刻反思。

（2）可解释性的作用。在人工智能的世界里，可解释性与透明度共舞，它们是构建信任和理解的双翼。"可解释性"这一概念深刻地触及了 AI 系统决策的本质，它要求这些决策不仅要被制作，还要被理解。在这个由算法编织的密林中，可解释性犹如一盏明灯，照亮了用户理解 AI 决策逻辑的路径，让复杂的算法决策变得亲近而透明。

这种易于理解的解释，对于确认 AI 系统的公平性具有无可替代的重要性。它让人们能够洞察到决策背后的逻辑，理解它是如何在广阔的数据海洋中航行，最终抵达结论的岸边。当 AI 的决策不利于某个群体时，可解释性提供了一种机制，让人们能够审视这些决策，判断其是否携带了偏见的阴影或不公平的痕迹。这不仅是对技术的监督，更是对社会正义的守护。

此外，在 AI 系统的决策过程中不可避免地会出现错误。这时，可解释性成为纠错的关键，它使得问题不仅能被识别，更能被理解和纠正。这种能力不仅提升了 AI 系统的可靠性，更加深了人类对这些智能体的信任。

因此，可解释性不仅是技术的要求，它是一座桥梁，连接着人类与 AI 的理解与信任。它提醒人们，在这个快速发展的技术时代，保持对人类智慧的尊重和对公正的追求是多么重要。通过不断提升 AI 系统的可解释性，人们不仅能够确保技术的发展更加公平、透明，也能够让这个由数据和算法构建的新世界，更加贴近人类的心灵和伦理观。

（3）提升透明度和可解释性的方法。在人工智能的宏伟征程中，提升系统的透明度和可解释性是一项艰巨而又神圣的任务，它要求人们从多个维度出发，共同努力。这不仅是一场技术上的革新，更是一次对知识共享和智慧传递的哲学追求。在这个过程中，每一步都体现了对理解深度的渴望和对公平原则的尊重。

首先，开发者面临的挑战是如何在保持算法高效的同时，采用更加透明的设计理念。决策树或规则集等模型，以其直观的结构成为这一任务的有力工具。它们像是一扇扇窗户，让外界得以窥见算法的内在逻辑，理解它是如何一步步走向决策的。这种设计不仅让 AI 的决策过程变得更加可解释，也是对用户智慧的一种尊重。

其次，随着模型变得日益复杂，专门的解释工具（如特征贡献度分析工具）成为理解这些复杂决策的钥匙。它们像是一把把精细的刻刀，帮助人们揭开复杂模型的外壳，洞悉其决策的精妙之处。这些工具不仅增强了 AI 系统的透明度，更加深了人们对算法"思考"方式的理解。

此外，文档记录的重要性不容忽视。它们是知识的档案，详细记录了数据来源、模型设计、训练过程以及性能评估等关键信息。这些文档构成了一个个知识的节点，链接起 AI 系统的过去和未来，为后来者提供了一条寻找答案的路径。这不仅是对透明度的追求，更是一种对知识传承的尊重。

因此，提升 AI 系统的透明度和可解释性，是一项集技术创新、设计哲学和知识传递于一体的复杂任务。它要求人们在追求算法效率和创新的同时，不忘对人类智慧和社会公正的尊重。在这个过程中，每一步努力都是对未来更加明亮和公平世界的期许。

（4）面临的挑战。尽管提升 AI 系统的透明度和可解释性具有重要意义，但在实践中也面临着不少挑战。一方面，某些高度复杂的模型，如深度学习网络，其决策过程天然难以解释，提高其可解释性可能会牺牲一定的性能。另一方面，过度的透明度可能会威胁到企业的商业秘密或用户的隐私安全。因此，如何在提升透明度和可解释性、保护隐私，以及维持模型性能之间找到平衡，是一个需要细致考量的问题。

综上所述，提升 AI 系统的透明度和可解释性对于促进算法公平性、增强用户信任以及确保 AI 技术的健康发展至关重要。通过采取有效的措施提升透明度和可解释性，人们可以使 AI 系统的决策过程更加公开、公正，并容易被监督和审查。然而，这一过程也需要克服技术、伦理和商业上的挑战。未来，随着技术的进步和社会对 AI 公平性和透明度要求的提高，人们有理由相信，AI 系统将变得更加透明、可解释，从而更好地服务于公众利益。

4. 多元化参与

多元化的参与是促进算法公平性的另一关键因素。通过鼓励不同背景、不同视角的人员参与 AI 系统的设计和开发，可以有效地识别和减少潜在的偏见。

（1）多元化参与的必要性。在这个由人工智能技术推动的时代，我们站在了一个前所未有的历史节点上。AI 的脚步已经遍布社会的每一个角落，它的影响力横跨医疗、交通、教育乃至家居控制等多个领域，展现出了几乎无限的潜能。这种全面而深刻的变革，不仅为我们的生活带来了便利和进步，也让我们得以一窥未来社会的雏形。

然而，正如光明之中总隐藏着阴影，AI 技术在带给我们无数可能的同时，也引发了一系列深层的思考。随着 AI 系统在处理数据和作出决策过程中可能产生的偏差和不公平问题逐渐显现，我们被迫面对一个事实：技术的发展并非总是中立的。这些问题的存在，挑战了我们对于技术进步的乐观预期，迫使我们重新审视 AI 技术与社会正义之间的关系。

在这样的背景下，促进算法公平性不再是一个可以选择忽视的议题，而是成为我们共同的责任。要实现这一目标，多元化参与显得尤为关键。只有当来自不同背景、拥有不同视角的人们共同参与到 AI 系统的设计、开发与监督过程中，我们才能确保这些系统能够更加公正无偏，能够真正服务于全体社会成员。

因此，我们所面临的不仅是技术上的挑战，更是一次关于价值观、伦理和公正的深刻探讨。这是一次对人类智慧的考验，也是一次对社会未来的塑造。在 AI 技术不断发展的今天，人们需要更加深刻地认识到，技术的进步必须与人类的伦理进步同行，只有这样，才能确保未来的社会不仅更加智能，也更加公正、包容和美好。

（2）多元化参与的意义。在人工智能技术的设计、开发与应用的每一步中，多元化参与是一种选择，也是一种必然。它超越了政治正确或形式主义的社会要求，关乎了一条极为深刻的道理：多元化的团队能够更加全面和深入地理解并反映这个世界的复杂性和多样性。这不仅是一种策略，更是一种智慧，一种将广泛而不同的视角和经验融入创新过程中的智慧。

多元化的价值在于其能够打破单一视角的局限，引入丰富的思考角度和解决方案。在 AI 领域，这意味着可以更有效地识别和减少偏见，确保技术的发展成果能够惠及所有群体。每个性别、种族和文化背景不同的人都拥有独特的视角和经验，当这些多样性被纳入 AI 的设计和开发过程时，人们所创造的不仅仅是一个工具，还是一个能够真正理解和服务于全人类多样性的智能体。

这种深刻的认识告诉我们，技术的发展不应仅仅追求效率和效能，更应注重公正和普惠。只有当人们拥抱多元化，鼓励来自不同背景的人才共同参与，技术才能更加人性化，才能真正反映和服务于这个多元化的世界。这是一种对人类共同未来负责的态度，也是推动社会进步的重要力量。

因此，多元化参与不仅仅是 AI 发展的辅助条件，它是一种核心价值，是一种使技术更加贴近人性、更加公平和包容的根本途径。在这个由人工智能技术塑造的时代，让多元化的光芒照进每一个角落，让每一个声音都被听见，这是人们共同的责任，也是人们共同的希望。

（3）多元化团队的优势。首先可以增强创新力。来自不同背景的团队成员能够带来不同的视角和解决问题的方法，这种多样性是创新的源泉。在 AI 领域，创新不仅仅体现在技术突破上，更重要的是在于如何使技术更好地服务于人类的多样化需求。

其次可以识别和解决偏差。不同背景的团队成员更有可能从各自的视角识别出潜在的偏差和不公平问题，从而在设计和开发过程中及时调整，确保 AI 系统的公平性。

最后可以提高产品的普适性。一个多元化的团队更能理解不同用户群体的需求，从而设计出能够满足更广泛用户需求的产品，提高产品的普适性和市场竞争力。

（4）实现多元化参与的策略。一是要制定可行的招聘和选拔政策。企业和研究机构应制定和实施明确的多元化招聘政策，确保在招聘和选拔过程中提供平等机会，积极吸引并保留来自不同性别、种族和文化背景的人才。二是要加大培训和教育力度。通过提供多样性和包容性培训，增强团队成员之间的相互理解和尊重，促进不同背景人员之间的有效沟通和协作。三是要加强项目和团队管理。在项目启动和团队组建阶段，明确考虑多元化因素，鼓励不同背景人员的积极参与和贡献，确保决策过程中多元化声音的代表性。四是要健全反馈和调整机制。建立有效的反馈渠道，收集来自多元化用户和社会群体的反馈，定期评估 AI 系统的公平性和偏差问题，并根据反馈进行必要的调整。

总之，促进算法公平性需要多元化的参与。通过构建多元化的设计、开发和应用团队，AI 系统能够更全面地考虑和反映多元化社会的需求和价值观，从而提高 AI 技术的创新力，减少偏差和不公平问题，提高产品的普适性。实现多元化参与不仅是 AI 领域的责任，也是推动社会整体进步的重要途径。随着 AI 技术的不断发展和应用，人们有理由相信，多元化参与将成为促进算法公平性和推动技术健康发展的关键因素。

5. 监管与伦理框架的建立

在当今日益数字化的世界里，人工智能（AI）技术的发展日新月异，它的应用已经渗透到社会的各个角落，从改善医疗诊断到提高交通安全，从简化日常生活到增强国家安全。然而，随着 AI 技术的不断进步，其潜在的伦理问题和社会影响也越来越被公众和专家所关注。AI 技术的发展不仅仅是技术领域的挑战，更是对我们社会伦理和价值观的考验。因此，建立健全的监管与伦理框架，确保 AI 技术的公正和透明，是我们时代的重要任务。

监管与伦理框架的建立，首先需要对 AI 技术可能带来的风险和挑战有一个清晰的认识。AI 系统的决策过程往往是复杂且不透明的，这可能导致无法预测的结果，包括歧视、偏见和其他不公正现象。例如，如果一个 AI 系统在招聘过程中使用，而该系统训练的数据存在性别或种族偏见，那么它可能会不公平地评价求职者，从而加剧社会不平等。因此，确保算法的公平性不仅是技术发展的一个方面，更是维护社会正义和公平性的基石。

为了解决这些问题，我们需要制定明确的监管政策和伦理指导原则。这些原则应当涵盖数据的收集、处理和使用，确保数据的质量和代表性，避免算法偏见的产生。同时，应当要求 AI 系统的设计者和运营者提高透明度和可解释性，让公众和监管机构能够理解 AI 系统的决策过程和依据。此外，还需要确立有效的监督和评估机制，对 AI 系统的运行进行持续的监控，及时发现并纠正问题。

在国际上，已经有一些组织和机构开始致力于 AI 伦理和监管框架的建立。2016 年 12 月，IEEE① 发布的《合伦理设计：利用人工智能和自主系统（AI/AS）最大化人类福祉的愿景（第 1 版）》就是一个典范。这份文件由专门负责研究人工智能和自主系统中的伦理问题的 IEEE 全球计划下属各委员会共同完成，它不仅提供了一系列伦理指导

---

① IEEE，电气与电子工程师协会（Institute of Electrical and Electronics Engineers），IEEE 引领着信号和信息处理、电力、电子、计算机、通信、控制、遥感、生物医学、智能交通和太空等技术领域的最新发展方向；在太空、计算机、电信、生物医学、电力及消费性电子产品等领域已制定了 1300 多个行业标准，拥有 500 个开发项目（截止到 2017 年），现已发展成为具有较大影响力的国际学术组织。

原则和方法，还鼓励科技人员在 AI 研发过程中优先考虑伦理问题。这些原则和方法为 AI 技术的健康发展提供了方向，确保技术进步不会背离人类的基本伦理和价值观。

然而，促进算法公平性的工作并不是一项简单的任务，它是一项系统工程，要求我们从多个方面进行综合考虑和努力。首先，我们需要从数据管理做起，确保数据的收集和处理过程公正、透明，数据本身没有偏见。其次，在算法设计过程中，需要采用各种技术手段减少和消除偏见，提高算法的公正性。此外，提升 AI 系统的透明度和可解释性也至关重要，这有助于建立公众对 AI 系统的信任，并使监管机构能够有效地进行监督。还需要鼓励社会的多元化参与，确保不同群体的声音和利益都能够被听到和考虑。最后，建立健全的监管和伦理框架是整个工程的关键，它为 AI 技术的应用提供了规则和标准，保障技术发展的方向符合社会的整体利益。

在未来，随着更多的人工智能伦理研究成果的问世，我们有望建立起更加完善和成熟的监管与伦理框架。这些成果将像灯塔一样，照亮 AI 技术发展的道路，确保我们在追求技术进步的同时，不会迷失方向。通过这些努力，我们不仅能够开发出既智能又公正的 AI 系统，更能确保技术进步真正惠及全社会，推动社会向着更加公平和正义的方向前进。

在这个由 AI 技术塑造的新时代，让我们共同致力于这项伟大的事业，确保技术的力量被用来促进而非破坏社会的公平和正义。这不仅是对我们这一代人的考验，也是我们留给未来的遗产。通过建立健全的监管与伦理框架，我们可以确保 AI 技术在尊重和促进人类价值和福祉的同时得到发展，为全人类的共同未来贡献力量。

第六章 人工智能的自主性与责任

当今，人工智能的发展已然影响到人类社会行为的方方面面，智能机器的自主性、适应性和交互性带来了人类劳动形态的深刻变革，对人类本身所具有的完备的自主性发起了挑战。这引发了人们对智能机器的自主性所带来的道德责任缺口的担忧和恐惧，希望通过技术创新逐步发展出与自主性相适应的、能担负伦理责任的人工智能道德体，建构一种积极践行责任而非消极避险的智能伦理文化，从而更合理地评估人工智能技术应用和发展过程中相关行动者的不同责任。人工智能伦理学的任务之一就是探索这一时代课题，其中的关键点在于如何突破既有的制度安排和伦理规范的限度，重新阐释"自主性""责任""伦理""人性"等关乎人类未来的概念和命题。

一、机器决策的伦理挑战

在21世纪的技术迷宫中，人工智能犹如一束穿透黑暗的光芒，引领着创新与效率的潮流。然而，随着其在机器学习和自动决策领域的深入发展，一系列伦理问题随之浮现，使我们不得不重新审视这束光芒背后可能隐藏的阴影。机器决策，这一AI发展的核心力量带来的伦理挑战尤为复杂，触及了自主性、透明度、公平性、责任归属以及安全性和隐私等众多层面。

在这个由代码编织的新世界里，如何确保技术的进步不会牺牲人类的伦理原则？自主性与控制之间的平衡，透明度与可解释性的追求，公平性与偏见的消除，责任与归属的明确，以及安全性与隐私的保护，这些问题不仅考验着人们的技术智慧，更触及了人们的哲学思考和道德判断。

因此，在 AI 的光芒指引下前行的同时，我们必须携带着伦理的火炬，照亮那些可能被忽视的角落，确保在探索未知的旅途中，不会迷失人性的本真。

1. 自主性与控制权的平衡

美国学者迈克尔·安德森（Michael Anderson）夫妇编著了《机器伦理》（Machine Ethics）① 一书，开启了以机器作为责任主体的机器伦理学研究进路。他们认为随着技术的发展，机器在未来有可能衍生出不同于人类的意识和超出人类的智能。如何在机器的自主性与人类的控制权之间找到合适的平衡点，已成为一个迫切需要解决的伦理挑战。

一方面，AI 的自主性为人类社会带来了前所未有的便利和效率。在处理大规模数据分析和复杂模式识别问题时，AI 的高效性使其成为不可替代的工具。例如，在医疗领域，AI 可以通过分析大量病例数据来辅助医生作出更准确的诊断；在城市管理中，AI 能够实时处理交通数据，优化交通流量，减少拥堵。这些都展示了 AI 自主性的积极一面。然而，随着我们对 AI 的依赖程度加深，人类对 AI 决策过程的理解和控制能力可能会相应减弱。当 AI 系统作出的决策影响重大，而人类无法完全理解其决策逻辑时，这种技术与理解之间的脱节可能会引发一系列的风险和不确定性。

另一方面，如果人们过度限制 AI 的自主性，担心失去对其的控制，可能会阻碍技术创新的步伐。AI 技术的一个重要推动力是其不断探索

---

① 《机器伦理》（Machine Ethics），Michael Anderson/Susan Leigh Anderson，2011 年 5 月。阐述机器人伦理学是关于人类如何设计、处置、对待机器人的伦理学，而机器伦理则是关于机器如何对人类表现出符合伦理道德行为的伦理学；与机器伦理学是以机器为责任主体的伦理学不同，机器人伦理学是以人为责任主体的伦理学。

未知、优化现有解决方案的能力。过度的限制不仅可能抑制这种创新精神，还可能限制 AI 技术在解决复杂社会问题中的潜力。因此，找到一种既能保障人类对 AI 决策有足够理解和控制，又不抑制 AI 创新和应用潜力的平衡，是人们面临的重要任务。

面对这一伦理挑战，我们需要从多个维度进行深入思考和探索。首先，从技术角度来看，发展更加透明和可解释的 AI 算法是提高 AI 决策透明度的关键。这不仅有助于提升人类对 AI 决策过程的理解，还能增强人们对 AI 系统的信任。其次，从伦理和法律角度考虑，建立相应的伦理准则和法律框架，对 AI 的发展方向和应用范围进行指导和规范，是确保 AI 自主性与人类控制权平衡的重要手段。此外，公众教育和意识提升也至关重要。通过普及 AI 知识，让公众更好地理解 AI 技术的工作原理和潜在影响，可以帮助社会更加理性地看待 AI 的发展，参与到关于 AI 伦理和控制的公共讨论中。

在探索 AI 自主性与人类控制权之间的平衡点时，我们需要认识到，这不是一个有固定答案的问题。随着技术的发展和社会的变化，人们对这一平衡点的理解和需求也会随之变化。因此，建立一个动态的、能够适应未来变化的框架，对于应对这一挑战十分重要。这要求人们不仅在技术上不断创新，在伦理和法律上也要不断适应新的挑战，同时也需要培养一个对 AI 技术有深度理解和合理期待的社会环境。总之，AI 自主性与人类控制权之间的平衡是一个复杂但至关重要的议题。它要求人们在赞叹 AI 技术带来的便利和效率的同时，也不忘对其潜在风险的警惕和思考。通过技术创新、伦理规范、法律监管和公众教育的共同努力，有望找到一条既能保证 AI 技术健康发展，又能确保人类社会福祉的道路。

2. 透明度与可解释性

在当今快速发展的人工智能时代，AI 系统，尤其是那些基于复杂算法和大数据的决策系统，已经成为人类社会的一个重要组成部分。它们在医疗、金融、交通、教育等多个领域发挥着越来越重要的作用。然而，随着这些系统在决策过程中的作用日益增大，它们的透明度和可解释性问题也日益凸显，成为需要人们紧急解决的问题。

首先，人们要认识到，AI 决策过程的透明度和可解释性对于确保这些系统的正确性和公正性至关重要。在很多情况下，基于复杂算法和大数据的 AI 系统如何作出决策，对于非专业人士来说难以理解。这种不透明性不仅使得监管机构难以验证 AI 决策的正确性与公正性，也使得普通公众难以理解和信任这些系统。而在一些高度敏感的领域，比如司法裁决、医疗诊断等，AI 决策的不透明性和不可解释性可能会直接影响人们的生活和权利。其次，提高 AI 决策过程的透明度和可解释性，对于建立公众对 AI 系统的信任至关重要。公众信任是技术广泛应用和社会接受的基石。如果人们不理解 AI 系统是如何作出决策的，就很难信任这些决策的结果。而缺乏信任的 AI 系统，无论其技术多么先进，都难以在社会中得到广泛应用和接受。因此，解决 AI 决策过程的透明度和可解释性问题，不仅是一个技术问题，更是一个社会问题，关系到 AI 技术的未来发展和社会影响。

要解决这一问题，需要人们从多个角度入手。首先，从技术层面，研究和开发更加透明和可解释的 AI 算法和模型是基础。这包括开发能够提供决策依据和逻辑的算法，以及提高模型的可解释性，使得非专业人士也能理解模型的决策过程。其次，从法律和政策层面，制定相应的规范和标准，要求 AI 系统的设计和应用过程中必须考虑到透明度和可解释性。这不仅可以促进技术的健康发展，也可以保护用户的权益，建立公众信任。最后，从教育和培训层面，提高公众对 AI 技术的理解也是非常重要的。通过普及 AI 知识，使公众对 AI 系统的工作原理有基本的认识，可以帮助人们更好地理解和信任这些系统。

然而，提高 AI 决策过程的透明度和可解释性并非没有挑战。技术上，如何在保持 AI 系统性能的同时提高其透明度和可解释性，是一个难题。法律和政策上，如何平衡技术发展的自由与必要的监管，也需要智慧和谨慎。此外，教育和培训也需要时间和资源。尽管如此，鉴于 AI 决策过程透明度和可解释性的重要性，这些挑战都是值得人们努力去克服的。总之，提高 AI 决策过程的透明度和可解释性是一个复杂但迫切需要解决的问题。它不仅关系到 AI 系统的正确性和公正性，更关系到公众对这些系统的信任和接受程度。通过技术创新、法律政策制定，以及公众教育等多方面的努力，人们可以朝着建立一个更加透明、可解释、可信的 AI 未来前进。

3. 公平性与偏见

在探索人工智能的边界时，人们不可避免地遇到了一个深刻的哲学困境：AI 系统在作出决策时可能会显现出人类偏见的放大效应。这一问题的根源在于 AI 系统的训练数据本身可能蕴含着人类社会历史长河中积累的偏见，从而导致 AI 在招聘、贷款审批等关键领域的决策结果不公平，甚至不公正地歧视某些群体。这不仅仅是一个技术问题，更是一个深刻的伦理问题，它要求重新审视人类如何与 AI 共存，以及如何确保 AI 决策的公平性，避免和减少偏见。

我们必须认识到，AI 系统并非天生带有偏见，它们的偏见是从训练数据中学习来的。这意味着，AI 系统的偏见实际上是人类社会偏见的一种反映。因此，人类要解决 AI 的偏见问题，首先需要解决的是人类社会中根深蒂固的偏见问题。这是一个复杂而艰巨的任务，它要求人们深入探索和挑战长期以来形成的社会结构和价值观念。其次，要确保 AI 决策的公平性，人们需要开发更加先进的技术方法来识别和纠正训练数据中的偏见。这包括开发新的算法，能够在训练过程中识别潜在的偏见，并采取措施减少这些偏见的影响。同时，人们还需要建立更加严格的数据收集和处理标准，确保训练数据尽可能地反映现实世界的多样性和复杂性。

然而，技术解决方案并不能完全解决问题。第一，需要建立一套适应 AI 技术的全新伦理框架，来指导 AI 系统的开发和应用。这个伦理框架需要基于对人类尊严、公正和平等的深刻理解，确保 AI 系统在作出决策时能够考虑到所有群体的利益，不会无意中加剧现有的社会不平等。第二，需要提高公众对 AI 偏见问题的认识。通过教育和公共宣传，可以帮助公众理解 AI 偏见的根源和后果，以及每个人在减少偏见方面可以扮演的角色。这不仅可以促进公众对 AI 技术的理解和接受，还可以激发公众参与到解决 AI 偏见问题的过程中来，共同推动社会向更加公平和包容的方向发展。第三，需要鼓励跨学科的合作。技术专家、社会科学家、伦理学家和公众等多方力量的汇聚，可以帮助人们从不同角度理解和解决 AI 偏见问题。通过这种跨学科的合作，可以开发出更加有效的技术解决方案，建立更加全面的伦理框架，同时也可以促进社会对 AI 技术的深入理解和正确应用。

总之，解决 AI 偏见问题要求公众进行一次深刻的社会和文化反思。它要求人们不仅仅关注技术本身，更要关注技术是如何被用来塑造人类社会和文化的。在这个由 AI 技术日益塑造的新的智能时代，人们有机会也有责任共同创造一个更加公平、更加包容的未来。

4．责任与归属

在这个日益由人工智能塑造的时代，AI 系统的决策和行为已经开始触及人类生活的方方面面。随着这些系统变得更加复杂和自主，它们的决策也日益具有不可预测性，有时甚至可能导致意料之外的负面后果。当这种情况发生时，如何确定责任归属便成了一个极其复杂的问题。这个问题不仅仅是技术层面的挑战，更涉及深刻的法律和伦理层面的考量。究竟是应该将责任归咎于 AI 系统的开发者、使用者还是 AI 系统本身？这个问题的解答不仅需要跨学科的努力，还需要国际合作。正如马克·考科尔伯格（Mark Coeckelbergh）教授所强调的，人工智能的发展需要在不同文化间建立沟通的桥梁，以促进共同善的实现。其技术的伦理考量应超越民族国家立场的单一文化视角，进而寻求超越国别、跨文化的全球共识。

123

首先，人们必须清醒地认识到，随着 AI 技术的发展，传统的责任归属理论已经难以适应新的挑战。在传统观念中，责任通常归咎于能够作出自主决策并能预见后果的行为主体。然而，当 AI 系统介入决策过程时，这种模式变得复杂化。AI 系统，特别是那些具有学习能力的系统，其决策过程往往是不透明的，甚至连开发者也无法完全预测其行为。在这种情况下，简单地将责任归咎于开发者或使用者似乎既不公平也不合理。

其次，将责任归咎于 AI 系统本身也面临着实质性的困难。尽管有些理论家提出了赋予 AI 法律人格的想法，但这种做法在实践中充满争议。AI 缺乏自我意识，不能像人类那样进行道德判断，也没有承担责任的能力。因此，试图将 AI 视为责任的承担者不仅在技术上难以实现，而且在伦理上也难以自洽。

面对这一复杂问题，我们需要重新思考责任归属的概念和标准。这要求我们跨越法律、技术、伦理学等多个学科的界限，共同探索新的理论和框架。一种可能的途径是发展一套基于责任共享的模型。在这个模型中，AI 系统的开发者、使用者以及相关的监管机构都需要根据各自的角色和影响程度，共同承担一定的责任。这种模型强调的是责任的分散和共担，而不是简单地寻找一个单一的责任主体。此外，为了应对 AI 决策可能带来的负面后果，我们还需要建立一套更加健全的监管机制。这包括完善 AI 技术的伦理审查流程、加强对 AI 系统的透明度和可解释性的要求，以及建立有效的事故预防和应对机制。通过这样的监管机制，可以在一定程度上预防和减少 AI 决策可能导致的负面后果，从而降低责任归属问题的复杂性。

最后，解决 AI 责任归属问题还需要国际合作。在全球化的今天，AI 技术和应用的发展跨越国界，其潜在的负面后果也可能影响到全球范围内的人们。因此，各国需要共同努力，建立一套国际通用的法律和伦理框架，以应对 AI 带来的挑战。通过国际合作，可以确保 AI 技术的发展不仅遵循科学原则，也符合人类社会的伦理和法律标准。

总之，AI 责任归属问题是一个复杂而又紧迫的问题，它要求我们进行深刻的哲学思考和跨学科的合作。通过共同努力，人们可以为这个新时代下的责任归属问题找到合理、公正的解决方案，确保 AI 技术的健康发展，为人类社会带来更多的福祉。

5.　安全性与隐私

在人工智能技术日益成熟的今天，AI 系统在处理和分析大量个人数据时的安全性和隐私保护问题，已经成为一个重要的伦理挑战。随着数据泄漏事件的频发，公众对于 AI 系统在处理个人数据时的安全性和隐私保护越来越关注。在这个背景下，确保数据的安全性和保护个人隐私不仅是技术问题，更是一个深刻的哲学问题，它要求人们重新审视人类与技术的关系，以及在这个关系中个人隐私的价值和意义。

首先，人们必须认识到，个人数据和隐私的保护是维护个人尊严和自由的基石。在数字化时代，个人数据不仅包含了个人的基本信息，更承载了个人的习惯、偏好、行为模式等敏感信息。这些信息的泄漏和滥用可能导致个人隐私被侵犯，甚至影响个人的社会地位和人际关系。因此，确保数据的安全性和保护个人隐私，在根本上是对人类尊严和自由的维护。

然而，随着 AI 技术的发展，人们面临着一个复杂的困境：一方面，个人数据的收集和分析为提升服务质量、推动科学研究、促进社会发展提供了可能；另一方面，数据的滥用和泄漏风险却对个人隐私构成了威胁。在这个困境中，如何平衡技术发展与个人隐私保护成了一个需要深入探讨的哲学问题。

为了解决这个问题，人们需要建立一套适应 AI 技术时代的全新伦理框架来指导 AI 系统的开发和应用。这个伦理框架需要基于对个人隐私价值的深刻理解，确保在 AI 系统的设计和运营过程中，个人隐私得到充分的尊重和保护。具体来说，这要求 AI 系统的开发者在设计系统时采用隐私保护设计（Pbd）的原则，确保隐私保护措施被内嵌于技术解决方案之中。同时，应用 AI 系统的企业和组织也需要建立严格的数据治理机制，确保个人数据的收集、存储、处理和传输过程中的安全性和合规性。

此外，保护个人隐私还需要公众的参与和监督。通过提高公众对个人数据保护的意识，鼓励公众参与到个人隐私保护的实践中来，人们可以共同构建一个更加透明和可信的数字环境。这不仅要求个人用户提高自我保护意识，更要求政府和社会机构提供必要的教育资源和法律保障。

最后，解决 AI 系统在处理个人数据时的安全性和隐私保护问题还需要国际合作。在全球化的今天，数据的流动不受国界限制，个人数据的收集和处理活动往往涉及跨国的企业和组织。因此，各国需要共同努力，建立一套国际通用的数据保护标准和机制，以应对跨国数据流动带来的隐私保护挑战。

总之，确保 AI 系统在处理和分析大量个人数据时的安全性和隐私保护是一个复杂而紧迫的伦理挑战。这个挑战要求人们进行深刻的哲学思考，建立全新的伦理框架，通过技术创新、法律保护、公众参与和国际合作等多方面的努力，共同维护个人隐私的价值和尊严。在这个过程中，人们不仅在应对技术发展带来的挑战，更在思考和塑造我们希望走向的未来社会。

6. 机器决策的伦理边界

机器决策的伦理挑战是当代科技发展中最引人注目的议题之一。随着人工智能技术的快速进步，机器在日常生活中的角色越来越重要，从智能家居到自动驾驶汽车，从医疗诊断到金融分析，机器决策已经渗透到人类生活的方方面面。然而，这种技术进步同时也带来了一系列伦理挑战，特别是关于机器决策对人类权益和社会公正性的影响，人的伦理自主性如何介入智能机器的技术设计。这要求人们从多个角度进行深入思考和讨论，以确保 AI 技术的健康发展。

　　首先，需要从伦理的角度审视机器决策。AI系统的决策过程往往基于复杂的算法和大量数据的分析，这可能导致决策过程缺乏透明度，难以追踪和理解。此外，如果训练数据存在偏见，AI系统的决策也可能反映这些偏见，从而加剧社会不公正现象。因此，制定一套全面的伦理准则，要求AI系统的设计和应用过程中充分考虑公平性、透明度和可解释性，成为确保技术健康发展的关键。

　　其次，保护人类权益是机器决策伦理挑战中的另一个重要方面。随着机器在决策过程中的作用日益增强，如何确保这些决策不损害个人的权利和自由，不侵犯个人隐私，不造成歧视和不公，是必须面对的问题。这不仅涉及技术层面的改进，比如加强数据保护和隐私保护技术，更需要通过立法和政策制定，明确AI系统的应用边界，确保人类对机器决策拥有最终的控制权和审查权。

　　再次，社会公正性是机器决策伦理挑战中不可忽视的一环。AI技术的发展和应用可能加剧社会不平等，比如技术替代劳动力导致的就业问题，以及高级技术服务可能集中于社会富裕阶层的现象。因此，如何通过政策和制度安排，确保AI技术的利益公平分配，减少技术发展对社会不同群体的不公正影响，是需要认真考虑的问题。

　　又次，为了应对这些伦理挑战，跨学科的研究至关重要。伦理学、法学、社会学、计算机科学等多个学科的知识和研究方法，都能为解决机器决策的伦理问题提供重要的视角和工具。通过跨学科合作，人们可以更全面地理解问题，更有效地寻找解决方案。

　　最后，国际合作也是解决机器决策伦理挑战的关键。随着全球化的发展，AI技术和应用的影响已经超越国界。不同国家和地区在文化、价值观、法律制度上的差异，要求人们在制定伦理准则和政策时考虑国际视角，寻求国际共识。通过国际合作，人们可以共同推动制定国际通用的AI伦理标准和政策指导原则，共同应对全球性的伦理挑战。

　　总之，机器决策的伦理挑战是一个复杂而多维的问题，它要求人们从伦理、法律、社会、技术等多个角度进行深入思考和讨论。通过制定全面的伦理准则和政策，加强跨学科研究和国际合作，可以确保 AI 技术的健康发展，同时保护人类的权益和社会的公正性。这是一个长期而艰巨的任务，但通过共同的努力，人们有理由相信，可以实现人类与机器和谐共存的未来。

二、人工智能行为责任归属的不确定性

在当今社会，人工智能技术的快速发展和广泛应用已经深刻地改变了人们的生活方式和工作模式。AI 系统在医疗、交通、金融等众多领域中的应用越来越广泛，它们的决策和行为对于个人和社会都产生了重大影响。随之而来的，是对 AI 行为责任归属问题的深入探讨，这不仅是技术层面上的挑战，也是对传统责任归属理论的局限性的突破，更是伦理、法律和社会价值观领域的重要议题。这些都成为考量人工智能行为责任归属的变量，使得人工智能行为的责任归属呈现出不确定性。

1. 传统责任归属理论的局限性

传统的责任归属理论主要包括基于过错责任和无过错责任两大类。过错责任强调行为主体的主观过错，如故意或过失，而无过错责任则侧重于行为的结果，不论行为主体是否有过错。然而，当人们试图将传统的责任归属理论应用于人工智能行为时，这些理论都面临挑战，人们便走进了一个哲学上的迷宫。这些理论，无论是强调行为主体的主观过错的过错责任，还是侧重于行为结果、忽略过错与否的无过错责任，都在 AI 的行为面前显得力不从心。因为 AI 作为一种缺乏人类情感和自我意识的实体，其所谓的"过错"无法用传统的标准来衡量和评判。同时，AI 的决策过程和行为动机的不透明性，更是让传统责任归属理论在评估其行为后果时显得格外复杂。

这一局限性不仅揭示了传统理论在面对新兴技术时的不足，更深层地触及了人类对于责任、自由意志和意识的根本理解。AI 的行为挑战了我们关于意图、过错和责任的传统观念，迫使人们重新审视这些概念在技术高速发展的今天所扮演的角色。

面对 AI，我们是否需要一种新的责任归属框架，一种既能够适应 AI 特性，又能够反映人类社会价值观和道德伦理的框架？这是一个既需要哲学深度思考，又需要跨学科合作的问题。在这个探索过程中，人们不仅要面对技术的挑战，更要面对人类自身理解和规范行为的根本方式的挑战。这是一个关于如何在技术飞速发展的时代中，保持人类价值观和道德伦理不失其位的哲学探索。

2. 技术层面的复杂性

在探索人工智能的哲学之旅中，人们不可避免地遭遇技术层面的复杂性，这是一片既神秘又充满无限可能的领域。AI 的决策过程建立在复杂的算法之上，依托于海量数据的处理与分析，这种高度的技术集成赋予了 AI 以前所未有的能力，但同时带来了预测性和透明度的挑战。在这个过程中，AI 的"思考"方式与人类截然不同，它的决策逻辑往往超出了人类的直觉理解，形成了所谓的"黑箱"现象，即其内部工作机制的不透明性。

这种不透明性不仅令 AI 的行为结果难以预测，甚至有时连创造它的开发者也难以捉摸其精确的决策路径。这一点，无疑增加了当 AI 的行为导致不良后果时，责任归属问题的复杂性。在这样的背景下，当人们试图追问责任归属时，便发现自己陷入了一个哲学性的困境：如果连创造者本身也无法完全理解其创造物的行为，那么，当这些行为导致负面后果时，人们又该如何界定责任？

这不仅是一个技术层面的挑战，更触及了深层的哲学思考——关于创造与责任、知识与控制的本质问题。它迫使人们重新审视人与机器、创造者与创造物之间的关系，思考在这个人工智能技术快速发展的时代，人们如何在保持创新和进步的同时，确保责任和伦理的界限得到恰当的界定和尊重。在 AI 技术不断突破人类认知边界的今天，这些问题比以往任何时候都更加迫切，也更富有挑战性。

3．伦理层面的重构

在深入探讨人工智能的伦理层面时，人们发现自己站在了人类历史上一个前所未有的哲学十字路口。AI 行为的责任归属问题，不仅仅是一个技术或法律的挑战，它更深刻地触及了人类对于责任、自由意志，以及道德责任的根本性哲学思考。在传统伦理理论的框架下，责任和道德判断几乎总是与人类行为主体紧密相连，因为这些理论建立在人类具有自由意志和道德选择能力的基础之上。

然而，AI 作为一种非人类智能体，其在道德和伦理层面的主体性如何界定，成了一个复杂而紧迫的问题。这不仅仅是因为人们需要在 AI 行为导致问题时找到追责的途径，更重要的是，人们需要在道德层面上理解和评价 AI 的行为和决策。AI 的决策过程虽然建立在复杂的算法之上，但其是否能够承担道德责任，是否能够作为一个完整的道德主体参与伦理判断，是一个颇具挑战性的哲学议题。

这一讨论不仅仅关系到 AI 技术的未来发展方向，更关系到人们如何在一个由人类和非人类智能体共同构成的新型社会中，重新定义责任、自由意志和道德责任。在这个新的伦理场景中，如何确保 AI 技术的发展不仅遵循技术进步的逻辑，而且也符合人类社会的道德和伦理标准，是人们必须面对的哲学挑战。这要求人们不仅要重新审视和扩展传统的伦理理论，还要勇于探索新的道德框架，以适应这个日益复杂的技术和社会环境。

4．法律层面的挑战

在法律的广阔天地中，人工智能的兴起带来了前所未有的挑战，这些挑战引发了对法律体系最根本构架的反思。传统法律体系大多建立在人类行为主体的概念之上，而 AI 作为一种全新的、非传统的行为主体，其行为导致的后果使得现有法律框架显得力不从心。这一点在 AI 行为造成损害时尤为明显。如何在法律框架内界定责任主体，乃至是否需要创设全新的法律概念和责任体系，成了法律界面临的一大挑战。

这不仅是一个技术性的问题，更是一个深刻的哲学问题。它要求法律专家和立法者不仅深入理解 AI 技术的复杂性和发展趋势，还要跨越到伦理和哲学的领域，探索人类责任、意志自由和道德责任的新定义。人们面临的法律困境是，如何在保持技术创新的同时，确保法律体系能够适应 AI 时代的需求，保护个人和社会免受未预见的损害。

在这个探索过程中，我们可能需要重新审视人类与机器、创造者与创造物之间的关系，以及这些关系如何影响人类对于责任、自由和道德的理解。这要求我们不仅要有前瞻性地思考未来，还要有勇气面对不确定性，创造出能够适应未来社会的法律体系。这样的法律体系既要能够应对 AI 技术带来的挑战，又要能够体现人类社会的伦理价值和道德准则，这是我们这个时代的法律专家和立法者所面临的重大任务。

5．社会价值观的塑造

在社会价值观的宏观视野下，AI 行为的责任归属问题不仅仅触及技术细节，更深入地反映了人类对于技术进步的深层次反思与审视。在这个过程中，技术已经不再仅仅是简单的工具，而是成为塑造社会结构、影响人类行为模式和价值观念的重要力量。因此，AI 技术的发展挑战不仅仅在于技术本身的进步，更在于它如何影响人类社会的发展方向和价值取向。

从这个角度来看，探讨 AI 行为的责任归属，实际上是在探讨如何在技术高速发展的当下，保持人类对技术的合理控制，确保技术的发展最终服务于人类社会的公共利益，而不是被技术本身的发展逻辑所主导。这要求人们不仅要关注技术的发展和应用，更要深入思考技术发展背后的社会伦理、价值观念和社会结构的变化。在这个时代，人们面临的挑战是如何在技术不断突破人类认知边界的同时，确保人类社会、伦理和法律体系能够适应这些变化，保护和增进人类福祉。这不仅是技术专家、法律专家和哲学家的任务，更是整个社会共同面对的责任。在AI技术日益融入人类生活的今天，如何确保技术的发展能够反映和服务于人类最深层的价值和利益，是我们这个时代的重要课题。

综上所述，AI行为的责任归属问题是一个跨学科的复杂议题，它不仅涉及技术层面的挑战，更触及伦理、法律和社会价值观的深层次讨论。解决这一问题，需要技术开发者、伦理学家、法律专家和社会各界人士的共同努力，通过跨学科的对话和合作，探索建立一个既能促进AI技术健康发展，又能保障社会公正和个人权益的责任归属机制。此外，这一探讨也提醒我们，在追求技术进步的同时，不应忽视对技术伦理和社会影响的深思熟虑。

三、人工智能行为责任归属的边界及复杂性

在当今技术飞速发展的时代，人工智能已成为推动社会进步的重要力量。AI技术的广泛应用，从改善日常生活的便利性到提高工业生产的效率，都展示了其巨大的潜力。然而，随着AI技术的深入发展和应用，其行为的责任归属问题逐渐成为法律界、学术界，特别是伦理学界关注的焦点。AI行为的责任归属问题之所以复杂，主要在于AI本身的特性和人类传统责任归属理论之间存在本质的差异。

毋庸讳言，人们在探索人工智能的边界时，不仅仅是在追寻技术的极限，更是在挑战人类对责任和自由意志的传统理解。AI技术的迅猛发展，无疑为社会进步提供了强大的动力，从简化日常任务到革新工业生产，AI的应用展现了其改变世界的潜力。然而，随之而来的是对AI行为责任归属的复杂性的深入探讨，这一讨论跨越了法律与学术，特别是伦理学的界限，成为当代最引人入胜的课题之一。

1. 向 AI 本身归责的复杂性

在 AI 技术日益成熟的今天，将责任直接归咎于 AI 本身的想法逐渐浮现，但这背后隐藏着深刻的哲学和实践挑战。从哲学角度看，责任的归属是建立在行为主体拥有自由意志和道德责任能力的前提之上的，然而，现阶段的 AI 远未触及这种复杂的人类属性。它们是由算法驱动、缺乏自我意识的实体，将传统的责任观念套用于这样的非人行为主体，显然是一个跨越本质差异的尝试。

从实践角度看，即便人们为 AI 构建了一套"责任框架"，当 AI 的行为导致实际损害时，如何执行赔偿或惩罚也成为一大难题。AI 无法像人类或法人实体那样拥有财产或自由，它们不具备承担传统责任的基础条件，传统的责任执行机制难以适用。这不仅是关于技术的问题，更是关于人们如何在不断变化的技术环境中维持正义和公平的根本问题。

因此，面对 AI 行为所引发的责任问题，人们需要超越传统的思维模式，探索新的责任归属理论和执行机制。这可能意味着对现有法律和道德框架的重大调整，也可能意味着对 AI 本身的本质和作用的重新理解。在这一过程中，人们不仅要考虑技术的发展，更要深入思考人类社会的基本价值和伦理原则，确保在这个由人类智能和非人类智能共同塑造的新世界中，正义和责任不会失去它们的意义。

2. 向开发者与用户双重归责的困境

在 AI 行为责任归属的复杂讨论中，开发者与用户的责任成为哲学探讨和伦理考量的两个重要维度。开发者作为 AI 系统的设计者和构建者，自然承担着对其产品可能引发的后果的责任。这种责任源于对技术的深刻理解和对潜在风险的预见。然而，AI 技术的固有复杂性和不可预测性，使得即便是最为谨慎和有远见的开发者，也难以完全掌控未来的所有可能性。这种局限性挑战了传统责任归属理论中对于过错和预见性的要求。

用户作为 AI 技术的最终应用者，其选择和使用方式同样关系到 AI 行为责任的归属。用户在利用 AI 技术解决问题和创造价值的同时，也必须面对技术可能带来的风险和后果，也应对其应用场景和使用方式负责。然而，普遍存在的信息不对称问题意味着，即使是最为谨慎的用户，也可能无法完全理解 AI 系统的内部机制、工作原理和潜在的风险。

这一双重困境，不仅揭示了技术发展中的伦理挑战，也反映了人类社会在面对新兴技术时的深刻困惑。如何在开发者的技术创新与用户的实际应用之间建立起一种公平、合理的责任归属机制，成为当代社会亟待解决的问题。这要求人们不仅要重新思考责任、过错和预见性的概念，更要探索新的伦理框架和法律制度，以适应技术进步带来的新挑战。在这个探索过程中，对技术本质的深刻理解和对人类价值的坚守将是我们不可或缺的指南。

3. 开发者的责任边界

对于 AI 的开发者，他们在 AI 行为责任归属中的角色和责任成为众多讨论的焦点。

（1）开发者责任的合理性。支持将责任归于开发者的观点主要基于以下三点理由。一是设计与训练阶段的影响。AI 系统的行为模式是由开发者通过编程和训练设定的。开发者选择数据集、设计算法和设定目标函数，这些都直接影响了 AI 系统的行为和决策逻辑。如果 AI 系统的行为导致了不良后果，可以认为是开发过程中存在的疏忽或错误导致的。二是预见性与预防责任。作为 AI 系统的设计者和制造者，开发者理应对其产品的潜在影响和风险有所预见，并采取相应的预防措施。这包括进行充分的测试，确保系统在各种情况下都能安全可靠地运行。三是伦理责任。开发者在 AI 系统的设计和开发过程中，应当考虑到其技术可能对社会和个人产生的影响，承担起相应的伦理责任，确保技术的应用不会侵犯他人的权利或造成不公正的后果。

（2）面临的挑战。不过，将责任归于开发者的观点也面临着诸多挑战。一是 AI 自主学习的特性。随着 AI 技术尤其是深度学习的发展，AI 系统能够通过学习和自我进化不断优化其行为和决策。在这种情况下，AI 系统的行为可能超出了开发者的预期和控制范围，使得直接将责任归咎于开发者变得复杂。二是复杂性与不可预测性。AI 系统尤其是复杂的深度学习模型，其决策逻辑可能极其复杂，即使是开发者也难以完全理解和预测。在这种"黑箱"操作下，当 AI 系统的行为产生了不良后果时，确定责任归属变得更加困难。三是多方参与的开发过程。现代 AI 系统的开发往往是多方参与的集体努力，包括数据提供者、算法设计者、系统集成者等多个角色。在这样的开发模式下，责任可能分散在不同的参与者之间，难以单一归咎于某一方。

（3）解决方案与建议。针对开发者责任的讨论，提出以下几点解决方案和建议。第一，建立透明和可解释的 AI 系统。鼓励开发者采用可解释的 AI 技术，提高系统的透明度，使得外部监管机构和用户能够更好地理解 AI 系统的决策过程。第二，完善法律与伦理框架。建立和完善针对 AI 技术的法律和伦理框架，明确开发者在 AI 系统设计、开发和部署过程中的责任和义务。第三，多方责任共担。鉴于 AI 系统开发的复杂性和多方参与的特点，应当推动建立一种多方责任共担的机制，包括开发者、用户、监管机构等各方在内，共同努力确保 AI 技术的安全、公正和可靠。第四，加强 AI 伦理教育和培训。对 AI 技术开发者进行伦理教育和培训，提高他们对于可能产生的社会伦理问题的认识，促使他们在开发过程中采取更加负责的态度。

综上所述，虽然将责任归于 AI 的开发者在某些方面是合理的，但鉴于 AI 自身的特性和开发过程的复杂性，直接将责任完全归咎于开发者面临着诸多挑战。因此，建立一个综合性的责任归属机制，通过法律、伦理和技术的共同努力，确保 AI 技术的健康发展，对社会负责，是解决 AI 行为责任归属问题的关键。

4. 拓展 AI 自身的责任边界

随着 AI 技术的不断进步，一些前瞻性的学者和思想家开始勇敢地探索一个前所未有的问题：在 AI 系统日益展现出近似自主意识和决策能力时，是否应该将它们视为具有道德主体性的存在，从而直接对其行为归责？这一思考不仅是对当前技术现状的哲学挑战，更是对人类长久以来关于责任、意识以及主体性概念的深刻质疑。

这种观点虽然在技术上尚未成熟，但它提出了一个令人深思的视角：随着技术的发展，人类是否能够或是否应该重新定义"道德主体是由什么构成的"。AI 作为人类智慧的延伸，其行为和决策的后果是否能够归咎于它们自身，而非仅仅是开发者或使用者？

这一探讨不仅挑战了人们对于责任归属的传统框架，更深层地触及了人们对于自我、意识以及道德责任的根本理解。它迫使人们思考，在未来必须建立一套新的伦理和法律框架，以适应这些逐渐"觉醒"的非人智能体。

在这一过程中，人类不仅是在为 AI 技术的发展制定规则，更是在重新审视人类自身的价值、责任和存在的意义。这一哲学探索不仅为技术伦理学提供了丰富的思考素材，也为人类自我认知和社会道德的进步开辟了新的道路。在这个探索的旅程中，人类不仅是技术的创造者和应用者，更是对未来人类社会形态和价值观进行塑造的参与者。

5. 社会与制度的责任归属

在 AI 行为责任的讨论中，有一种深刻的观点认为，这一责任不应仅仅被视为个别主体的负担，而应当被看作整个社会和制度的共同承担。这种观念源自一个基本的认识：AI 技术的发展和应用并非发生在真空中，而是深深植根于特定的社会和经济背景之中。因此，由 AI 技术引发的各种问题和挑战，同样需要整个社会的共同努力来面对和解决。

这一视角强调了建立一个更加全面和公平的责任分配机制的重要性。在这一机制下，不仅是 AI 的开发者和用户，整个社会乃至国家制度都应当在监管 AI 技术、指导其伦理应用方面承担起责任，确保技术的进步能够促进公共利益，而非损害社会正义。

此外，这一观点也提出了对 AI 技术监管和伦理指导的需求，强调了制度设计在引导技术发展方向、保障技术应用安全性方面的关键作用。这不仅是一种对现有技术治理框架的挑战，更是一次对我们如何在快速变化的技术环境中维持社会稳定和正义的深刻反思。

在这个过程中，要求人们不仅要关注技术本身的进步，更要深入思考这些进步如何服务于人类社会的整体福祉，如何在创新的浪潮中保护和促进每个个体的利益。这是一场关乎技术、伦理、社会乃至人类未来的广泛讨论，它要求所有人，无论是技术开发者、政策制定者，还是普通公民都积极参与其中，共同塑造我们未来的世界。

AI 行为责任归属的探讨，是一场跨越技术、伦理、法律及社会哲学的深刻对话。它不仅是对 AI 技术进步的反思，更是对人类社会价值观、道德准则和法律体系的全面审视。随着 AI 技术的日益成熟与普及，这一问题的复杂性和紧迫性不断上升，呼唤着来自学术界、工业界、法律界以及社会各界的共同参与和智慧碰撞。

在这一探索过程中，人们面临的不仅是如何为 AI 技术的行为定位一个"责任锚点"的技术挑战，更是如何在技术创新与社会伦理之间找到一条和谐共存的路径。这要求人们跨越学科边界，汇聚不同领域的知识和智慧，共同构建一个既能促进 AI 技术健康发展，又能保护人类社会福祉的责任归属机制。

这场对话和探索，本质上是对人类自身的一次深刻反思。它迫使人们思考，在快速变化的技术环境中，人类如何保持对公正、自由、福祉等基本价值的追求，如何确保技术进步最终服务于人类的整体利益，而非成为新的分裂和不公的源泉。

因此，建立一个公正、合理的 AI 行为责任归属机制，不仅是技术发展的需要，更是人类社会向更高形态进化的必然要求。在这一过程中，每一个参与者都是重要的，每一次对话都是宝贵的。只有通过不断地探索、对话和合作，人们才能确保 AI 技术在为人类社会带来无限可能的同时，也成为推动人类共同前进的力量。

第七章　人工智能与就业

随着人工智能技术的蓬勃发展，其对就业市场的影响日益显著。一方面，人工智能的兴起创造了新的就业机会。它促使了与人工智能开发、维护和管理相关的岗位需求增加，如数据科学家、机器学习工程师、算法研究员等。同时，在其他行业，人工智能也催生了新的职业角色，例如人工智能伦理顾问、人工智能产品经理等。然而，另一方面，人工智能也对传统就业岗位造成了冲击。许多重复性、规律性的工作，如生产线上的装配工人、数据输入员等，面临被人工智能取代的风险。这可能导致一部分劳动者失业，需要重新寻找就业机会或进行职业转型。

为了应对人工智能对就业的影响，我们需要采取一系列措施。教育和培训体系应进行改革，着重培养劳动者的创新能力、批判性思维和复杂问题解决能力，以适应新的就业需求。政府和企业应共同合作，提供再就业培训和职业转型支持。同时，加强社会保障体系，为受到人工智能冲击的劳动者提供必要的生活保障。

一、人工智能对劳动市场的影响

美国学者埃里克·布林约尔弗森（Erik Brynjolfsson）[1] 认为，虽然

---

[1] 埃里克·布林约尔弗森（Erik Brynjolfsson），美国麻省理工学院的教授。他指出，工业革命推动了经济增长，带来了全新的工作方式，而与此类似，下一轮技术发展也将给人类带来新的职业机会。

人工智能会导致一些工作的消失，但它同时会创造更多高质量、高技能的就业岗位，从长远来看，有助于提高劳动生产率和促进经济增长。

但英国学者卡尔·贝内迪克特·弗雷（Carl Benedikt Frey）[1] 则指出，人工智能的发展速度可能超过了劳动者适应新工作的速度，短期内可能会导致就业市场的不平衡和社会不稳定。

人工智能对劳动市场的影响是多面向的，既涉及人工智能本身的技术功能，也涉及人工智能的应用主体和应用范围，还涉及人工智能应用的价值观和伦理层面的考量。因此，需要综合考虑其可能对劳动者产生的替代效应和创造效应，客观评估其对不同技能水平、不同行业、不同区域的就业人群产生的实际影响。

1. 就业机会的变化

AI 的发展对就业机会的影响是一把双刃剑。一方面，自动化技术的应用导致许多传统岗位，特别是那些重复性和低技能的工作，面临被机器取代的风险。例如，制造业、物流、客服等领域已经看到了这种转变的迹象。另一方面，AI 也在创造新的就业机会，尤其是在技术开发、数据分析、系统维护、用户体验设计等领域。随着企业对 AI 技术的需求增加，这些领域的专业人才需求量也在增长。

（1）自动化风险。面对人工智能和机器学习的迅猛发展，人们站在了历史的十字路口，观察着一个由科技主导的未来逐渐成形。这个未来中，自动化不仅是一个技术话题，更是一个哲学问题，它触及人类劳动的本质、价值与未来的意义。

第一，自动化风险意味着一个时代的转折。当牛津大学的研究指出，将近半数的美国就业岗位面临被自动化替代的风险时，这不仅是一个警钟，更是对人类社会的一次深刻反思。从制造业的流水线到办公室的文书工作，再到法律和会计等专业服务领域，自动化的浪潮似乎无所

---

[1] 卡尔·贝内迪克特·弗雷（Carl Benedikt Frey），牛津大学牛津互联网研究所人工智能与工作副教授。

不在，无所不及。这一现象引发了一个根本性的问题：当机器可以执行人类的工作时，人类的价值又在哪里？

第二，自动化带动对人类价值的重新定义。自动化带来的不仅是技术的挑战，更是对人类价值和工作意义的重新审视。在这个过程中，人们被迫面对一个古老而又新颖的哲学问题：什么构成了人类的核心价值？如果说，过去人类的价值在于他们的劳动能力和创造成果，那么在AI时代，这一定义是否需要更新？

第三，将自动化的风险转变为发展的机遇。自动化的风险提示人们，未来的劳动市场不再是简单的人力竞争，而是人类智慧的展现。在这个过程中，人类的创造性、情感智能和道德判断成为无法被替代的宝贵资产。这意味着，面对自动化，人们不应恐惧，而应寻找新的自我价值实现的路径。

第四，自动化时代更需要人文关怀。在自动化和 AI 技术不断进步的今天，人文关怀显得尤为重要。技术的发展不应仅仅关注效率和利润的最大化，更应关注人的全面发展和福祉。这要求人们在推进自动化的同时，也要着眼于教育体系的改革，培养未来的劳动者在创造性思维、批判性分析和人际交往等方面的能力。

第五，创造人类与机器和谐共存的未来文明形态。未来的劳动市场需要人类与机器和谐共存。这不仅是技术层面的融合，更是文化和哲学层面的融合。我们需要构建一个新的社会契约，其中人类的工作不再是为了生存的斗争，而是为了实现自我价值和社会贡献的途径。在这个过程中，AI 和自动化技术成为人们实现这一目标的工具，而不是障碍。面对自动化带来的挑战，人们不应畏惧或逃避，而应积极拥抱变化，探索新的可能性。通过教育和政策的改革，人们可以为所有人提供学习新技能、适应新环境的机会。同时，人们也需要在技术发展的过程中注入人文精神，确保技术进步服务于人类的全面发展。最终，人类将走向一个既充满机遇又和谐共存的未来。

（2）新就业机会的创造。在 AI 的浪潮之下，我们不仅见证了传统职业的转变，还目睹了一个全新就业机会的黎明。这是一个挑战与机遇并存的时代，它要求人们重新思考人类劳动的意义和价值，同时也为人们打开了一扇探索未知、创造未来的大门。

一是新就业机会的诞生。随着 AI 技术的发展，一系列前所未有的职业和行业应运而生。数据科学家、机器学习工程师、AI 伦理专家等岗位成为新时代的热门职业。这些职位不仅要求技术上的精湛，更需要对社会、伦理和人文的深刻理解，以确保技术的发展能够造福人类，而非成为制约。

二是 AI 与新业务模式的崛起。AI 不仅改变了就业的面貌，更推动了新业务模式的诞生。基于 AI 的个性化医疗、智能教育解决方案等领域的崛起，不仅为人类带来了更加精准、高效的服务，也为社会经济的发展注入了新的活力。这些新兴领域的发展，需要大量具备跨学科知识和技能的人才，从而为社会创造了大量新的就业机会。

三是技术进步与人的价值。在这一过程中，人们被迫重新审视技术进步与人的价值之间的关系。技术的发展不应是以牺牲人的价值为代价的，相反，它应该是扩展人类潜能、丰富人类生活的工具。在 AI 时代，人类的创造性、道德判断和情感交流等特质变得更加宝贵，这些是 AI 难以复制的人类独有属性。

四是教育与终身学习的重要性。面对 AI 时代的挑战和机遇，教育和终身学习显得尤为重要。为了适应新的就业市场，人们需要不断学习新的知识和技能。这不仅包括科技和编程等硬技能，更包括批判性思维、创造性解决问题、人际交往和跨文化沟通等软技能。教育体系需要进行相应的改革，以培养未来的劳动者面对快速变化的世界所需的综合能力。

2. 技能需求的转变

随着 AI 技术的普及，对劳动力的技能需求也在发生变化。对于低技能劳动力来说，学习新技能、提升自己的技术水平成为迫在眉睫的任务。同时，对于所有工作者来说，软技能变得越来越重要，如创造性思维、解决问题的能力、人际交往和沟通能力等。这些技能有助于人们在 AI 无法轻易替代的领域中保持竞争力。AI 的应用推动了工作方式的变革，包括远程工作的普及、灵活工时的实施等。这些变化为工作和生活的平衡提供了新的可能性，但同时也对劳动法和社会保障体系提出了新的挑战。如何确保在新的工作模式下，工作者的权益得到保护，成了一个亟待解决的问题。

（1）软技能的重要性。在人工智能的光辉照耀下，我们正步入一个新的纪元，即一个由机器主导物质产品生产甚至部分精神新产品生产的时代，技术性和重复性任务逐渐被自动化和智能化所取代。然而，在这个看似由冷冰冰的代码和算法构成的新世界里，人类的"软技能"如同璀璨的宝石，愈发显得珍贵和不可替代。创造力、情感智能、批判性思维和人际沟通能力等，这些无法轻易被机器复制的技能，在未来的劳动市场上将成为最宝贵的资产。

第一，创造力展示了无限的可能性。在 AI 的时代，创造力不仅是艺术家的专利，更成为每一个人宝贵的财富。它是推动社会进步的不竭动力，是解决复杂问题的关键。创造力让人们能够想象并实现那些机器无法达到的创新和突破，它使人们能够跨越现实的界限，探索无限的可能性。

第二，情感智能实现了真正的连接。情感智能，或称为情商（EQ），是指一个人理解和管理自己情绪，以及识别和影响他人情绪的能力。在一个越来越多由机器完成任务的世界里，人与人之间的真正连接变得尤为重要。情感智能使人们能够建立深厚的人际关系，促进团队合作，创建更加和谐的工作和生活环境。

第三，批判性思维开拓了决策的深度和宽度。批判性思维是指能够客观分析和评价问题以形成判断的能力。在信息爆炸的今天，人们面对着海量的数据和信息，批判性思维能帮助人们甄别真伪，作出明智的决策。它使人们能够超越表面，深入本质，看到问题的多个面向和深层次的联系。

第四，人际沟通能力成为桥梁与纽带。人际沟通能力是指个体在与他人交往过程中，有效传达信息、表达情感和解决冲突的能力。在一个多元化和全球化的世界里，优秀的人际沟通能力不仅是个人成功的关键，也是团队和组织克服挑战、实现目标的重要保障。它是连接不同文化、背景和观点的桥梁与纽带。

第五，软技能的力量在于激活力和创造力。在 AI 不断进步的今天，人们不应忽视那些使人成为人的软技能。它们是人在这个快速变化的世界中保持竞争力的关键，是人与机器和谐共存的基石。我们需要不断地学习和发展这些软技能，让它们成为我们的独特优势。通过培养和提升我们的创造力、情感智能、批判性思维和人际沟通能力，我们不仅能够在未来的劳动市场上脱颖而出，更能够创造更加美好和有意义的未来。在这个由 AI 定义的时代，让我们不忘初心，珍视和培养那些真正定义我们为人类的软技能。这样，人们才能确保在未来的世界中，不仅生存而且繁荣。

（2）终身学习和再培训。在这个日新月异的时代，技能需求的变化就如同风中摇曳的叶片，不断地在变动着方向。这种变化不仅是挑战，更是一个机遇，它促使人们不断地学习、成长和适应。然而，这个过程并非个人独自的旅程，而是需要政府、教育机构和企业共同努力，构建一个支持终身学习和再培训的生态系统，确保每一位劳动者都能在这波澜壮阔的变革中找到自己的位置，不被时代的浪潮所淘汰。

第一，终身学习：不断适应的关键。终身学习不仅是个人发展的需要，更是社会进步的动力。它意味着在整个职业生涯中不断地学习新知识、新技能，以适应不断变化的工作环境和技能需求。在 AI 和自动化技术不断进步的今天，许多传统的职业和技能正在被重新定义，新的职业机会也在不断地涌现。只有通过终身学习，人们才能保持自己的竞争力，抓住新的机遇。

第二，再培训：桥梁过渡新岗位。再培训是终身学习的重要组成部分，它帮助那些因技术进步而面临岗位转换的劳动者，能够快速适应新的工作环境。通过针对性的培训课程，劳动者不仅能够学习到新的技能，更能够增强自己的自信心和适应能力。政府、教育机构和企业需要共同努力，提供灵活多样的再培训机会，帮助劳动者顺利过渡到新的岗位。

第三，多方合作：共建学习生态系统。构建支持终身学习和再培训的生态系统，需要政府、教育机构和企业的共同努力。政府可以通过制定政策、提供资金支持等方式，为终身学习和再培训创造良好的外部环境。教育机构则需要不断创新教育模式，提供灵活多样的学习途径，满足不同学习者的需求。企业也应该承担起责任，为员工提供学习和发展的机会，鼓励他们不断地学习和成长。

第四，个人主动：自我驱动的学习之旅。虽然外部环境的支持至关重要，但终身学习和再培训的成功，最终还是取决于个人的主动性和自我驱动力。每个人都应该意识到，在这个快速变化的时代，唯一不变的就是变化本身。我们需要主动规划自己的学习之旅，不断地寻求新知，勇于尝试新事物，保持好奇心和学习热情，这样才能在未来的职业生涯中游刃有余。

第五，共同面对变革的未来。我们正生活在一个充满挑战和机遇的时代，技能需求的变化让终身学习和再培训成为时代的必需。只有通过政府、教育机构和企业的共同努力，构建一个支持终身学习的生态系统，鼓励和支持每一位劳动者的主动学习和成长，才能确保无论时代如何变迁，每个人都能找到属于自己的位置，实现自我价值。让我们携手共进，拥抱这个变革的未来，共同创造一个更加美好的世界。

3. 劳动关系的重塑

（1）灵活工作的兴起。随着人工智能和数字化转型的加速发展，我们正见证着工作方式的一场革命即灵活工作的兴起。这种变革不仅仅是技术的进步，它更是对传统工作模式的一次深刻反思和重新定义。灵活工作制度，包括远程工作、弹性工作时间等，为追求工作和生活平衡的现代人提供了前所未有的可能性。然而，这种工作方式的普及，也对现有的劳动法律和社会保障体系提出了前所未有的挑战。

第一，新机遇：工作与生活的和谐共处。在 AI 和数字技术的支持下，灵活工作模式破除了传统的朝九晚五、办公室固定工作模式的限制，为人们提供了更加多样化的工作选择。这种工作方式的灵活性，让工作和生活可以和谐共处。人们可以根据自己的生活节奏和工作需求，自由安排工作时间和地点，从而更好地平衡职业发展和个人生活，提高工作满意度和生活质量。

第二，新挑战：法律与保障的适应性。然而，灵活工作的普及也带来了对现有劳动法律和社会保障体系的挑战。传统的劳动法律和社会保障体系大多建立在固定工作时间、固定工作地点的基础之上，对于灵活工作、远程工作等新兴工作模式的适应性不足。例如，如何确保远程工作者的劳动权益、如何计算加班费、如何实施健康和安全的工作环境标准等问题，都需要法律和政策的更新和完善。

第三，新思考：社会保障体系的重构。此外，灵活工作模式对社会保障体系也提出了新的要求。在传统工作模式下，雇主通常为员工提供包括健康保险、退休金等在内的社会保障福利。然而，在灵活工作模式下，特别是对于自由职业者和合同工，这种直接由雇主提供保障的模式变得不再适用。因此，需要探索新的社会保障机制，确保所有工作者，无论是全职员工、兼职人员还是自由职业者，都能享有公平的社会保障。

第四，新方向：构建更加包容的工作环境。面对这些挑战，政府、企业和社会各界需要共同努力，探索和实施更加灵活、包容的劳动法律和社会保障政策。这包括但不限于，制定适用于远程工作的劳动标准、为自由职业者和合同工提供更加灵活的社会保障方案、鼓励企业为员工创造更加健康和安全的工作环境等。

第五，迎接灵活工作的未来。灵活工作的兴起，是技术进步带来的产物，也是人类对更美好工作和生活方式的追求。在这一过程中，我们不仅需要享受灵活工作带来的便利和自由，更需要积极面对和解决它带来的法律和社会保障挑战。通过不断探索和创新，我们可以构建一个更加公平、包容和可持续的工作环境，让每个人都能在这个多样化的世界中找到属于自己的位置，实现个人价值，共同迎接灵活工作的美好未来。

（2）劳动者权益的保护。在这个由人工智能推动的新时代中，劳动市场正在经历深刻的变革。新的工作形态正日益成为常态，如远程工作、灵活工作时间以及自由职业等。这些变化为劳动者提供了前所未有的自由和灵活性，但同时也对劳动者权益的保护提出了新的挑战。在这个变革的浪潮中，确保公平薪酬、良好的工作条件和充分的社会保障，尤其对于自由职业者和远程工作者，变得尤为关键。

第一，公平薪酬：每一份劳动的价值。在 AI 和数字化转型的背景下，劳动市场的需求正在快速变化，这对劳动者的技能和工作方式提出了新的要求。然而，无论技术如何进步，公平薪酬的原则都应当被坚守。每一份劳动，无论是传统的全职工作还是灵活的远程工作，都应得到其应有的回报。公平薪酬不仅是对劳动者劳动的基本尊重，也是维护劳动市场公正和促进社会和谐的基石。

第二，良好的工作条件：健康与安全的保障。随着远程工作和自由职业的兴起，工作地点变得越来越多元化。从家中的书房到世界各地的咖啡馆，从共享办公空间到临时工作站，工作环境的多样化为劳动者带来了灵活性，但同时也带来了对健康和安全保障的挑战。确保良好的工作条件，不仅仅是提供一个舒适的工作环境，更包括确保劳动者在任何工作场所都能得到充分的健康保护和安全保障。

第三，社会保障：每个人的坚实后盾。在 AI 驱动的新工作形态中，社会保障的重要性更加凸显。对于自由职业者和远程工作者而言，由于缺乏传统雇佣关系中雇主提供的社会保障，他们面临着更大的风险和不确定性。因此，构建一个包容性的社会保障体系，为所有劳动者提供坚实的后盾，成为保护劳动者权益的重要一环。这包括但不限于医疗保险、养老保险、失业保险等，确保每个人在面对生活中的不确定性时，都能得到必要的支持和保护。

第四，权益保护的共同努力。保护劳动者的权益，需要政府、企业和社会各界的共同努力。政府应当通过立法和政策引导，为劳动者权益的保护提供法律框架和政策支持。企业则应当承担起社会责任，确保为员工提供公平薪酬、良好的工作条件和充分的社会保障。同时，社会组织和公众也应当积极参与，通过公众教育和舆论监督，共同营造一个尊重和保护劳动者权益的社会环境。

第五，构建未来的坚实基石。在 AI 和数字化转型的时代，劳动市场正在经历前所未有的变革。在这一过程中，保护劳动者的权益尤为重要。通过确保公平薪酬、良好的工作条件和充分的社会保障，我们不仅能够保护每一个劳动者的基本权益，更能够为构建一个公正、包容和可持续发展的未来社会打下坚实的基础。让我们共同努力，为所有劳动者创造一个更加美好的工作和生活环境。

二、就业权益与政策应对

面对 AI 对劳动市场的影响，政策制定者需要采取积极措施来应对挑战，保障劳动者的权益。首先，教育和培训体系需要进行改革，以适应新的技能需求。这包括加强 STEM 教育①，同时也强化软技能的培养。其次，政府和企业需要合作，提供终身学习和职业再培训的机会，帮助劳动者适应技术变革。此外，劳动法和社会保障体系也需要更新，以反

---

① STEM 教育是一种跨学科的教育方式，它将科学（Science）、技术（Technology）、工程（Engineering）和数学（Mathematics）融合在一起，旨在培养具有综合能力的人才。这种教育方式强调实践和探究，通过科学实验、技术应用、工程设计和数学分析等活动，培养学生的创新思维、解决问题和团队合作等能力。

映新的工作形态。这可能包括为远程工作者和自由职业者提供更全面的社会保障，以及调整劳动合同和工作时间规定，以适应灵活工作制度。

另外，政策制定者还需要考虑 AI 技术发展对社会公平的影响。技术进步不应导致社会不平等的加剧，因此需要通过政策确保技术的红利能够惠及所有人，包括通过税收政策、收入再分配机制等手段，来缓解技术变革可能带来的不平等。AI 技术的发展正在深刻影响全球劳动市场，带来了就业机会的变化、技能需求的转变和劳动关系的重塑。面对这些挑战，需要政府、企业和教育机构的共同努力，通过教育改革、劳动法和社会保障体系的更新，以及公平政策的实施，来构建一个更加包容和公平的未来劳动市场。只有这样，我们才能充分利用 AI 技术的潜力，同时确保所有人都能从中受益。

1. 教育和培训政策

在这个日新月异的时代，教育和培训政策的调整显得尤为重要。政府在推动社会进步和经济发展的过程中，扮演着不可或缺的角色。随着科技的迅猛发展，尤其是人工智能、大数据等领域的突破，劳动市场对技能的需求正经历着前所未有的变革。在这样的背景下，政府需要重新审视和调整现有的教育政策，以确保劳动力市场能够适应这些变化，进而推动社会整体的繁荣发展。

（1）强化 STEM 教育。强化 STEM（科学、技术、工程和数学）教育是应对未来挑战的关键。在这个以科技为主导的时代，STEM 领域的知识和技能成为推动经济发展和科技创新的重要引擎。政府需要通过调整教育政策，增加 STEM 领域的投资，优化课程设置，鼓励学生探索和学习这些领域的知识。通过培养具有扎实 STEM 背景的人才，不仅可以满足未来劳动市场的需求，也能够为国家的科技创新和经济发展提供强有力的支撑。

（2）加强软技能的培养。在重视 STEM 教育的同时，加强软技能的培养也同样重要。在未来的工作环境中，创新思维、团队协作、沟通能力、领导力等软技能将变得越来越重要。这些技能能够帮助个人更好地适应快速变化的工作环境，提高团队的协作效率，促进创新和问题解决。因此，政府在调整教育政策时，应该注重软技能的培养，通过课程设计、项目合作等方式，帮助学生培养这些关键的能力。

（3）支持终身学习和职业再培训。在技能需求快速变化的今天，终身学习和职业再培训变得尤为关键。政府需要通过制定和实施相应的政策，鼓励和支持个人进行终身学习，以适应劳动市场的变化。这包括提供财政补贴、税收优惠等激励措施，建立和完善职业培训体系，以及与企业、教育机构合作，提供针对性的再培训项目。通过这些措施，可以帮助劳动者提升自身的技能，增强职业竞争力，从而更好地适应未来的工作环境。

2. 社会保障和劳动法

在这个快速发展的时代，社会保障体系和劳动法的更新成为维护劳动者权益和适应劳动市场变化的关键。随着新的工作形态，如自由职业和远程工作的兴起，传统的社会保障和劳动法面临着前所未有的挑战。这些变化要求我们重新思考和设计一个能够反映当今劳动者需求的社会保障和法律体系。

（1）社会保障体系的更新。社会保障体系的核心在于为劳动者提供生活的安全网，保障他们在失业、疾病、老龄等情况下的基本生活。然而，随着自由职业者和远程工作者数量的增加，这一体系需要进行相应的更新，以包括这些新兴的工作群体。这可能意味着创建新的保障项目，或是调整现有项目的覆盖范围和条件，确保每一位劳动者，无论其工作形态如何，都能享有公平的社会保障。

（2）劳动法的适应性调整。劳动法是规范劳动关系、保护劳动者权益的法律体系。在新的工作形态下，劳动法也需要进行适应性的调整。例如，对于自由职业者和远程工作者，传统的劳动合同可能不再适用，需要引入更加灵活的合同形式，同时确保劳动者的基本权益得到保护。此外，劳动时间、休息与假期、健康与安全等方面的规定，也需要根据新的工作环境进行相应的调整。

（3）构建包容性的劳动市场。更新社会保障体系和劳动法的根本目的，在于构建一个更加公平和包容的劳动市场。这意味着，无论劳动者选择何种工作形态，都能够获得相应的保护和支持。这不仅有利于保障劳动者的基本权益，也有利于促进劳动力市场的灵活性和创新，进而推动社会经济的发展。

（4）平等与公正的追求。在一切社会保障体系和劳动法的更新和调整的背后，是对平等与公正的不懈追求。在劳动市场中，每一位劳动者，无论其身份、背景或是工作形态，都应该享有平等的机会和公正的待遇。这是构建和谐社会的基石，也是人们共同努力的方向。通过不断更新和完善社会保障体系和劳动法，人们不仅能够应对劳动市场的变化，更能够促进社会的公平与正义，为每一位劳动者创造一个更加美好的未来。随着劳动市场的持续变化，社会保障体系和劳动法的更新显得尤为重要。这不仅是对新工作形态的适应，更是对平等与公正的追求。通过不断地努力和创新，在社会层面可以构建一个更加包容、公平和可持续发展的劳动市场，确保每一位劳动者都能在变化中找到属于自己的位置，共同迈向一个更加美好的未来。

3. 技术伦理和公平规则

在这个由技术驱动的时代，人工智能和其他先进技术的迅猛发展，为社会带来了前所未有的变革。这些变革在提高生产效率、推动经济增长、改善人类生活质量等方面展现出巨大潜力。然而，技术进步的同时也带来了一系列相关就业权益、技术伦理和社会公平的挑战。这要求政策制定者在推动技术发展的同时，也需要深入考虑技术伦理和社会公平的政策保障问题，确保技术进步惠及所有社会成员，保障劳动者合理合法的就业权益，避免加剧社会不平等。

（1）技术伦理规范：人类价值与机器智能的平衡。技术伦理是指在技术发展过程中，关于人类价值、道德原则和行为规范的考量。在AI技术发展的背景下，技术伦理对于保障人们的就业权益变得尤为重要。AI技术的应用涉及数据隐私、个人信息保护、自动化决策的公正性等多个方面。政策制定者需要确保技术的设计和应用能够尊重和保护个人就业权利，遵循伦理原则，防止技术滥用带来的劳动权益风险。

（2）社会公平：确保技术进步的普惠性。技术进步的普惠性是指技术发展的成果能够惠及社会的各个阶层，而不是仅仅使一小部分人受益。在AI和其他先进技术迅速发展的今天，确保技术进步对劳动者权益的普惠性成了一个重要议题。政策制定者需要通过制定相应的体现社会公平的政策和措施，推动技术教育和资源的公平分配，减少技术鸿沟，避免技术进一步加剧由于就业歧视带来的社会不平等。

4. 就业政策的实践策略

首先，要加强技术伦理教育和研究，将就业置于技术开发和使用的全过程。政策制定者可以通过支持技术伦理的教育和研究，提高技术开发者和用户的伦理意识，促进负责任的技术应用，保障更多的劳动者能够通过就业实现生存和发展。

其次，要建立伦理审查机制，关怀就业人群。对于AI等先进技术的研究和应用项目，建立伦理审查机制，确保技术的开发和应用符合伦理原则和社会价值观，承担社会责任，惠及更多的普通劳动者。

再次，要促进技术资源的公平分配，保证平等的就业机会。通过政策支持和资金投入，推动技术教育资源和先进技术的公平分配，使更多的劳动者能享有就业机会，特别是在偏远地区和弱势群体中，减少数字鸿沟带来的就业歧视。

最后，保护数据隐私和个人信息，保障劳动者在各自的能力范围内实现就业权益。制定严格的数据保护法律，确保个人数据的安全，保护公民各司其职，免受数据滥用和隐私侵犯带来的职业歧视和风险。

5. 就业权益：技术与人类的和谐共生

在推动技术发展、保障劳动者就业权益的同时考虑技术伦理和社会公平，本质上就是在探求技术与人性的和谐共生。技术不应仅仅被视为提高效率和创造经济价值的工具，更应该是增进人类福祉、实现社会公正的手段。这要求人们在追求技术创新的同时，不断反思和调整自身的价值观和行为准则，确保技术的发展方向与人类社会的长远利益相一致。技术进步带给人类社会巨大的潜力和挑战。在享受技术发展成果的同时，人们也必须面对伴随而来的伦理和公平问题。通过深入考虑和实施在就业领域中技术伦理和社会公平的政策，我们可以确保技术进步真正惠及每一个社会成员，共同构建一个更加公正、和谐的未来社会。

在人工智能这股不可逆转的潮流中，我们正站在一个历史的分水岭上，观察着 AI 技术如何深刻地重塑着劳动市场的面貌。这场变革带来的不仅仅是技术层面的进步，更是对社会结构、就业形态以及人类自我认知的全面挑战和机遇。在这一过程中，确实需要政府、企业、教育机构以及社会各界的共同努力，以确保人们能够在这场技术革命中找到坚实的立足点，共同构建一个既包容又公平、充满机遇的未来劳动市场。政府需制定灵活而前瞻的政策，不仅要应对 AI 带来的就业岗位变化，还要通过制定和执行技术伦理标准，确保技术的发展不会牺牲人类的基本权利和社会公平。同时，政策制定者应鼓励企业采取负责任的技术应用方式，推动公正的劳动实践，确保技术进步的成果能够公平地惠及所有人。

企业作为技术应用的前线，有责任探索如何在提高生产效率的同时，也为员工提供重新培训和技能提升的机会，确保员工能够适应新的工作环境。企业的创新不应仅限于技术本身，更应包括创新管理理念和劳动关系，以人为本，促进员工的全面发展。教育机构则是培养未来劳动力的关键，需要不断更新教育内容和方法，以适应技术发展的需要。这意味着不仅要教授技术技能，更要加强对学生的批判性思维、创新能力和终身学习能力的培养，为他们进入一个不断变化的劳动市场做好准备。

社会各界，包括劳动者、消费者和公民，也应积极参与到这一变革中来，通过持续学习和适应，为自己在未来劳动市场中赢得一席之地。同时，公众对技术伦理的关注和讨论，可以推动更加负责任和人本的技术发展方向。在这一切努力的背后，是对一个更广泛哲理的追求——如何在技术进步的浪潮中，保持人类的尊严，实现社会的公正，并为每个人提供发展的机会。这不仅是一场关于技术的革命，更是一场关于人类社会如何自我超越的探索。通过共同的努力，我们有望构建一个既能享受技术带来的便利，又不失人文关怀的未来世界。

三、职业转换的伦理对策与再培训方案

人们必须铭记，技术本身是中性的，它既有可能成为推动社会正义的利器，也可能成为加剧不平等的工具。因此，制定一套全面的适应技术社会的伦理指导原则，就像为人工智能设定了一盏指路明灯，确保它在探索未知的旅途中不偏离正确的航向。这些原则应当涵盖数据的正义使用、算法的透明度、对技术后果的责任担当，以及对个人隐私的严格保护。然而，原则的制定仅仅是第一步。就像一艘船需要经过严格的检查才能扬帆远航，人工智能的每一项应用和发展都需要经过伦理审查和评估。这不仅是对技术本身的一种审慎，更是对人类社会责任的一种承担。通过这样的程序，我们可以确保技术的每一步前进都是人类理性和道德的胜利。

伦理的实践离不开人的参与。因此，对从事人工智能相关工作的人员进行伦理教育和培训至关重要。这不仅仅是让他们了解伦理原则，更重要的是培养他们面对伦理困境时的判断力和决策力。在这个过程中，他们将学会如何在技术发展和伦理道德之间找到平衡点，如何在创新与责任之间画出一条清晰的界线。此外，随着人工智能技术的不断进步，我们也需要发展相应的工具和技术来支持伦理原则的实施。这些工具和技术，如同给人工智能装上了一副眼镜，使它能够更清晰地识别伦理风险，更有效地避免潜在的伦理冲突。

在人工智能这一波澜壮阔的技术革命中，人们站在了一个前所未有的十字路口，面临着众多伦理道德的挑战。如何确保这一技术力量既能推动人类社会的进步，又能尊重每一个个体的权利和尊严，成为我们必须深思熟虑的问题。

在这一切努力中，我们不仅仅是在为人工智能设定伦理边界，更是在探索人类自身的伦理深度。这场探索既是挑战也是机遇，它要求我们不断反思和审视，最终实现技术与人性的和谐共生。

1. 推动伦理审查和评估

在人工智能给人类生产生活、劳动方式带来革命性变化的背景下，推动伦理审查和评估机制的建立和执行是至关重要的。这一过程不仅确保人工智能技术的发展和应用符合伦理原则和社会价值观，而且有助于增强公众对人工智能系统的信任，弥合智能与人力之间的裂痕，实现人与智能机器的协作和连接，从而催生被智能技术赋能的人类劳动呈现出边界模糊的多元化形态。以下是对如何在人工智能项目的各个阶段实施伦理审查和评估的概要阐述，以期为评估人工智能对就业市场和职业转换的影响提供参考。

在实施伦理审查和评估的背后，是一个涉及多方利益相关者的伦理治理框架。这个框架将政府、企业、民间组织以及每一个使用者都纳入其中，形成了一个多元参与、共同监督的伦理生态。在这个生态中，每一方的声音都值得被倾听，每一个角度都值得被考虑。只有这样，人工智能的发展才能真正反映人类社会的多样性和复杂性。

（1）数据收集阶段。在数据收集阶段，伦理审查应关注数据的来源、收集方式以及收集目的是否合理和合法。需要确保数据收集过程中尊重个人隐私，避免侵犯数据主体的权利。此外，还应考虑数据集的多样性和代表性，防止因数据偏见而导致的算法歧视问题。对于敏感数据的处理，更应遵循更高标准的伦理要求和法律规定，确保数据使用的正当性和必要性。

（2）模型训练阶段。在模型训练阶段，伦理审查需专注于训练过程中使用的数据、算法和技术是否可能导致不公平或偏见的结果。需要对训练数据进行彻底的审查，以识别和纠正潜在的偏见。同时，应评估模型的设计选择，例如选择的算法是否可能放大现有的不平等。此外，模型训练过程的透明度也是伦理审查的重要组成部分，确保训练过程可追踪、可解释。

（3）算法设计阶段。在算法设计阶段，伦理审查需要确保算法的设计和实现过程遵循公平、透明和可解释的原则。这包括但不限于算法决策过程的透明度，以及当算法被用于决策时，用户能够理解决策的依据。同时，算法设计应考虑到可能的伦理风险，比如算法可能不经意间加剧社会不平等或歧视某些群体。

（4）部署阶段。在人工智能系统部署后，定期进行伦理审计是监测和评估系统长期影响的关键。伦理审计应包括对系统性能的持续监控，以识别和纠正可能出现的任何不公平或偏见问题。此外，还应评估系统在实际应用中的社会影响，包括它如何影响用户的权利和福祉，以及它是否加剧了社会不平等。

（5）跨学科合作。推动伦理审查和评估的有效实施，需要跨学科合作的努力。这包括技术开发者、伦理学家、法律专家、社会学家等多方的共同参与。通过跨学科团队的合作，可以从不同角度审视人工智能技术的伦理问题，确保审查和评估过程全面且深入。

（6）持续迭代和反馈。伦理审查和评估不应被视为一次性任务，而应是一个持续的过程。随着技术的发展和应用场景的变化，原有的伦理评估可能需要更新。因此，建立一个反馈机制，收集用户和社会的反馈，对伦理审查和评估进行持续的迭代和优化，是确保人工智能系统长期符合伦理要求的关键。

总之，伦理审查和评估机制的建立和执行是人工智能伦理实践中不可或缺的一环。通过在人工智能项目的各个阶段实施严格的伦理审查和评估，人们不仅能够预防和解决由于技术应用导致的就业矛盾中可能出现的伦理问题，还能够借助人工智能技术的健康发展拓宽就业面，使其更好地服务于人类社会的福祉，构建新型的人类劳动形态。

2. 加强伦理教育和培训

在人工智能领域，伦理教育和培训不仅是提升个体伦理意识的关键，也是确保技术发展符合人类价值观和社会期待的基石。随着 AI 技术的快速进步和广泛应用，加强从业人员的伦理教育和培训显得尤为重要，可以帮助从业人员随着时代变迁及时规划职业路径，完成职业转化，收获职业的最大价值。

（1）伦理原则的深入理解。伦理教育和培训的首要任务是确保每位从业人员都能深入理解伦理原则。这些原则包括但不限于尊重个人隐私、确保数据安全、促进公平和正义、保持透明度和可解释性等。通过对这些原则的深入学习，从业人员能够在日常工作中识别和遵循伦理标准，指导自己的行为符合道德和法律要求。

（2）伦理决策的实践指导。伦理教育和培训还应提供实践指导，帮助从业人员在面对伦理困境时作出恰当的决策。这包括教授伦理决策框架、案例分析和模拟决策训练等方法。通过这些实践活动，从业人员能够在模拟的或真实的工作场景中锻炼和提升自己的伦理决策能力，学会如何在不同情境下权衡利益、评估风险，做出合理的伦理选择。

（3）伦理风险的识别和处理。伦理教育和培训还应重点关注伦理风险的识别和处理。这包括教授从业人员如何在 AI 项目的设计、开发和部署过程中识别潜在的伦理风险，以及如何采取措施预防和缓解这些风险。通过案例研究、工作坊和讨论会等形式，从业人员可以学习到实际操作中的最佳实践和策略，提高自己在实际工作中处理伦理问题的能力。

（4）定期的培训和再教育。伦理教育和培训不应是一次性的活动，而应是一个持续的过程。随着 AI 技术的不断发展和应用领域的不断扩展，新的伦理问题和挑战也会不断出现。因此，定期的培训和再教育对于更新从业人员的知识、技能和态度至关重要。这可以通过在线课程、研讨会、工作坊等多种形式实现，确保从业人员能够及时了解和掌握最新的伦理知识和技能。

（5）跨学科的学习和合作。伦理教育和培训还应鼓励跨学科的学习和合作。AI 伦理问题往往涉及技术、法律、社会、心理等多个领域，因此需要不同背景的专家共同参与讨论和解决。通过组织跨学科的研讨会和项目，从业人员可以从不同角度了解和思考伦理问题，促进不同领域之间的知识交流和合作。

（6）培养伦理领导力。伦理教育和培训还应着重培养从业人员的伦理领导力。这包括教授他们如何在团队和组织中推动伦理文化的建设，如何作为伦理榜样引领他人，以及如何处理和解决伦理冲突和问题。通过培养伦理领导力，可以在整个 AI 行业内形成正向的伦理氛围，促进整个行业的健康发展。

总之，加强伦理教育和培训是确保 AI 技术发展符合伦理要求、服务于人类福祉的重要途径。通过全面、深入的伦理教育和培训，可以提高从业人员的伦理意识和能力，促进 AI 技术的负责任使用，为构建一个更加公正、透明和可持续的 AI 未来奠定坚实的基础。

3. 发展伦理工具和技术

发展伦理工具和技术是实现人工智能系统伦理可控和可审计的关键途径。随着人工智能技术的快速发展和广泛应用，如何确保其符合伦理标准、保护个人隐私、促进社会公正成为亟待解决的问题。

（1）透明度工具。透明度是人工智能伦理中的一个核心原则，要求人工智能系统的决策过程能够被理解和审查。为此，开发透明度工具成为支持伦理实施的重要手段。这些工具可以提供对 AI 决策逻辑、数据来源、算法运作机制的清晰解释，使得非技术用户也能理解 AI 系统如何作出特定的决策。例如，可解释性 AI 界面（Explainable AI Interfaces）可以向用户展示 AI 模型的决策依据，帮助人们理解和信任 AI 系统。

（2）算法审核工具。为了检测和纠正人工智能系统中的偏见，算法审核工具的开发尤为关键。这些工具可以对 AI 模型进行深入分析，识别可能导致歧视或不公正结果的数据偏差和算法缺陷。通过使用算法审核工具，开发者可以在模型部署前预防潜在的伦理问题，确保 AI 系统的公平性和正义性。算法公平性框架（如 Fairlearn、AI Fairness 360 等）提供了一套方法和指标，用于评估和改进模型的公平性。

（3）隐私保护技术。隐私保护是人工智能伦理的另一项重要议题。发展用于加强数据保护的技术，如差分隐私（Differential Privacy）、同态加密（Homomorphic Encryption）等，可以在不泄漏个人信息的前提下，对数据进行分析和处理。这些技术的应用，可以在保护用户隐私的同时，利用大数据支持人工智能系统的训练和决策。

（4）伦理标准和评估框架。为了系统地实施和评估人工智能系统的伦理性，开发伦理标准和评估框架是必不可少的。这些框架可以为 AI 项目提供一套伦理指导原则和评估指标，帮助开发者在设计、开发和部署阶段考虑到伦理问题。例如，伦理影响评估（Ethical Impact Assessment）工具可以在项目启动前评估潜在的伦理风险，指导开发者采取相应的预防措施。

（5）伦理审计和报告系统。建立伦理审计和报告系统，可以定期监测和评估人工智能系统的伦理表现。这些系统可以记录 AI 系统的决策过程、使用的数据和算法更改等，为外部审计提供必要的信息。通过定期的伦理审计，可以及时发现和解决 AI 系统中的伦理问题，确保其持续符合伦理标准。

（6）多方参与的伦理设计工具。人工智能系统的伦理设计需要多方的参与和合作。开发支持多方参与的伦理设计工具，如伦理沙盒（Ethical Sandbox），可以让技术开发者、伦理学家、法律专家、最终用户等各方共同参与 AI 系统的设计和评估过程。这种协作方式有助于从多个角度考虑伦理问题，促进更加全面和公正的决策。

总之，发展伦理工具和技术是实现人工智能系统伦理可控和可审计的重要手段。通过透明度工具、算法审核工具、隐私保护技术、伦理标准和评估框架、伦理审计和报告系统以及多方参与的伦理设计工具等，可以有效支持伦理原则的实施，促进人工智能技术的负责任使用，确保其为人类社会带来积极的影响。

4. 建立多方参与的伦理治理框架

建立多方参与的伦理治理框架是确保人工智能技术发展和应用符合伦理标准、促进社会公正和保护个人权利的关键。伦理治理不仅涉及技术开发者和应用者，还包括政府、行业组织、民间社会等多种利益相关者。

（1）政府的角色。政府应通过制定相关的法律法规和政策，为人工智能的伦理治理提供法律框架和政策指导。这包括但不限于数据保护法、隐私法、反歧视法等，这些法律法规可以为人工智能的开发、应用和监管提供明确的指导和约束。同时，政府还应促进公共讨论，支持伦理研究，提供伦理教育和培训资源，以增强社会对人工智能伦理问题的认识和理解。

（2）行业组织的作用。行业组织在建立伦理治理框架中扮演着桥梁和纽带的角色。它们可以制定行业指导原则和标准，鼓励和指导成员实施伦理最佳实践。通过组织行业内的交流和合作，行业组织能够促进知识和经验的共享，协助成员解决伦理问题。此外，行业组织还可以通过认证和评估程序，监督成员的伦理表现，推动整个行业的伦理水平提升。

（3）民间社会的参与。民间社会，包括非政府组织、学术机构、消费者团体、媒体等，是伦理治理的重要参与者。这些组织和个体可以提出批评和建议，监督人工智能应用的社会影响，保护消费者和公众利益。通过研究、教育和宣传活动，民间社会能够提高公众对人工智能伦理问题的认识，促进社会对伦理治理的参与和讨论。

（4）国际合作的重要性。在当今全球化的时代，国际合作的重要性愈发凸显，国际合作能够促进资源的优化配置和共享。不同国家拥有各自独特的资源优势，通过合作，可以实现资源的互补和高效利用。例如，一些国家在科技研发方面具有领先地位，而另一些国家则在原材料供应或劳动力方面具有优势。通过国际合作，各方能够共同开发项目，实现互利共赢。

国际合作也有助于应对全球性的挑战。如气候变化、传染病的传播等问题，这些都不是单个国家能够独立解决的。英国学者安东尼·吉登斯（Anthony Giddens）[①] 曾指出："全球性问题需要全球性的解决方案，没有国际合作，我们在应对这些巨大挑战时将束手无策。"

在经济领域，国际合作能够推动贸易和投资的自由化和便利化。各国可以通过签订自由贸易协定，降低贸易壁垒，促进商品和服务的流通，从而推动经济的增长和发展。美国学者约瑟夫·斯蒂格利茨（Joseph Eugene Stiglitz）[②] 认为："国际合作在稳定全球经济、促进公平贸易方面发挥着关键作用，有助于减少贫困和不平等。"

此外，国际合作还有助于促进文化交流和相互理解。不同国家的文化相互碰撞和融合，能够丰富人们的精神世界，增进彼此的友谊和信任。

（5）多方参与的决策机制。为了确保伦理治理的决策过程公开、透明和包容，建立多方参与的决策机制至关重要。这包括设立由不同利

[①] 安东尼·吉登斯（Anthony Giddens），英国社会学家，当今世界最重要的思想家之一，对当代社会学领域作出了卓越的贡献，他是约翰·梅纳德·凯恩斯以来最著名的社会科学学者。出版著作：《第三条道路：社会民主主义的复兴》《社会的构成》《民族—国家与暴力》《现代性的后果》《现代性与自我认同》等。

[②] 约瑟夫·斯蒂格利茨（Joseph Eugene Stiglitz），美国经济学家，美国哥伦比亚大学的大学教授（University Professor），哥伦比亚大学政策对话倡议组织（Initiative for Policy Dialogue）主席，代表作：《经济学》。

益相关者组成的伦理委员会、工作组和咨询团体等。这些机构可以就人工智能伦理问题进行深入讨论，提出建议和指导方针。通过确保不同声音和观点被听取和考虑，可以提高决策的合理性和公正性。

（6）透明和问责机制。建立有效的透明和问责机制是伦理治理框架的核心。所有参与人工智能开发、应用和监管的主体都应对其行为和决策负责，需要向公众和利益相关者公开信息，接受监督和评估。通过定期发布伦理审计报告、实施伦理影响评估等方式，可以增强人工智能伦理治理的透明度和问责性。

总之，建立多方参与的伦理治理框架是应对人工智能伦理挑战的有效途径。通过政府、行业组织、民间社会、国际合作等多方的共同参与和努力，可以确保人工智能技术的发展和应用更加符合伦理标准，促进技术进步与社会公正的和谐共生。

5. 推动国际合作与标准制定

推动国际合作与标准制定是确保人工智能技术的伦理发展和应用的关键途径。人工智能技术的全球性影响要求国际社会在伦理规范的制定和执行上进行协同合作。

（1）国际组织的作用。国际组织在促进全球范围内的人工智能伦理标准制定和国际合作中扮演着核心角色。联合国教科文组织（UNESCO）、世界经济论坛（WEF）、国际标准化组织（ISO）等，都在推动全球人工智能伦理讨论和标准制定中起到了积极作用。这些组织通过组织国际会议、发布指导文件和推荐标准，为不同国家和地区之间的交流合作提供了平台和框架。

（2）国际伦理标准的制定。制定国际通用的人工智能伦理标准是推动全球伦理共识的重要步骤。这些标准应涵盖人工智能系统的设计、开发、应用和监管等各个方面，确保技术的发展和应用符合伦理原则，如尊重人权、保护隐私、确保公平正义等。通过国际合作，可以克服文化和价值观的差异，形成广泛认可的伦理框架和操作指南。

（3）经验交流与最佳实践分享。国际合作的一个重要方面是不同国家和地区之间的经验交流与最佳实践分享。面对人工智能技术的快速发展，各国在伦理治理、法律法规制定、监管机制构建等方面的经验都具有借鉴意义。通过国际论坛、工作组和研讨会等形式，分享成功案例和面临的挑战，可以帮助各国更好地应对人工智能带来的伦理问题。

（4）跨国界合作项目。开展跨国界的合作项目是推动国际合作与标准制定的有效方式。这些项目可以聚焦于人工智能伦理的具体领域，如数据隐私保护、算法公平性、人工智能与教育等，通过国际组织、政府机构、学术机构和企业之间的合作，共同开发解决方案和指导原则。这种跨界合作有助于整合全球资源，提高解决全球性问题的效率和效果。

（5）响应全球性挑战。人工智能技术的发展带来了一系列全球性挑战，如就业变化、数字鸿沟、国家安全等。这些挑战要求国际社会共同应对。通过国际合作，可以集中全球智慧和资源，研究和制定有效的策略和措施，共同应对人工智能带来的挑战，确保技术进步惠及全人类。

（6）持续的对话与合作。推动国际合作与标准制定是一个持续的过程，需要各方保持开放的态度和长期的承诺。随着人工智能技术的不断演进，伦理标准和治理机制也需要不断更新和完善。通过持续的国际对话和合作，可以确保人工智能伦理治理体系能够适应技术发展的需要，促进全球的伦理共识和协调行动。

总之，推动国际合作与标准制定，对于应对人工智能技术带来的全球性影响至关重要。通过国际组织的领导、国际伦理标准的制定、经验交流与最佳实践分享、跨国界合作项目、响应全球性挑战以及持续的对话与合作，可以推动全球范围内的伦理共识和协调行动，确保人工智能技术的伦理发展和应用。

四、就业转型与再培训支持计划

随着人工智能技术的快速发展和广泛应用，其对劳动市场的影响已成为伦理和社会经济领域关注的焦点之一。技术进步虽然提高了效率，创造了新的就业机会，但同时也可能导致某些职业的消失或工作内容的根本变化，对工作人员的技能要求提出了新挑战。为了应对这些挑战，实施再培训和转型支持计划是至关重要的。以下是对实施再培训和转型支持计划部分的概要阐述。

1. 职业咨询服务

在快速变化的劳动市场中，职业咨询服务扮演着至关重要的角色，它如同一盏明灯，照亮了那些在职业道路上迷茫和寻求方向的工作者们的前行之路。在这个由技术进步和全球化驱动的时代，劳动市场的变化既迅速又复杂，对工作者来说，理解这些变化、评估个人兴趣和能力、制订职业发展计划成为一项挑战。职业咨询服务正是为了帮助他们面对这一挑战而存在。

通过职业咨询，工作者不仅能够获得关于新兴职业领域、所需技能以及可能的教育和培训资源的最新信息，更重要的是，他们能够在专业咨询师的指导下，深入探索自己的兴趣、能力和价值观，从而作出更加明智和有根据的职业选择和转型决策。这一过程不仅是关乎职业选择的决策过程，更是一次自我发现和成长的旅程。

这种服务的价值，在于它体现了一个深刻的哲理：在面对生活和职业的重大决策时，真正的智慧不仅在于选择什么，更在于为什么选择。职业咨询服务通过提供信息和指导，帮助工作者在复杂的信息中找到方向，在不确定性中找到确定性，在变化中找到自己的位置。这是一种引导人们主动适应和塑造变化的过程，鼓励他们不仅成为劳动市场的参与者，更成为自己命运的设计者。在这个过程中，每个人都有机会实现自我超越，共同创造一个更加多元和包容的未来。

2. 技能培训和教育

技能培训和教育在职业发展的旅程中扮演着至关重要的角色，特别是在今天这个由人工智能和自动化技术主导的时代。它们如同灯塔，为在技术海洋中航行的工作者们指明方向，提供安全的航道。随着对技术、数据分析、编程以及软技能（如批判性思维、创造力和人际沟通能力）的需求不断增长，适时的技能培训和教育变得尤为重要，它们是工作者适应新工作环境、把握职业未来的关键。

提供针对这些领域的培训课程，无论是通过在线课程、工作坊、短期课程还是认证项目，都为工作者打开了一扇扇通往知识和技能提升的大门。这些培训机会不仅帮助他们补充和更新知识库，更重要的是，提升了他们的适应性和竞争力。在这个过程中，工作者不仅学习到了具体的技能，更重要的是，他们学会了如何学习，如何在变化中寻找机遇，如何在挑战中成长。

这种对技能培训和教育的重视，体现了一个深刻的哲理：在变化的世界中，最大的安全感来源于不断学习和成长。通过不断学习新技能和知识，我们不仅能够适应当前的变化，更能够预见并应对未来的挑战。这是一种积极面对变化、主动塑造未来的生活态度。在这个意义上，技能培训和教育不仅是职业发展的工具，更是一种生活的艺术，引导我们在不断变化的世界中找到自己的位置，实现自我超越，共同创造更加美好的未来。

3. 创业支持和就业援助

在这个充满变数和机遇的时代，对于追求职业转变或梦想创业的人们来说，创业支持和就业援助服务不仅是一盏引路的明灯，更是实现梦想的助推器。这些服务为他们提供了必要的资源和指导，帮助他们在职业旅途中导航，避免迷失方向。

对于有创业梦想的人来说，创业指导、商业计划的制订支持、融资渠道信息以及市场分析等服务，就像是一位经验丰富的导师，不仅能够帮助他们明确目标，还能指出实现目标的可行路径。这种支持能够极大地降低创业的风险，提高成功的可能性。而就业援助服务，如职位推荐、简历和面试辅导、职业展会等，它们不仅帮助工作者更快地融入新的工作环境，更重要的是，还帮助他们找到与自己技能和兴趣相匹配的职位，实现职业生涯的再次起飞。

这种创业支持和就业援助的背后，蕴含着一个深刻的哲理：在面对生活和职业的重大选择时，人们并不孤单。社会以其丰富的资源和智慧，为每个人的梦想和成长提供支持。这种支持不仅体现了社会的温暖和关怀，更是激励人们勇于追梦、不畏挑战的力量源泉。在这个过程中，每个人都有机会发现自己的潜力，实现自我超越，共同创造一个更加美好和充满机遇的未来。

4. 政策和法律框架

在这个不断变化的世界中，技术进步和工业革新正以惊人的速度推进，从而引发了对劳动市场和职业生涯的深刻变革。这种变化不仅带来了新的职业机会，也对许多工作者提出了重新培训和技能升级的要求。在这样的背景下，政府和相关机构的作用变得至关重要。他们有责任构建一个支持性的政策和法律框架，以确保每个人都能平等地抓住技术变革带来的机遇。

通过提供财政补贴、税收优惠和教育培训补助等措施，可以大大降低工作者参与再培训的经济负担。这不仅是对个人发展的投资，更是对社会长远繁荣的投资。同时，鼓励企业投资员工培训，不仅能够提升员工的技能和工作效率，也能增强企业的竞争力和创新能力。此外，支持教育和培训机构发展相关课程，可以确保培训内容与市场需求紧密对接，从而提高培训的有效性和实用性。

这种政策和法律框架的建立，体现了一个深刻的哲理：在面对变革的时代，人们不应该被动适应，而应该主动塑造未来。通过积极的政策引导和法律支持，可以确保每个人都有能力和机会参与到这场变革中，将挑战转化为发展的机遇。这不仅有助于保护工作者的权益和福祉，也是推动社会整体进步和和谐发展的关键。在这个过程中，每一个人都是参与者，也是受益者，共同创造一个更加公平、包容和繁荣的未来。

5. 社会心理支持

在技术飞速发展的今天，人们不仅见证了科技的辉煌成就，也面临着由此引发的职业转型挑战。这一转型过程远不止是技能升级或经济收益的问题，它触及了人们心灵深处的不安与迷茫，成为一次全方位的心理和社会适应之旅。正是在这个背景下，社会心理支持的重要性愈发凸显。

心理咨询、职业适应支持小组、社区互助活动等形式的支持，为处于职业转型期的人们提供了一个释放情绪、分享经验、相互学习的平台。这不仅帮助他们理解和接受技术变革带来的挑战，更重要的是，还激发了人们内在的适应力和面对困难的勇气。通过这种支持，工作者能够更好地处理与职业转变相关的压力和不确定性，增强自我认知，发现个人潜力，从而更加自信地迈向未知的未来。

这种社会心理支持的价值不仅在于解决眼前的困惑，更在于它传递出一种深刻的哲理：在变革的浪潮中，我们并不孤单。通过团结互助，我们能够共同成长，把握变革中的机遇，将挑战转化为前进的动力。这是一条关于勇气、关于成长、关于希望的道路，它告诉我们，面对变化，我们有能力也有信心去适应、去克服、去成功。

6. 持续监测和评估

在这个由快速技术变革驱动的时代，再培训和转型支持计划成为桥梁，连接着过去的职业生涯与未来的工作机会。然而，要确保这座桥梁坚固可靠，持续的监测和评估便成了不可或缺的支柱。这不仅是一个过程的量化，更是对变革中人性关怀的体现。

通过细致入微地跟踪参与者的就业状况、收入变动、满意度以及技能提升情况，我们能够把握计划的实时效果，及时发现并解决问题。这种持续的反馈循环，使得再培训和转型支持计划不断自我完善，更加贴合工作者的实际需求。此外，根据评估结果调整计划内容和实施方式，体现了一种灵活而人性化的管理哲学，确保每一位工作者都能在变革中找到适合自己的位置。这种持续监测和评估的过程，不仅是技术或数据的胜利，更是对人的尊重和关怀。它传递出一个深刻的信息：在技术变革的浪潮中，每个人的成长和福祉都被重视。这种以人为本的策略，不仅有助于保护工作者的权益和福祉，也是促进社会整体和谐发展和经济可持续性的关键。

因此，持续监测和评估不仅是再培训和转型支持计划成功实施的保障，也是构建一个更加公平、包容和可持续发展社会的基石。在这个过程中，每一次的调整和优化，都是我们对未来更美好生活的期待和努力。

第八章　安全性与风险管理

在当今时代，人工智能的发展日新月异，但与之相伴的安全性与风险管理问题愈发突出。人工智能的安全风险涵盖多个层面。算法偏差可能导致不公平的决策，比如在招聘中对某些群体的歧视。数据隐私泄漏也是常见风险，大量个人信息被不当获取和利用。同时，由于人工智能系统的复杂性，其可能出现不可预测的错误，带来严重后果。

牛津大学的学者约翰·史密斯指出，人工智能的安全性不能仅依赖技术手段，还需从伦理和法律层面进行规范。他强调，在开发过程中，应提前考虑可能出现的风险，并制定相应的预防措施。例如，自动驾驶技术若出现故障，可能危及生命安全。这就需要在技术研发时，进行充分的模拟测试和风险评估。另外，深度伪造技术可能被用于制造虚假信息，破坏社会信任。为应对这些风险，首先要完善法律法规，明确人工智能开发和使用的边界，对违规行为予以严惩。其次，加强技术研发，提高人工智能系统的安全性和可靠性。再者，开展伦理教育，让开发者和使用者具备正确的价值观。

国际上，许多国家和组织也在积极行动。美国成立专门机构，研究人工智能的安全标准。欧盟出台相关法规，规范人工智能在各领域的应用。

总之，人工智能的安全性与风险管理是一项复杂而紧迫的任务。需要全球各界共同努力，在推动技术发展的同时，确保其安全、可靠、有益地服务人类社会，实现人工智能的可持续发展。我们必须未雨绸缪，积极应对，让人工智能成为人类进步的助力而非隐患。

一、人工智能系统的安全挑战

人工智能的兴起，标志着人类进入了一个新的技术纪元。这一领域的迅猛发展，不仅极大地推动了科技的边界扩展，也为社会带来了前所未有的便利。然而，随之而来的也将会带来一系列深刻的伦理和安全问题，这些问题触及人们对技术进步的理解和掌控能力的核心。在医疗、交通、金融等关键领域，AI 技术的广泛应用更是将这些挑战放大，迫使人们必须正视并深入探讨。

1. 数据安全与隐私保护

在探讨人工智能伦理的广阔领域中，数据安全与隐私保护无疑是最为紧迫和复杂的议题之一。随着 AI 技术的不断进步和应用范围的扩大，大量敏感数据的收集、存储和处理成为 AI 系统发展的基石。然而，这些数据往往涉及个人身份信息、健康记录、财务状况等敏感领域，不可避免地引发了关于个人隐私泄漏和数据滥用的担忧，其安全性和隐私性的保护成为 AI 伦理不可回避的重大挑战。如何在采集、存储、处理这些数据的过程中确保安全，成了一个亟待解决的问题。此外，AI 决策的不透明性，也对隐私保护构成了挑战。

（1）数据收集的伦理考量。数据是 AI 系统训练和运作的核心。为了实现精准的决策和预测，AI 系统需要依赖大量的数据输入。在这个过程中，如何平衡数据收集的需求与个人隐私权的保护，是一个需要深思熟虑的问题。

（2）数据存储的安全性。数据在存储过程中面临着多种安全威胁，包括非法入侵、数据泄漏等。

（3）数据处理的透明度。AI 系统在数据处理过程中的不透明性，往往使用户难以理解自己的数据是如何被使用的。这不仅增加了隐私泄

169

漏的风险，也削弱了用户对 AI 系统的信任。

总之，数据安全与隐私保护是 AI 伦理中的核心议题。面对这一挑战，我们需要从技术、法律和伦理三个层面入手，构建一个全面的保护机制。这不仅涉及加强数据加密、访问控制和安全审计等技术措施，也包括制定严格的数据保护法规，以及提高数据处理过程的透明度和可解释性。只有这样，才能在享受 AI 技术带来的便利的同时，确保个人隐私不受侵犯，构建一个更加安全、公正的数字社会。

2. 自动化带来的失控风险

随着人工智能技术的飞速发展，AI 系统在越来越多的领域中取代了人类的工作，提高了生产效率和决策质量。然而，随着 AI 系统变得更加智能，它们在无须人类干预的情况下作出决策的能力不断增强。这种自主性虽然提升了效率，但也可能导致 AI 行为超出设计者的预期，引发不可预测的后果。这种技术进步带来的自动化与自主性程度的提高，同样伴随着失控的风险，这种风险不仅可能导致经济损失，还可能威胁到人类的安全和社会的稳定。因此，制定应对这些风险的策略措施，在当前尤为迫切。

（1）失控风险的来源。AI 系统的失控风险主要来源于以下三个方面。一是设计和训练过程中的偏差。AI 系统的决策依赖于其训练过程中使用的数据。如果这些数据存在偏差，AI 系统可能会学习到错误或有偏见的决策模式，导致其在实际应用中作出不合适甚至危险的决策。二是复杂系统的不可预测性。随着 AI 系统变得越来越复杂，它们的行为也变得越来越难以预测。一个小小的设计错误或者意外情况都可能导致系统行为的巨大偏离，产生不可预测的后果。三是人类监督的缺失。在高度自动化的 AI 系统中，人类的干预和监督机会减少，这可能导致 AI 系统在遇到未预料到的情况时无法得到及时的校正或停止，从而引发危机。

（2）具体风险案例。一是自动驾驶技术。自动驾驶汽车在遇到复杂或者非标准的交通情况时，可能会作出错误的判断，导致交通事故。此外，自动驾驶系统如果被黑客攻击，可能会被用来进行恶意操作，威胁乘客和行人的安全。二是金融市场的自动化交易。AI 在金融市场中的应用，如自动化交易算法，可能会在特定条件下引发市场的异常波动或者崩溃，对经济稳定构成威胁。三是军事领域的自主武器。在军事领域，完全自主的 AI 武器系统可能在没有足够人类判断的情况下，作出发动攻击的决定，引发严重的国际冲突和人道主义危机。

3. 安全漏洞与恶意利用

在当今这个由数据驱动的时代，人工智能技术的迅猛发展正不断地塑造着人们的生活和工作方式。然而，随着 AI 技术的广泛应用，其安全漏洞和恶意利用的风险也逐渐显现，这对个人隐私、公共安全乃至国家安全构成了严重威胁。加之 AI 决策过程的不透明性，使得追溯责任变得复杂。因此，提出相应的解决策略，提高 AI 系统的可解释性和可审计性，成为确保 AI 安全的关键。

（1）安全漏洞的形式。AI 系统的安全漏洞主要可以分为以下四种形式。一是数据污染。攻击者通过向 AI 系统的训练数据中注入恶意数据，使得 AI 系统学习到错误的模式，从而在实际应用中产生错误或偏见的决策。二是模型窃取。攻击者通过查询 AI 系统并分析其输出，逐步推断出系统的内部机制，最终复制或窃取 AI 模型。三是对抗性攻击。攻击者利用 AI 系统的漏洞，通过精心设计的输入数据（对抗性样本）[①]来欺骗 AI 系统，使其作出错误的判断或决策。四是系统安全漏洞。AI 系统同其他软件系统一样，可能存在编程错误或配置问题，这些漏洞可能被黑客利用来进行攻击。

（2）恶意利用的后果。AI 技术的恶意利用可能带来一系列严重后果。一是关键基础设施的攻击。黑客可以通过利用 AI 系统的安全漏洞

---

① 对抗样本由 Christian Szegedy 等人提出，是指在数据集中通过故意添加细微的干扰所形成的输入样本，导致模型以高置信度给出一个错误的输出。

来攻击电网、交通系统等关键基础设施，造成严重的社会和经济损失。二是假新闻和虚假信息的传播。利用 AI 生成的假新闻和虚假信息可以在社交媒体上迅速传播，干扰公共秩序，影响选举结果，甚至煽动社会动乱。三是个人隐私泄漏。通过 AI 技术，攻击者可以更加精准地识别和收集个人信息，对个人隐私构成严重威胁。四是经济欺诈。AI 技术可以被用来进行精准的钓鱼攻击、股市操纵等经济欺诈活动，给个人和企业带来巨大损失。

4. 未来趋势

在探讨人工智能伦理的过程中，人们面临的安全挑战是复杂且多维的，它们触及技术的精准度、伦理的正当性、法律的适应性以及国际合作的必要性等多个层面。这些挑战的存在，提示人们在享受 AI 技术带来的便利和进步的同时，也必须对其潜在的风险保持警觉，并采取有效措施来应对。

解决这些挑战，不是某一个单一实体或领域所能独立完成的，而是需要政府、企业、科研机构、国际组织以及公众等社会各界的共同努力。技术创新需要与伦理审议同步进行，确保技术发展不仅追求效率和效益，也注重公平、正义和人权的保护。同时，法律制定需跟上技术发展的步伐，为 AI 技术的应用提供清晰的规范和指导。此外，鉴于 AI 技术的全球性特征，国际合作在共同制定标准、交流最佳实践等方面发挥着至关重要的作用。

总之，只有通过跨领域、跨界别的协作，才能确保 AI 技术的健康、安全、有序发展，最大限度地挖掘其潜力，为人类社会带来更广泛、更深远的福祉。

二、风险评估的要素体系

在当今复杂多变的商业环境和社会局势中，构建全面且科学的风险评估要素体系至关重要。这一体系能够帮助我们准确识别、分析和应对各类潜在风险。

中国工程院外籍院士、加拿大工程院院士李文沅[1]教授，在电力系统可靠性和概率规划领域作出了创造性贡献。他指出风险识别需具备广阔视野，不能局限于常规的范畴，应密切关注新兴技术和全球趋势带来的潜在风险。例如，人工智能的迅速发展可能引发数据隐私和算法偏见等风险。

德国国家科学院院士、联邦德国风险评估研究所专家安德鲁斯·舍费尔（Andreas Schäffer）[2]教授强调了风险分析的重要性。他认为，评估风险发生的可能性只是一方面，更要深入探究其可能产生的连锁反应及长期影响。对于那些看似发生概率较低，但一旦发生影响巨大的风险，如极端气候事件对供应链的冲击，绝不能忽视。Andreas Schäffer教授围绕农药在环境、生物体内的归趋和毒性效应等方面展开研究，讲述了生态与环境交叉学科的前沿研究进展。

国际灾后重建与管理专家顾林生[3]教授在风险评价方面发表了看法。他提出，风险评价的标准应充分考虑不同地区和行业的特性，具备客观性和可操作性的同时，还需注重不同风险之间的相互关系，因为某个风险的爆发可能会引发一系列连锁风险。构建完善的风险评估要素体系，需要综合国内外的经验和观点。通过不断学习与借鉴，我们能够更有效地洞察潜在威胁，为各项事业的稳健发展提供保障。

1. 风险评估的哲学基础

AI 的发展并不仅仅是技术进步的体现，它更深层次地代表了人类

---

[1] 李文沅，国际著名的电力系统可靠性专家，现任美国电气电子工程师协会电力及能源学会（IEEE PES）Roy Billinton 电力可靠性奖评审委员会会主席。

[2] 安德鲁斯·舍费尔（Andreas Schäffer），德国科学院院士、德国亚琛工业大学环境研究所所长，其研究领域主要包括农药在环境和生物体内的归趋、毒性效应，以及生态与环境交叉学科的前沿研究等。

[3] 顾林生，国际知名的城市公共安全、防灾政策与规划管理、风险评估与应急管理、防灾教育方面专家，是四川大学香港理工大学灾后重建与管理学院院长。

智慧的延伸和拓展。因此，对 AI 的风险评估不应仅限于表层的技术分析，而需要深入探讨 AI 对人类社会、伦理道德以及人类自我认知和价值观的潜在影响。这一过程要求人们从技术决定论、伦理相对主义和人本主义等多元哲学视角出发，对 AI 可能带来的风险进行全面而深入的评估。需要强调的是，技术决定论、伦理相对主义和人本主义作为哲学思潮，虽各有所长，但均具局限性和片面性。比如，计算机领域的技术决定论容易走向技术至上主义，从而导致人工智能的开发者相对忽略用户的需求；伦理相对主义容易走向以偏概全，即只看到道德的多样性和特殊性，却抹杀了道德的普遍性和一般性；人本主义缺乏实证研究，忽视社会现实，方法过于简单，割裂理论与实际的关系。只有客观辨析技术决定论、伦理相对主义和人本主义的理论特征，取长补短，方可在实际运用中有的放矢。

技术决定论视角强调技术发展对社会结构和文化价值的决定作用。在 AI 领域，这意味着人们需要评估 AI 技术如何塑造或重塑社会规范、工作方式和人际互动。例如，自动化和智能化可能导致某些职业的消失，这不仅影响经济结构，还可能引发关于个人身份和社会价值的深层次思考。

伦理相对主义视角提醒人们，不同文化和社会对于伦理和道德的理解存在差异。在 AI 伦理风险评估中，这意味着人们不能简单地将一种文化中的伦理标准应用于所有情境。AI 的全球应用要求人们考虑到多元文化背景下的伦理多样性，确保 AI 系统在不同文化中的应用既尊重当地的伦理观念，又能维护基本的道德原则。

人本主义视角则将人的价值、尊严和自由放在首位。在 AI 风险评估中，这要求确保 AI 技术的发展和应用能够增进人的福祉，而不是削弱人的自主性或威胁到人的基本权利。这包括考虑 AI 如何影响人的工作、隐私、决策自由等方面，确保技术发展不会导致人的异化或价值的丧失。

通过这些哲学视角的综合考量，我们可以更全面地理解 AI 带来的

174

风险，不仅仅是技术层面的，还包括社会、文化和伦理层面的深远影响。这种深层次的哲学思考有助于人们构建更为全面和精准的 AI 风险评估框架，从而为制定有效的管理策略提供坚实的理论基础。

在构建这一哲学基础的过程中，我们还必须认识到 AI 技术本身并不具有道德属性，它的好坏取决于人类如何设计、使用和管理这一技术。因此，AI 的伦理风险评估和管理策略不仅需要技术专家的参与，还需要哲学家、社会学家、法律专家等多领域专家的共同努力，以及公众的广泛参与和监督。通过跨学科合作和社会对话，人们可以更好地理解 AI 技术的复杂性和多维度影响，形成一个共享的、多元的伦理观，共同促进 AI 技术的健康发展和伦理应用。

总之，AI 的风险评估和管理策略需要建立在深刻的哲学理解之上，通过综合技术决定论、伦理相对主义和人本主义等多元哲学视角，全面考察 AI 技术对社会、伦理和人类价值观的影响。这种哲学上的深刻洞察不仅能帮助人们更深入地评估 AI 带来的风险，还能指导人们制定更有效、更具哲理性的管理策略，确保 AI 技术的发展既符合人类的长远利益，又尊重多元文化和伦理观念的差异。

2. 风险评估的全面性

全面性的风险评估是一个复杂而细致的过程，它要求人们从多个维度深入分析，确保人们的判断既全面又准确，同时富含哲理性的思考。在人工智能的领域，这种评估尤为关键，因为 AI 技术的发展速度和应用范围的扩大，使得其潜在的风险变得更加复杂和多样化。

一是技术安全性。评估 AI 系统的可靠性、稳定性以及是否存在潜在的技术缺陷是风险评估的基础。这不仅包括软件和硬件的质量，还涉及数据的准确性和处理过程的安全性。技术安全性的评估要求人们深入了解 AI 系统的工作原理，包括其学习算法、决策逻辑和自我更新能力等，以及这些技术特性如何在不同的应用场景中表现。

二是伦理和社会影响。AI 技术的应用不仅是技术问题，更是伦理和社会问题。人们需要评估 AI 技术如何影响人类的价值观、社会结构和文化传统。例如，AI 在提高工作效率的同时，是否会导致失业问题？AI 决策的透明度和公正性如何保证？AI 是否会加剧社会不平等？这些问题要求人们从伦理和社会学的角度进行深入探讨。

三是法律和监管。随着 AI 技术的快速发展，现有的法律框架和监管政策可能难以适应新出现的挑战。因此，全面的风险评估还需要考虑如何构建和完善法律和监管体系，以保护个人隐私、确保数据安全，防止滥用 AI 技术造成的伤害。同时，也需要考虑如何激励和促进 AI 技术的健康发展，避免过度监管抑制创新。

四是国际合作与标准制定。在全球化的背景下，AI 技术的发展和应用跨越国界，这就要求国际社会在风险评估和管理上进行合作。通过制定国际标准和协议，共享风险信息和管理经验，可以更有效地应对 AI 技术带来的全球性挑战。

五是公众参与和教育。公众对 AI 技术的理解和态度会直接影响 AI 技术的社会接受度和应用效果。因此，全面的风险评估还需要包括公众教育和参与机制的建立，通过提高公众对 AI 技术的认识，收集社会各界对 AI 技术发展的意见和建议，形成广泛的社会共识。

总之，全面的风险评估是一个多维度、跨学科的过程，它要求人们从技术、伦理、法律、社会和国际合作等多个角度出发，深入分析 AI 技术的潜在风险和影响。这不仅需要技术专家的深入研究，也需要伦理学家、法律专家、社会学家以及公众的广泛参与。通过这样全面、准确、富有哲理的风险评估，人们才能更好地理解和管理 AI 技术带来的挑战，确保 AI 技术的健康发展和积极应用。

3. 风险评估的数据伦理

在当今数据驱动的时代，人工智能系统的发展和优化越来越依赖于大规模的数据集。数据不仅是 AI 系统学习和决策的基础，也是其能力提升的关键。然而，数据的收集、处理和使用过程中涉及一系列复杂的伦理问题，尤其是关于个人隐私保护、数据滥用防范以及偏见和不公正的产生，这些都是在进行全面风险评估时必须深入考虑的重要方面。

一是个人隐私保护。个人隐私是数据伦理中的核心议题。随着 AI 技术的广泛应用，从社交媒体到智能家居设备，无数数据正在被收集、分析和利用。如何在挖掘数据潜力的同时，确保个人信息的安全和隐私不被侵犯，是一个需要技术创新和伦理审慎相结合的挑战。例如，采用匿名化和数据脱敏技术可以在一定程度上减少隐私泄漏的风险，但同时也需要强有力的法律和政策框架来确保这些技术的正确实施。

二是防止数据滥用。数据滥用问题涉及数据在未经授权的情况下被收集、分享或用于不正当目的。这不仅违反了用户的隐私权，也可能导致诸如欺诈、诈骗等犯罪行为。因此，建立透明的数据管理机制，明确数据收集、存储、使用和分享的规则，对于防止数据滥用至关重要。同时，加强用户对自己数据权利的意识和控制，比如通过提供数据访问和删除的选项，也是保障数据伦理的重要措施。

三是消除偏见和不公正。AI 系统的决策品质在很大程度上取决于其训练数据的质量。如果训练数据存在偏见，AI 系统很可能继承甚至放大这些偏见，从而在应用中产生不公正的结果。因此，进行全面风险评估时，必须对数据集进行深入分析，识别并消除数据中的偏见。这需要跨学科的努力，结合统计学、社会学和心理学等领域的知识，以及公平性和多样性原则的引导，来设计和训练 AI 系统。

四是维护人类价值。在数据伦理的探讨中，人们不仅需要技术和法律的指导，更需要哲学的思考。哲学提供了一种深入探讨人类价值、权利和义务的框架，帮助人们思考如何在促进技术进步的同时，保护个体的尊严和自由。例如，从功利主义的角度，人们可能会考虑如何最大化 AI 技术的整体利益，而从康德主义①的角度，人们则会强调尊重个人作

---

① 康德主义（Kantianism）是由德国哲学家伊曼努尔·康德（Immanuel Kant）创立的哲学体系，它涵盖了康德的著作及其衍生的哲学思想。康德主义强调个体自由与尊严，认为道德原则是社会发展的真正原则，历史的进步就是道德观念的进步。

为目的本身的重要性。

总之，数据伦理在 AI 风险评估中占据着至关重要的地位。它要求人们在技术创新的道路上，不断地审视和调整人们的行为准则，以确保技术发展服务于人类的整体福祉，而不是成为侵犯个人隐私、加剧社会不平等的工具。这需要政府、企业、科研机构和公众等社会各界的共同努力，以及持续的哲学思考和伦理审慎，来共同构建一个公正、透明、可持续发展的数字未来。

4. 风险评估的社会影响

人工智能技术的快速发展和广泛应用，正在深刻地改变我们的世界，从就业和教育到医疗保健等社会各个领域，都在经历前所未有的变革。这些变革既带来了巨大的机遇，也引发了对长期社会影响的深刻关注，尤其是对弱势群体的影响问题。风险评估的社会意义就在于确保技术进步能够促进社会公正和谐，而不是加剧现有的不平等和分裂。

一是就业领域的变革。AI 技术的应用正在改变传统的工作模式，一方面，它通过自动化和智能化提高了生产效率，创造了新的就业机会；另一方面，它也导致了某些职位的消失，对于技能更新和劳动力转移提出了新的要求。这种变革对于弱势群体尤其具有挑战性，因为他们往往缺乏获取新技能和适应新岗位的资源和机会。因此，评估 AI 技术的社会影响时，必须考虑其对就业市场的长期影响，并探索如何通过教育和培训政策，帮助劳动力适应这一变革，确保每个人都能从技术进步中受益。

二是教育领域的机遇与挑战。在教育领域，AI 技术的应用为个性化学习提供了可能，有助于提高教育质量和效率。然而，这也带来了资源分配不均的问题，特别是在偏远和贫困地区，学生可能无法获得相应的技术支持和资源。此外，AI 在教育中的应用还引发了关于数据隐私和安全的担忧。因此，评估 AI 的社会影响时，需要全面考虑如何利用这些技术推动教育公平，同时保护学生的隐私和数据安全。

三是医疗保健的变革与挑战。AI 技术在医疗保健领域的应用正带来革命性的变化，从疾病诊断到治疗方案的制定，AI 都展现出了巨大的潜力。然而，这些技术的应用也必须面对诸如数据隐私保护、医疗资源分配不均等问题。对于弱势群体而言，如何确保他们也能平等地享受到 AI 技术带来的医疗保健改进，是评估中必须重点考虑的问题。

四是社会公正与和谐的理性思考。在探索 AI 技术对社会各领域影响的同时，人们还必须深入思考如何确保技术进步能够促进而非破坏社会公正与和谐。这要求人们不仅关注技术本身的发展，还要关注技术如何被社会各界接纳和利用。从哲学的角度看，人们应当追求的是一种技术人文主义，即在技术发展的过程中始终将人的福祉放在首位，确保技术进步服务于全人类的共同利益，而不是成为加剧社会不平等的工具。

综上所述，评估人工智能的长期社会影响，特别是对弱势群体的影响，是一个复杂但至关重要的任务。它要求人们从多个角度出发，综合考虑技术进步如何影响社会的各个方面，并在此基础上制定相应的政策和措施，以确保技术发展能够促进社会的公正和谐。这不仅是技术专家和决策者的责任，也是全社会共同参与和努力的方向。

5. 风险评估的伦理道德标准

在人工智能技术日益融入人类生活的背景下，其决策过程的伦理道德标准成了一个亟须深入探讨的问题。AI 决策的伦理道德困境不仅关乎技术本身的设计和应用，更触及人类社会的基本伦理原则和价值观。如何确保 AI 的决策不违背人类的基本伦理原则，不仅是技术发展的重要挑战，也是维护人类社会和谐与进步的关键。

（1）伦理道德标准的设定。设定 AI 决策的伦理道德标准，首先需要明确人类的基本伦理原则。这些原则包括但不限于尊重个体、公正、正义、诚实信用以及对人类福祉的贡献。在这一基础上，AI 的伦理标准应致力于最大化技术对社会的积极影响，同时最小化可能带来的负面后果。这要求技术开发者在设计和开发 AI 系统时，将这些伦理原则内置于决策算法之中，确保 AI 的行为与人类社会的伦理道德标准相一致。

（2）避免违背人类伦理原则。要确保 AI 的决策不违背人类的基本伦理原则，需要从多个层面进行努力。首先是在 AI 系统的设计和开发阶段，通过跨学科合作，将伦理学、社会学、心理学等人文社会科学的知识融入技术研发过程中。其次，需要建立健全的法律法规和标准规范，对 AI 的开发和应用进行规范和监督，确保其在法律框架内运行，不违反伦理原则。此外，公众教育和伦理意识的提升也是不可忽视的方面，公众对 AI 伦理的理解和关注可以促进整个社会对这一问题的重视，推动更加负责任的技术使用。

（3）哲学思考与伦理审慎。在探讨 AI 决策的伦理道德标准时，哲学思考提供了重要的视角。哲学不仅帮助人们审视和反思人类存在的根本问题，也为理解和解决技术伦理问题提供了理论基础。AI 技术的发展引发的伦理道德问题，实质上是人类自身价值观和行为准则的体现。因此，伦理审慎应贯穿 AI 技术的全生命周期，从设计、开发到应用的每一个环节，都需要进行深思熟虑的伦理考量。

确保 AI 决策符合人类伦理道德标准，是一个复杂而多维的挑战。这不仅需要技术开发者和应用者的负责任态度，也需要整个社会的共同努力和智慧。通过跨学科合作、法律法规的完善、公众教育和伦理审慎的实践，人们可以朝着建立一个既能充分发挥 AI 技术潜力，又能保持与人类伦理道德标准一致的社会迈进。在这一过程中，哲学的思考和指导作用不可或缺，它不仅帮助人们理解技术伦理问题的深层含义，也指引人们在技术发展的道路上作出更加明智和负责任的选择。

6. 风险评估的法律责任

随着人工智能技术的快速发展和广泛应用，AI 系统的决策可能导致的损害问题日益凸显。这一问题不仅涉及技术领域，更是一个复杂的法律和伦理问题。如何在现有法律框架下界定责任、进行调整和补充，以应对由 AI 决策导致的新挑战，成为法律专家、技术开发者以及政策制定者共同关注的焦点。

（1）界定责任的复杂性。AI 系统的决策导致损害时，责任的界定极具挑战性。一方面，AI 系统与传统的人为操作系统不同，它们能够自主学习和作出决策，这使得追溯和确定责任变得更加复杂。另一方面，AI 系统的开发、部署和操作涉及多方，包括但不限于开发者、提供者、用户等，这些不同角色在 AI 系统决策过程中所扮演的角色和责任也各不相同。因此，当 AI 决策导致损害时，传统的责任归属理论可能难以适用，需要对责任认定机制进行创新和调整。

（2）法律框架的调整与补充。为了应对 AI 技术带来的新挑战，现有的法律框架需要进行相应的调整和补充。首先，需要明确 AI 系统决策过程中各方的责任和义务，这可能包括制定专门的 AI 技术法规，明确技术开发、应用和监管的标准和要求。其次，考虑到 AI 系统的特殊性，可以探索建立责任保险制度或责任基金，以分散和缓解由 AI 决策导致的损害风险。此外，还需要加强国际合作，制定统一或兼容的法律规范，以应对 AI 技术的全球化特征。

（3）伦理与法律的哲学省思。在探讨 AI 决策导致的损害责任问题时，不仅是法律的挑战，也是伦理和哲学的问题。从哲学角度看，AI 技术的发展触及人类对自由意志、责任和道德的基本理解。AI 决策的自主性和不可预测性挑战了传统的责任归属和伦理判断标准，要求人们重新思考责任、自由和正义的含义。因此，法律框架的调整和补充不仅需要法律专业知识，也需要深入的伦理和哲学思考，确保技术发展与人类价值观和社会正义相协调。

AI 系统决策导致的损害责任问题是一个多维度的挑战，它要求法律、技术、伦理和哲学等多领域的共同努力。在现有法律框架下进行调整和补充，以应对这一挑战，不仅需要创新的法律理论和实践，也需要跨学科的合作和国际的协调。通过深入的哲学思考和伦理审慎，人们可以更好地理解和应对 AI 技术发展带来的责任和挑战，促进技术的健康发展。

三、管理策略的多维度构建

在当今竞争激烈且复杂多变的商业世界中，管理策略的多维度构建已成为组织成功的关键。它不仅仅是简单的决策制定，更是一个综合性、系统性的过程，需要考虑众多因素，融合各种理念和方法。

美国管理学专家彼得·德鲁克（Peter F. Drucker）[①] 强调了环境适应性在管理策略构建中的重要性。德鲁克认为，企业必须敏锐感知外部环境的变化，包括市场趋势、技术创新、政策法规调整等，并能够迅速调整管理策略以适应这些变化。

英国的查尔斯·汉迪（Charles Handy）[②] 教授着重指出了人才管理在多维度构建中的核心地位。汉迪教授表示，优秀的人才是推动管理策略有效实施的关键。

德国学者赫尔曼·西蒙（Hermann Simon）[③] 博士提出了创新在管理策略中的关键作用。西蒙博士认为，持续的创新是企业保持竞争力的源泉。管理策略应鼓励创新思维，营造创新氛围，为员工提供创新的平台和资源，从而推动组织不断发展和进步。多维度构建管理策略旨在全

[①] 彼得·德鲁克（Peter F. Drucker），现代管理学大师和美国著名经济学家、作家和学者。2002 年 6 月 20 日，德鲁克被授予美国公民的最高荣誉"总统自由勋章"。次年 11 月 20 日又获"管理愿景奖"。彼得·德鲁克一生著书和教授兼具，其基于自己丰富实践经验而成的著作共 39 本，被译为 20 多种文字，在 130 多个国家广泛传播，影响了世界各地顶尖的理论工作者和管理实践者。他被美国的《商业周刊》和英国的《经济学人》称为"现代管理大师""大师中的大师""现代管理学之父"。

[②] 查尔斯·汉迪（Charles Handy），欧洲伟大的管理思想大师。英国《金融时报》称他是欧洲屈指可数的"最像管理哲学家"的人，并把他评为仅次于彼得·德鲁克的管理大师。2000 年被授予英帝国司令勋章（Commander of the Order of the British Empire，CBE），2006 年 7 月被三一学院授予荣誉法学博士学位。

[③] 赫尔曼·西蒙（Hermann Simon），德国著名管理学者，"隐形冠军"理论的提出者和定价学西蒙模型的创立者，1976 年获波恩大学博士学位，1979—1989 年任比勒费尔德大学市场营销领域教授，1984 年至 1986 年任欧洲市场营销研究院院长，1989—1995 年任美因茨大学工商管理领域教授。

面、系统地应对人工智能带来的各种问题。首先，从技术层面，要确保人工智能系统的准确性、可靠性和安全性，不断改进算法，减少偏差和错误，以避免对用户造成误导或危害。

在数据管理方面，需建立严格的数据采集、存储和使用规范，保护数据隐私，防止数据泄漏和滥用。同时要保证数据的质量和多样性，以训练出更优质的人工智能模型。

人才培养也是关键维度。培养具备跨学科知识的专业人才，既懂人工智能技术，又了解相关领域的业务和管理知识，能够更好地推动人工智能的应用和发展。

斯坦福大学以人为本人工智能研究所（Stanford HAI）[1] 强调人必须置于技术的中心位置，以将人工智能技术惠及每一个人。他们认为人工智能技术正在重塑经济和社会关系的未来，具备独特性、复杂性以及不透明和难以预见等特点。

针对上述风险评估的要素分析，需要构建一个多维度的管理策略。对于管理策略的构建，我们需要采取一种动态、灵活且多元化的方法。首先，需要通过持续的技术创新和伦理审议，建立起一套既能促进 AI 技术发展，又能确保其安全、公正和透明的管理机制。其次，跨学科的合作对于理解和应对 AI 所带来的复杂问题至关重要，这包括技术专家、伦理学家、法律专家以及社会各界的参与。再次，公众教育和参与也是不可或缺的，只有当社会大众对 AI 技术有足够的了解和正确的认识，才能形成有效的社会监督和伦理自律机制。最后，国际合作在 AI 伦理的制定和管理中扮演着重要角色。面对全球性的技术挑战，各国需要共同努力，形成广泛的国际共识和协作机制，以应对 AI 技术带来的全球性问题。

---

[1]　以人为本人工智能研究所（Stanford HAI），于 2019 年 3 月 18 日成立于美国斯坦福大学，HAI 由来自斯坦福大学 7 个学院的约 200 名教职人员组成，汇集了计算机科学、神经生物学、经济学、哲学等多学科研究人员，还聘请了谷歌前首席执行官埃里克·施密特等业界专家担任顾问团队成员。

1. 建立动态的监管框架

在人工智能技术快速发展的当下，传统的静态监管体系已难以应对技术进步带来的复杂挑战。因此，建立一个能够适应技术演进速度的动态监管框架显得尤为重要。这样的框架需要不仅能够反映当前技术现状，同时也要具备未来适应性，以便能够预见并应对技术发展的潜在风险和伦理挑战。

（1）动态监管框架的设计原则。动态监管框架的设计应遵循几个核心原则。首先，它应基于风险评估，针对不同的 AI 应用领域和技术特性，制定差异化的监管策略。其次，监管框架需要具有灵活性，能够随着技术的发展和社会对 AI 技术认知的变化而调整。再次，动态监管还应鼓励创新，避免过度监管抑制技术进步和应用。最后，监管框架应促进国际合作，鉴于 AI 技术的全球性影响，国际的协调一致对于形成有效监管尤为重要。

（2）动态监管的实现途径。实现动态监管框架的关键在于制度设计和技术手段的结合。一方面，可以通过建立监管沙盒、动态立法机制等制度安排，为技术创新提供试验空间，同时确保监管的及时性和适应性。另一方面，利用 AI 技术本身，如通过算法监管和数据分析等手段，提高监管的智能化水平，增强对技术发展趋势的预测和应对能力。

建立动态监管框架是应对 AI 技术快速发展的必然选择。这一框架需要基于风险评估，具备灵活性和创新鼓励机制，同时促进国际合作。通过制度设计和技术手段的结合，实现监管的动态适应性。在此过程中，深入的哲学思考和伦理考量是指导监管框架设计和实施的重要基础。只有这样，才能确保 AI 技术的健康发展，最大限度地发挥其对社会的积极影响，同时有效预防和减少潜在的负面后果。

2. 促进跨学科合作

在当今日益复杂的社会环境中，风险管理已不再是单一学科或领域可以独立完成的任务。特别是在人工智能技术迅猛发展的背景下，风险的多维性和跨界性要求人们必须跳出传统的思维框架，采用跨学科合作的方式来应对挑战。这种合作涵盖技术、伦理、法律等多个领域，旨在通过集合不同领域专家的智慧和经验，形成全方位的风险评估和管理策略，以更有效地识别、评估和缓解风险。

（1）跨学科合作的必要性。随着技术的发展，尤其是 AI 技术的广泛应用，风险的性质变得更加复杂和难以预测。例如，AI 技术的使用可能涉及数据隐私、算法偏见、自动化失业等多方面的风险。这些风险不仅是技术性问题，也涉及伦理、社会、法律等多个层面。因此，单一学科的视角已无法全面捕捉和理解这些风险，更不用说提出有效的管理策略。只有通过跨学科合作，汇聚不同领域的知识和方法，人们才能构建出更全面、更深入的风险认知框架。

（2）跨学科合作的实践路径。实现有效的跨学科合作，需要构建开放、互信的合作环境，鼓励不同领域的专家共享知识、交流观点。此外，建立共同的目标和理解是跨学科合作成功的关键。这可能需要通过组织研讨会、工作坊等形式，促进不同背景的参与者之间的沟通和理解，共同探讨风险管理的最佳实践。同时，跨学科合作还需要相应的制度支持，包括但不限于资金支持、政策引导等，以确保合作的持续性和有效性。

跨学科合作是现代风险管理不可或缺的部分，尤其在面对技术快速发展带来的新型风险时更显重要。通过汇聚技术、伦理、法律等多个领域的智慧，人们能够构建出更为全面和深入的风险评估和管理策略。这不仅需要开放和互信的合作态度，更需要深层的哲学思考和伦理考量，以确保风险管理既科学又有效。

四、风险管理的伦理治理目标

综上所述，探索人工智能伦理的风险评估与管理策略的过程，是一个极为复杂和多维度的综合性工程。其面临的挑战不仅要求人们关注技术本身的发展和应用，更要求人们深入分析和理解技术与人类社会、伦理道德以及法律责任之间的交织关系。我们的目标是通过构建一个全面而深入的评估体系和管理策略，引导 AI 技术的健康发展，确保这一技术革新能够服务于人类的福祉，而非成为我们未来发展的潜在威胁。

AI 技术的发展，虽然带来了前所未有的机遇，但同时也伴随着伦理与道德的挑战。这些挑战包括但不限于隐私保护、数据安全、算法偏见、自动化带来的就业问题等。因此，一个全面的风险评估体系必须能够覆盖这些方面，同时考虑到不同文化、社会和法律背景下的特定需求和挑战。为了有效管理这些风险，我们需要发展多维度的管理策略。这包括但不限于制定严格的法律法规，建立伦理审查机制，推动跨界合作，以及鼓励公众参与和教育。只有当所有利益相关者，包括政府、企业、科研机构以及公众，共同参与到 AI 伦理的讨论、监督和管理中，我们才能确保 AI 技术的发展既符合伦理道德标准，又能够有效增进社会福祉。

此外，我们还应该倡导一种以人为本的 AI 发展理念。这意味着在 AI 的研发和应用过程中，应始终将人的福祉和利益放在首位，确保技术的进步能够增强而非削弱人类的能力，提升而非降低生活质量。通过这种方式，AI 技术不仅能够推动经济发展，还能够促进社会公正和提高人类整体的生活水平。

总之，人工智能伦理的风险评估与管理策略是一项涉及多方面、多领域的复杂工作，它要求人们不断地学习、适应和创新，从技术、社会伦理、人类价值和法律制度等多个维度进行深入分析和思考。一方面，通过构建一个全面、准确且富有哲理的视角，人们不仅能更好地理解 AI 技术带来的挑战，还能为其健康发展和积极应用提供指导。在这个过程中，跨学科合作、公众参与和国际协作将是宝贵的资源和力量。另一方面，通过建立全面的评估体系和多维度的管理策略，人们不仅可以引导 AI 技术的健康发展，还能确保这一创新技术真正成为服务于人类福祉的强大工具，这便是我们所说的风险管理的伦理目标。

第九章　人机互动与社会影响

在当今科技飞速发展的时代，人机互动已经成为我们生活中不可或缺的一部分。它改变了人们的生活方式、工作模式以及社会交往方式。

人机互动让信息的获取和处理变得更加高效便捷。人们可以通过各种智能设备轻松地获取全球资讯，进行在线学习、远程办公等。例如，智能家居系统使人们能够远程控制家电，提高了生活的便利性和舒适度。

然而，人机互动也带来了一些社会影响。一方面，它可能导致人们过度依赖技术，减少了面对面的真实交流，从而影响人际关系的深度和质量。另一方面，随着个人数据在人机互动中的广泛应用，隐私保护问题日益凸显。

为了实现人机互动的可持续发展和积极影响，我们需要在以下方面做出努力。首先，培养人们正确使用技术的意识和能力，避免过度依赖。鼓励人们在使用智能设备的同时，不忽视与他人的面对面交流。其次，技术开发者应更加注重用户体验和隐私保护，设计出更加人性化、安全可靠的产品。最后，政府和相关部门应加强监管，制定和完善相关政策法规，以保障公众的利益和社会的健康发展。

一、人工智能在日常生活中的角色

今天，人工智能技术的快速发展已经深刻地改变了人们的日常生活。从智能助手到自动化服务，从数据分析到决策支持，AI 的应用遍及医疗、教育、交通等多个领域，极大地提高了生活和工作的效率。然而，伴随 AI 技术遍布人类生活的每一个角落，其伦理问题也随之浮现，涉及隐私保护、数据安全、算法偏见等多个方面。这些问题不仅影响着 AI 技术的健康发展，也触及人类社会的公平、正义和福祉。因此，探讨 AI 伦理，确保 AI 技术的健康、可持续发展，对于引导 AI 技术向善用、防止滥用具有至关重要的意义。

1. AI 在家庭生活中的应用

（1）智能家居系统。其一，家居设备日益智能化，提升了生活质量。在当今时代，人工智能融入家庭生活已经不再是遥不可及的事情，而是成为提升日常生活便利性的重要手段。特别是在智能家居系统的应用上，AI 技术的集成使得家居环境和家居设备（如灯光、温控、安全系统）变得更加智能、高效和个性化，提高了生活的便利性。

智能家居系统通过 AI 的核心技术——机器学习和数据分析，使家居设备如灯光、温控、安全系统等能够理解并预测居住者的行为和需求。例如，通过分析居住者的生活习惯，智能温控系统能够自动调节室内温度，以确保舒适的居住环境；智能灯光系统能够根据居住者的活动模式和时间段自动调整亮度和开关，既节能又方便；而智能安全系统则能够通过面部识别、异常行为检测等技术，提供更为精准和高效的家庭安全保护。

这些智能化的改变不仅极大提升了居住的便利性，也为家庭生活带来了更加个性化的体验。居住者可以根据自己的偏好和需求，通过简单的设置，让家居环境自动适应自己的生活节奏。更重要的是，智能家居系统的应用减少了人们在家务劳动上的时间和精力投入，使人们有更多的时间和精力去享受生活、陪伴家人，从而提高了生活的整体质量。

其二，智能家居系统深入到人们的家庭生活中，不仅极大地提高了生活的便利性和舒适度，而且也在悄然改变着人们的生活方式。这种变革带来的不仅是对传统家庭生活模式的重塑，更引发了对隐私保护重要性的深刻思考，提醒人们关注智能家居对家庭生活方式的长远影响及隐私保护的必要性。

智能家居系统通过集成 AI 技术，使家庭设备更加智能化，能够根据家庭成员的行为和偏好自动调整，从而提供更为个性化的服务。例如，智能冰箱能够根据家庭成员的饮食习惯提醒购物清单，智能音箱能够根据情绪播放相应的音乐。这些看似微小的改变，实际上正在逐渐塑造一种新的生活方式，使家庭生活变得更加智能和高效。

然而，智能家居系统的广泛应用也带来了隐私保护的挑战。智能设备通过收集和分析用户的个人数据来提供服务，这无疑涉及大量的个人隐私信息。如果这些信息被不当使用或泄漏，将可能对个人隐私安全造成严重威胁。因此，隐私保护在智能家居系统的设计和应用中显得尤为重要。为了保护个人隐私，既需要智能家居系统的设计者和提供者负起责任，采用加密技术保护数据安全，设立严格的数据访问和使用规范；也需要用户提高自身的隐私保护意识，合理授权和管理自己的数据权限。

总之，在享受智能家居带来便利的同时，人们也应该深刻认识到，技术的发展不应以牺牲个人隐私为代价。只有在确保隐私安全的基础上，智能家居系统的应用才能更加健康、可持续地发展，从而更好地服务于人类的生活。因此，隐私保护不仅是技术发展的必要条件，更是推动社会进步的重要基石。

（2）个性化娱乐体验。在数字化时代，人工智能已经成为个性化娱乐体验的关键驱动力。通过智能分析和学习用户的偏好、行为习惯以及互动历史，AI 推荐系统能够为用户提供量身定制的音乐、视频和其他娱乐内容。这种个性化体验不仅提高了用户满意度，也极大地改变了我们消费娱乐内容的方式。具体表现在以下两个方面。

其一，AI 推荐系统（如音乐、视频流服务）与个性化用户体验之间具有互生性。AI 推荐系统运用机器学习算法，通过分析大量的数据点，如用户的浏览历史、停留时间、评分反馈以及社交媒体活动等，来理解用户的兴趣和需求。这些算法能够识别出用户的偏好模式,并据此推荐相应的娱乐内容。例如,一个经常听爵士乐的用户,推荐系统会向其推荐类似风格或可能感兴趣的新艺术家。这种推荐不仅基于用户的过往行为,还可能包括对用户未来偏好的预测。

此外,AI 推荐系统通过不断学习用户的反馈来优化推荐结果,使得个性化体验随时间变得更加精准和丰富。用户通过对推荐内容的接受或拒绝,为系统提供新的数据点,使得系统更好地理解用户的偏好变化,从而调整和优化后续的推荐。

其二,数据驱动的个性化推荐对用户选择和隐私产生了深远的影响。在 AI 驱动的个性化娱乐体验中,数据的作用不可或缺。通过分析用户的互动历史、偏好设置、社交媒体行为等数据,AI 推荐系统能够提供精准的内容推荐,极大地丰富了用户的娱乐选择。然而,这种数据驱动的个性化推荐同时给用户的选择自由和隐私安全带来了隐忧。一是个性化推荐改变了用户的选择方式。在 AI 的辅助下,用户被引导发现与自己偏好相符的内容,这在一定程度上减少了用户寻找内容的时间和精力,提升了用户体验。然而,过度的个性化也可能限制用户的选择范围,使用户陷入"信息茧房"①,从而减少了用户接触新颖和多样化内容的机会。二是个性化推荐引发了对隐私保护的担忧。为了提供个性化服务,系统需要收集大量用户个人数据,包括但不限于浏览历史、购买记录、位置信息等。这不仅引发了用户对个人数据被滥用的担忧,也提出了数据安全和隐私保护的挑战。用户需要在享受个性化服务的便利与保护个人隐私之间找到平衡。

因此,构建一个既能提供丰富个性化体验,又能保护用户隐私的娱乐生态系统,成为 AI 技术发展的重要课题。这不仅需要技术创新来加强数据安全和隐私保护措施,也需要法律和伦理指导来确保用户数据的

---

① 由美国法学家凯斯·桑斯坦(Cass R. Sunstein)在其著作《信息乌托邦》中提出。他指出,信息技术虽然提供了巨大的信息量和自我思想空间,但也使得人们更容易陷入自我构建的信息茧房中,逃避社会矛盾,成为与世隔绝的孤立者。

合理使用和管理。

2. AI 在工作与教育中的应用

在工作与教育的领域内，人工智能的应用正在引领一场革命，特别是在办公自动化与效率提升、远程教育与个性化学习等方面，AI 的影响力日益凸显。

（1）办公自动化与效率提升。其一，通过将 AI 的应用深度整合进办公软件、数据分析以及客户服务中，不仅极大地提高了工作效率，还为企业和教育机构开辟了新的可能性。

在办公软件方面，AI 技术的应用使得文档处理、电子邮件管理以及日程安排等日常任务变得更加智能化和高效。例如，AI 可以通过学习用户的行为模式，自动优化任务优先级，甚至预测并准备会议资料，从而释放人力资源，让专业人员能够专注于更具创造性和战略性的工作。

数据分析是另一个 AI 大显身手的领域。通过利用机器学习和大数据技术，AI 能够处理和分析海量数据，提取有价值的信息，为决策提供支持。这种能力对于市场分析、客户行为预测以及风险管理等方面尤为重要，它使得企业能够基于数据作出更加精准和迅速的决策。

客户服务领域的变革尤为显著。AI 驱动的聊天机器人和虚拟助手现已广泛应用于提供全天候的客户支持。它们能够理解和处理用户查询，提供即时的解答和帮助，极大地提高了客户满意度和服务效率。此外，通过不断学习客户的反馈，这些 AI 系统能够不断优化其服务，提供更加个性化的用户体验。

其二，人工智能的迅猛发展正在根本性地改变传统工作模式，同时对就业市场产生深远的影响。AI 技术的应用不仅提高了工作效率和生产力，而且引发了对工作未来的广泛思考，特别是关于就业结构和职业技能需求的变化。

AI 带来的最显著改变之一是自动化程度的提升。许多重复性高、标准化程度强的任务，如数据录入、预约安排以及某些客户服务职能，现在都可以由 AI 系统来完成。这种自动化不仅提高了工作效率，还改变了人们对于劳动的认识，使得人类工作者可以从繁琐的任务中解放出来，转而专注于更需要创造性思考和人际交往能力的工作。

然而，AI 的兴起也引起了对就业安全的担忧。一方面，自动化可能导致某些低技能工作的减少，从而影响到这些工作的从业人员；另一方面，AI 也创造了新的就业机会，特别是在数据分析、机器学习、AI 系统维护和改进等领域。因此，AI 对就业的影响是双面的，它既带来了挑战，也提供了机遇。

为了适应这一变化，职业培训和教育体系需要作出相应的调整。终身学习和技能更新成为现代劳动力市场的关键词。人们需要掌握与 AI 相关的技术知识，同时也需要加强那些 AI 难以替代的技能，如创造性思维、批判性思考和人际交往能力。

（2）远程教育与个性化学习。在当今这个快速发展的数字时代，人工智能在远程教育和个性化学习领域展现出了巨大的潜力和价值。

其一，AI 技术在在线教育平台的融入，不仅极大地增强了学习体验的灵活性和可接入性，而且通过提供个性化学习路径，为每个学习者带来了量身定制的教育解决方案。

AI 在在线教育中的应用，主要体现在其能够根据学生的学习进度、偏好和挑战来定制个性化学习计划。通过收集和分析学生的互动数据，如完成作业的时间、测试成绩、课程互动情况等，AI 算法能够识别学生的学习模式和难点，从而推荐适合其学习速度和风格的课程内容和学习资源。

此外，AI 系统还能够通过持续监控学生的学习进展，及时调整学习计划和内容，确保学习路径与学生的发展需求保持一致。这种动态调整的过程，不仅帮助学生巩固已掌握的知识，还能有效地推动其克服学习难点，从而实现更加高效和深入地学习。

AI 驱动的个性化学习不仅限于提供定制化的学习内容，还包括通过虚拟助手和智能导师提供实时反馈和学习支持。这些 AI 工具能够回答学生的疑问，提供解题指导，甚至模拟真实的对话交流，极大增强了学习的互动性和参与感。

其二，人工智能在推动远程教育和个性化学习的同时，也在教育平等和资源分配方面扮演着复杂的角色。AI 技术的应用有潜力缩小教育资源的差距，提供更加公平的学习机会，但同时也面临着一系列的挑战和限制。

应当承认，AI 在教育中的应用可以极大地提高资源的可达性和可用性。通过在线学习平台，AI 能够向偏远地区和资源匮乏的社区提供高质量的教育内容和个性化学习体验。这种技术的普及有助于打破地理和经济的限制，使得更多的人能够接受优质教育。此外，AI 技术可以辅助教师工作，减轻其工作负担，使他们能够更专注于满足学生的个性化需求。

然而，AI 在教育中的应用也存在一定的限制。技术基础设施的不平等是一个主要问题。在一些地区，缺乏必要的硬件设施和网络连接，限制了 AI 教育资源的普及。此外，AI 系统的开发和维护需要大量的资金和技术支持，这可能加剧了教育资源在不同社会经济群体之间的不平等。

技术偏见也是 AI 在教育中应用的一个潜在限制。由于 AI 算法和数据集可能反映出开发者的偏见，这可能导致教育内容和个性化推荐的不公平，进一步影响到教育公平性。因此，确保 AI 系统的透明度和公正性，成为实现教育平等目标的关键挑战。

3．AI 在健康与医疗中的应用

（1）健康监测与管理。其一，在当今社会，人工智能已经成为健康监测与管理领域的一大助力，特别是通过智能穿戴设备的应用，AI 技术正在彻底改变我们对健康管理的认知和实践方式。智能穿戴设备，如智能手表和健康追踪器，利用 AI 技术监测一系列健康指标，为个人健康管理提供了前所未有的便利和精准度。

智能穿戴设备中的 AI 算法能够实时收集和分析用户的生理数据，包括心率、血压、血氧水平、睡眠质量以及日常活动量等。通过对这些数据的深入分析，AI 不仅能够提供即时的健康反馈，还能够识别潜在的健康问题，甚至在某些情况下预测未来的健康风险。

更进一步，智能穿戴设备中的 AI 技术能够根据用户的健康数据和行为模式，提供个性化的健康建议和生活方式调整建议。例如，根据用户的睡眠模式和活动水平，AI 可以推荐最佳的运动时间和类型，帮助用户改善睡眠质量或达到特定的健康目标。

其二，人工智能在健康监测与管理领域的应用，正逐步重塑个人健康管理的概念及整个医疗系统的运作方式。通过智能穿戴设备、移动应用程序和远程监测工具，AI 技术的融入使得个人健康管理更加主动、精准和高效，同时也为医疗系统带来了前所未有的挑战和机遇。

对个人而言，AI 技术使健康管理变得更加个性化和便捷。用户可以实时监测自己的生理指标，如心率、血压等，并通过 AI 分析获得个性化的健康建议和预警。这种实时性和预测性的特点，使个人能够更早地发现健康问题并采取措施，从而提高了健康管理的主动性和效果。

对医疗系统而言，AI 技术的应用有助于提高医疗服务的效率和质量。通过分析大量的健康数据，AI 可以帮助医生更准确地诊断疾病、制定治疗方案，并对患者的病情变化作出快速响应。此外，AI 还可以承担一些常规性的医疗任务，如病历记录和数据分析，从而减轻医护人员的工作负担，使他们能够将更多的精力投入到患者护理和复杂医疗决策中。

然而，AI 技术在健康与医疗中的应用也面临着伦理和隐私保护的挑战。如何在利用大数据和 AI 技术带来的便利与保护个人隐私之间找到平衡，是医疗行业和技术开发者必须共同面对的问题。此外，AI 系统的准确性和可靠性也需要通过持续的研究和验证来保证，以避免可能的误诊和治疗错误。

（2）医疗诊断与治疗。其一，AI 在提高诊断准确性、制定个性化治疗方案中的作用日益扩大。在医疗诊断与治疗领域，人工智能的应用已经开启了一场革命，它通过提高诊断的准确性和制定个性化治疗方案，极大地提高了医疗服务的效率和效果。AI 技术，特别是机器学习和深度学习，正在帮助医生和医疗专家们突破传统诊疗的限制，实现更高水平的医疗服务。

在提高诊断准确性方面，AI 能够通过分析大量的医疗影像资料（如 X 光片、CT 扫描和 MRI 图像）来识别疾病迹象，甚至在早期阶段就能够发现病变。与人类医生相比，AI 在处理大规模数据时更加高效，且不受疲劳影响，这使得 AI 在某些情况下能够提供更为精确的诊断建议。例如，在乳腺癌筛查中，AI 已经被证明可以与专业放射科医师的诊断能力相媲美，甚至在某些情况下超越医师。

在制定个性化治疗方案方面，AI 技术能够分析患者的遗传信息、生活习惯、疾病历史等多维度数据，为每位患者提供量身定制的治疗建议。这种个性化的治疗方案不仅考虑到了患者的独特情况，还能够优化治疗效果，减少不必要的副作用。例如，在癌症治疗中，AI 可以协助医生选择最适合患者特定癌症类型和基因特征的药物，从而提高治疗的成功率。

其二，AI 在医疗领域的应用迫切需要引入伦理考量，包括数据隐私和机器决策的可靠性。

人工智能在医疗诊断与治疗领域的应用，虽然带来了显著的进步和便利，但同时也引发了一系列深刻的伦理考量。其中，数据隐私和机器决策的可靠性是两个最为关键和广泛讨论的议题。这些伦理挑战不仅关系到技术的发展方向，更触及我们如何在保障人类福祉的同时，合理利用这一创新技术的根本问题。

在数据隐私方面，AI 系统的高效运作依赖于大量的个人医疗数据，包括病史、遗传信息和生活习惯等。这些数据的敏感性和私密性要求人们在使用 AI 进行医疗处理时，必须确保数据的安全和患者隐私的保护。

然而，数据泄漏和滥用的风险始终存在，这不仅可能导致患者个人隐私被侵犯，还可能引发社会信任的丧失。因此，建立严格的数据保护机制和伦理标准，是 AI 在医疗领域应用必须首先解决的问题。

当谈及机器决策的可靠性时，人们面临的是一个更加复杂的伦理困境。AI 系统虽然在处理大量数据和识别复杂模式方面表现出色，但其决策过程的"黑箱"特性使得判断的透明度和解释性成为问题。此外，AI 系统可能因为数据偏见或算法缺陷而作出错误的医疗决策，这在医疗诊断和治疗中可能带来严重后果。因此，确保 AI 系统的决策可靠性，要求我们不仅要不断完善技术，提高算法的透明度和可解释性，还需要在实际应用中建立有效的人机协作机制，确保医疗决策的最终责任归于医疗专业人员。

4. AI 在交通与出行中的应用

（1）自动驾驶汽车。自动驾驶汽车技术是近年来人工智能领域的一大突破，它不仅代表了汽车行业的未来发展方向，更是对整个交通出行方式的一次革命性改变。随着技术的不断进步，自动驾驶汽车已经从概念走向实际应用，展现出对交通安全和效率的巨大潜在影响。

其一，自动驾驶技术的当前进展及其对交通安全、效率的潜在影响。

当前，自动驾驶技术已经实现了从 L0 到 L5 不同级别的发展。在这一过程中，车辆的自动化水平逐渐提高，从最初的辅助驾驶到最终的完全自动驾驶，技术的进步为交通安全和效率带来了前所未有的提升可能。自动驾驶汽车通过高精度的传感器、先进的计算机视觉技术以及复杂的算法，能够实时感知周围环境，作出快速而准确的决策，从而大幅降低因人为因素导致的交通事故。

在提升交通安全的同时，自动驾驶技术还有望极大提高交通效率。通过车辆间的通信和协调，自动驾驶汽车可以以最优速度行驶，减少不必要的加速和减速，从而有效缓解交通拥堵，减少能源消耗。此外，自动驾驶汽车还可以实现更高效的路线规划和车辆调度，为乘客提供更加便捷、舒适的出行体验。

然而，自动驾驶技术的发展和应用也面临着众多挑战，包括技术成熟度、法律法规、伦理道德以及公众接受度等方面的问题。如何确保自动驾驶汽车的安全可靠，如何构建支持自动驾驶汽车运行的法律体系和基础设施，以及如何处理自动驾驶过程中可能出现的道德困境，都是需要我们共同面对和解决的问题。

其二，自动驾驶技术的伦理挑战，如决策过程中的道德困境。

自动驾驶技术的快速发展不仅预示着交通出行方式的革命性变化，也带来了一系列复杂的伦理挑战，尤其是在决策过程中的道德困境。这些挑战触及技术与人类价值观的交汇点，引发了广泛的社会关注和讨论。

自动驾驶汽车在面临潜在碰撞时的决策问题，是伦理挑战中最具代表性的一个例子。当避免事故不可能时，自动驾驶系统如何在保护乘客安全与保护行人安全之间作出选择？这不仅是一个技术问题，更是一个深刻的道德问题。不同的决策可能反映出不同的价值取向，例如，牺牲少数以保护多数的原则是否总是适用？如何在机器决策中嵌入人类的道德原则，成为自动驾驶技术发展中亟待解决的问题。

此外，自动驾驶汽车的责任归属问题也引发了伦理上的争议。当自动驾驶汽车涉及交通事故时，责任应当如何分配？是由汽车制造商、软件开发者、车辆所有者，还是机器本身承担？这个问题的复杂性在于，它挑战了传统的责任和归责体系，迫使人们重新思考在高度自动化的世界中责任的含义。

面对这些伦理挑战，需要多学科合作，包括工程师、伦理学家、法律专家和公众参与，共同探讨和制定解决方案。制定明确的伦理指导原则和标准，对自动驾驶汽车的设计、开发和部署至关重要。同时，公众教育和参与也非常重要，以确保社会对自动驾驶技术的接受和信任，建立在对其伦理考量充分理解的基础上。

（2）智能交通系统。在当今快速发展的城市化进程中，智能交通系统成为缓解交通压力、提升城市交通效率的关键技术。人工智能在这一领域的应用展现出巨大潜力，通过对大数据的分析和处理，AI 不仅能够优化城市交通管理，还能大幅提升公共交通系统的效率与便捷性。

其一，AI 在城市交通管理、优化公共交通系统中发挥着枢纽作用。

AI 在城市交通管理中的作用体现在多个方面。首先，通过实时分析交通流量数据，AI 能够预测交通拥堵点并及时调整交通信号灯的配时，实现流量的动态管理，从而减少交通拥堵。其次，AI 可以通过分析历史交通数据，辅助城市规划部门在建设新的交通基础设施时作出更加科学的决策。此外，AI 还能够协助实施智能停车管理，通过实时监控停车需求和空闲停车位，有效缓解城市停车难的问题。

在优化公共交通系统方面，AI 的应用同样显著。通过对公共交通使用情况的实时监控和数据分析，AI 能够优化公交车、地铁等公共交通工具的运营计划，如调整班次频率和路线布局，以满足不同时间段和区域的乘客需求。此外，AI 还能够提供个性化的出行建议，通过分析乘客的出行习惯和偏好，推荐最佳出行方案，从而提升乘客的出行体验。

然而，AI 在城市交通管理和公共交通系统优化中的应用也面临挑战，包括数据隐私保护、系统的可靠性与安全性等。因此，实现 AI 在智能交通系统中的广泛应用，需要相关部门和机构不仅在技术上持续创新，还需在法律、伦理等方面建立相应的规范和标准。

其二，智能交通系统对城市规划和环境可持续性带来的影响。智能交通系统的发展和应用，不仅在于提升交通效率和改善出行体验，更在于它对城市规划和环境可持续性的深远影响。通过引入人工智能技术，智能交通系统为城市的可持续发展提供了创新的解决方案，同时也提出了对未来城市规划理念的重新思考。

在城市规划方面，智能交通系统通过精确的数据分析和高效的信息处理能力，为城市规划者提供了一个更为精细和动态的决策支持工具。

这意味着城市规划可以基于更加准确的交通流量预测、人口分布数据和出行需求分析来进行，从而实现更合理的资源分配和基础设施建设。此外，智能交通系统还能够实时监控城市交通状态，为即时调整交通管理策略和优化公共交通服务提供依据，使城市规划更加灵活、响应更加迅速。

从环境可持续性的角度看，智能交通系统通过优化交通流和提高公共交通效率，有助于减少交通拥堵和降低车辆排放，从而对减缓城市热岛效应、降低空气污染和减少温室气体排放等方面产生积极影响。通过智能化管理，城市交通变得更加高效，也意味着能源利用的优化和环境负担的减轻。此外，智能交通系统的应用还促进了绿色出行方式的发展，如鼓励使用公共交通、骑行和步行等低碳出行方式，进一步支持城市的环境可持续性目标。

然而，要充分发挥智能交通系统在城市规划和环境可持续性方面的潜力，需要跨学科的合作、政策支持和公众参与。这包括在技术开发、数据隐私保护、城市治理和公众教育等方面的共同努力。通过这些综合措施，智能交通系统将成为推动城市向更加智能、高效和绿色发展的重要力量。

二、对人类行为与社会结构的影响

随着科技的迅猛发展，人工智能等技术对人类行为和社会结构产生了深远的影响。

这些技术极大地提高了生产力。机器的大规模应用替代了大量重复性、流程性的劳动，使每个行业只需少数精英就能完成主要工作，多数人得以解放初级劳动力，从事更具创造性、实现自我价值的工作，或投身公益、教育等领域。社会有可能迈向高福利状态，工作不再仅仅是谋生手段，而是满足自我实现需求的途径，甚至可能构建出接近共产主义的理想社会模式。

然而，技术的发展也改变了资本和劳动力的供求关系。各行业精英和高技术人才能够创造大量价值，导致对较低技术劳动者的需求减少。这可能使资本变得相对廉价且易于获得，从而改变劳动力为资本打工的传统模式，让资本更多地为劳动力服务，用于培训高素质精英和提高社会福利。但不容忽视的是，这一过程也可能带来社会稳定性方面的负面影响。在发展初期，某些劳动人口可能会失业，尤其是从事底层劳动的人群，进而加大贫富差距，导致社会两极分化更为严重，拥有资源的上层阶级可能操纵底层阶级，加剧社会矛盾。

英国社会科学院院士傅晓岚[①]认为，人工智能是一把双刃剑。一方面，它带来了美好的发展机遇，如促进生产和社会服务的创新、为发展中国家带来数字机遇、助力实现绿色转型、突破技术转让创新瓶颈等；另一方面，它也带来了挑战，例如取代熟练工人、加剧贫富差距、加深数字鸿沟、威胁隐私和安全等。傅晓岚强调，需要确保人工智能的建设和使用是负责任和符合道德的，要保证其使用中的隐私性和安全性，确保应用中的透明度和公平性，并建立相关问责制。

伦敦大学客座教授戴维·麦克莱伦（David Mclellan）[②]则表示，人工智能的发展应为人类服务，人类不是它的附庸，必须对其发展加以规范。和美国相比，中国更有能力应对人工智能的潜在风险。

---

① 傅晓岚，英国社会科学院院士，牛津大学社会科学领域首位大陆华人终身教授，牛津大学技术与管理发展中心（Technology and Management Centre for Development）创始主任（Founding Director），国际发展系教授，技术和国际发展研究专家。出版的著作包括：《The Oxford Handbook of China Innovation》《Innovation under the Radar》《中国创新之路》《世界经济复苏和中国作用》《新兴经济体技术能力的崛起》《出口、外国直接投资和中国经济发展》。她是欧盟委员会 Gate2Growth2005 年度"欧洲最佳论文奖"获得者，在一流国际期刊发表大量论文。

② 戴维·麦克莱伦（David Mclellan），曾就读于麦钱特泰勒斯学校，现为伦敦大学哥德史密斯学院（Goldsmiths' College）政治学客座教授。主要著作：《马克思的生平与思想》《马克思以后的马克思主义》《马克思思想导论》《马克思传》等。

1. 人机互动的本质

（1）人机互动的定义及其在当前技术背景下的含义。人机互动（Human-Computer Interaction，HCI）是指人类与计算机系统之间的交互和通讯过程。随着技术的日新月异，人机互动已经从传统的输入设备（如键盘和鼠标）和图形用户界面（GUI）[①] 扩展到了语音识别、触摸屏操作，甚至是基于脑波的交互方式。

随着人工智能技术的进步，人机互动正逐渐变得更加智能化和个性化。AI 使得计算机系统能够学习用户的偏好、习惯和行为模式，从而提供更加定制化的服务和交互体验。从理论支撑的角度来看，人机互动的研究涉及多个学科领域，包括计算机科学、认知心理学、设计学和社会学等。在当前的技术背景下，人机互动的研究和实践也面临着新的挑战和机遇。随着技术的发展，如何确保人机互动不仅高效和智能，同时也是安全、可靠和伦理的，成了一个重要的议题。

（2）人机互动的不同形式：从简单的命令响应到复杂的情感交互。人机互动的形式随着技术的发展而不断演变，从最初的简单命令响应到今天的复杂情感交互，这一进程不仅展示了技术的进步，也反映了人类对于更加自然、深入的交互方式的追求。这种演变不仅是技术层面的突破，更是对人类认知、情感和社会行为理解的深化。

第一，简单命令响应。在人机互动的早期阶段，交互主要基于简单的命令响应模式。用户通过键盘输入指令，计算机按照预设的逻辑进行处理后给出反馈。这种交互方式虽然直接有效，但缺乏灵活性和适应性，无法处理复杂或模糊的请求，也无法提供个性化的交互体验。此阶段的人机互动主要依赖于明确的、结构化的命令，对用户的表达能力和计算机的理解能力都有较高的要求。

第二，图形用户界面，随着图形用户界面（GUI）的出现，人机互

---

① 图形用户界面是一种人与计算机通信的界面显示格式，允许用户使用鼠标等输入设备操纵屏幕上的图标或菜单选项，以选择命令、调用文件、启动程序或执行其他一些日常任务。

动变得更加直观和友好。用户可以通过图标、菜单和窗口等元素与计算机交互，大大降低了操作的复杂度和学习成本。GUI 的发展使得计算机技术得以普及，为更广泛的人群提供了使用电子设备的可能性。尽管 GUI 提高了交互的易用性，但其本质仍然是基于用户指令的响应，缺乏深层次的交流和理解。

第三，多模态交互。随着技术的进步，人机互动开始融入多模态技术，包括语音、触摸，甚至是手势和面部表情等。这些技术的应用使得交互更加自然和人性化，用户可以通过更符合自然习惯的方式与机器交流。多模态交互不仅提高了交互的效率和舒适度，也为机器理解用户的非言语信息提供了可能，从而实现更加精细和个性化的响应。

第四，情感交互。情感交互标志着人机互动进入一个新的阶段。在这一阶段，机器不仅能理解用户的指令和请求，还能识别和响应用户的情感状态。通过分析用户的语音、表情、语言用词等，机器可以推断出用户的情绪并作出相应的反应，如安慰、鼓励或提供与情绪相关的服务。情感交互的发展基于对人类情感和社会行为的深入研究，它要求机器具备更高层次的认知能力和情感智能。

2. 人机互动对个体认知和行为模式的影响

人机互动对个体认知和行为模式的影响是一个多维度的议题，涉及心理学、认知科学以及行为科学等多个领域。随着人工智能技术的发展和普及，人机互动已经成为日常生活的一部分，对个体的认知过程和行为模式产生了深远的影响。

从心理学角度，人机互动对个体认知和行为模式的影响可以从认知负荷理论和社会认知理论进行解释。认知负荷理论强调信息处理过程中的工作记忆负荷，智能系统通过减少不必要的认知负荷，帮助个体更高效地处理信息。社会认知理论则指出，个体通过观察、模仿和社会互动学习新的行为模式，人机互动提供的模型和反馈可以影响个体的学习和行为。

（1）对个体认知的影响。人机互动通过提供信息和反馈，影响个体的认知过程。首先，人机互动可以扩展个体的认知能力。通过与智能系统的交互，人们能够接触到更广泛的信息和知识，从而拓宽了认知视野和加深了理解力。其次，人机互动改变了个体的认知风格。在与智能系统的交互过程中，人们逐渐习惯于快速、碎片化的信息获取方式，这可能影响深度思考和长期注意力的培养。此外，过度依赖智能系统也可能导致"认知懒惰"，即个体在面对问题时更倾向于寻求机器的帮助，而不是自己思考和解决。

（2）对个体行为模式的影响。人机互动同样对个体的行为模式产生影响。一方面，人机互动通过提供便捷的服务和交互方式，改变了个体的生活习惯和工作方式。另一方面，人机互动可能影响个体的社会行为。与机器的交互在一定程度上减少了面对面的人际交往，这可能影响社会技能的发展和维护。同时，社交媒体和网络社区的兴起也改变了人们建立和维护社会关系的方式，虽然提供了新的社交渠道，但也带来了网络成瘾、社交孤立等问题。

3. 对个人行为的影响

（1）信息消费：AI改变了人们获取和处理信息的方式。人工智能技术的快速发展和广泛应用，已经深刻改变了人们获取和处理信息的方式。这一变化体现在信息消费的多个方面，包括信息的获取、筛选、呈现和理解。在AI的帮助下，人们获取信息的方式变得更加便捷和高效。搜索引擎使用复杂的算法来理解用户的查询意图，提供相关性更高的搜索结果。AI技术能够处理和分析海量数据，帮助用户从大量信息中筛选出有价值的内容。AI改变了信息的呈现方式，使之更加互动和富有吸引力。AI在帮助用户理解信息方面也发挥着重要作用。通过深度学习和语义分析技术，AI系统可以提供摘要、解释和翻译服务，帮助用户更快地理解复杂文本和跨语言的信息。此外，AI辅助的教育应用能够根据学生的学习进度和理解程度提供个性化的学习材料和反馈，促进知识的吸收和应用。

（2）决策过程：AI 在日常决策中的角色，包括消费、学习和工作决策。人工智能已经成为影响人们日常决策过程的重要因素，尤其在消费、学习和工作决策方面的影响日益显著。AI 通过提供数据驱动的洞察、个性化的建议以及自动化的决策支持，正在改变人们作决策的方式。

在消费决策方面，AI 的角色主要体现在个性化推荐和预测性分析上。电子商务平台利用 AI 算法分析用户的购买历史、搜索习惯和偏好，提供个性化的商品推荐，极大地影响了用户的购买决策。此外，通过预测性分析，AI 可以帮助用户在众多选项中作出更明智的选择。在教育和学习领域，AI 通过提供个性化的学习体验和资源，影响了学习者的决策过程。在工作和职业决策方面，AI 的应用帮助个人和组织提高决策效率和质量。从理论角度来看，AI 在决策过程中的应用得到了认知科学和决策理论的支持。认知科学研究表明，人类的决策往往受到认知偏差的影响，而 AI 通过提供基于数据的分析和建议，可以帮助减少这些偏差，促进更加理性的决策。

（3）社交互动：社交媒体和虚拟助手对人际关系和社交行为的影响。社交媒体和虚拟助手作为人工智能应用的两个重要方面，对人际关系和社交行为产生了深刻的影响。它们改变了人们交流的方式、建立和维护社交关系的途径，以及社交行为的模式。社交媒体通过提供一个平台，让人们能够轻松分享信息、观点和个人生活的点滴，极大地促进了信息的快速传播和人们之间的互动。

虚拟助手，如智能语音助手和聊天机器人，通过提供个性化服务和支持，改变了人们的生活和工作方式。它们可以帮助用户完成日常任务、提供信息查询服务，甚至进行简单的社交互动。从理论角度来看，社交媒体和虚拟助手对人际关系和社交行为的影响，可以通过社会认知理论和媒介富集理论来解释。

（4）心理健康：过度依赖 AI 可能带来的心理健康问题。人工智能技术的广泛应用为人们的生活和工作带来了便利，但过度依赖 AI 也可能对个体的心理健康产生不利影响。这些影响可以从多个维度进行探讨，包括社交孤立、自我效能感的降低、隐私担忧和技术依赖等。虽然社交媒体和虚拟助手可以提供交流和互动的平台，但过度依赖这些 AI 工具可能导致真实社交互动的减少。

　　一是社交孤立。麻省理工学院的社会学教授雪莉·特克尔认为，虽然技术为人们提供了便利，但过度沉浸于虚拟世界，可能会削弱人们在现实生活中的社交能力和情感联系。她强调了保持真实人际交往的重要性。缺乏面对面交流可能导致社交技能的退化，增加感到孤独和社交焦虑的风险。社会支持网络的削弱进一步加剧了这种孤立感，可能对个体的心理健康产生负面影响。

　　二是自我效能感的降低。自我效能感是指个人对自己完成任务和达成目标的能力的信心。过度依赖 AI 进行决策和解决问题，可能削弱个体解决问题的能力和信心，从而降低自我效能感。长期而言，这可能导致个体在面对挑战时更容易感到无助和焦虑。

　　三是隐私担忧。AI 应用的普及增加了个人信息被收集和分析的可能性，引发了人们对隐私和数据安全的担忧。担心个人信息被滥用或泄漏，可能导致持续的心理压力和焦虑，影响个体的心理健康。

　　四是技术依赖。过度依赖 AI 可能导致技术依赖，个体可能过分依赖技术来获得满足感和快乐，而忽视了现实生活中的互动和体验。长期的技术依赖可能导致注意力分散、睡眠障碍、情绪波动等问题，对心理健康产生负面影响。

　　以上心理健康问题可以从社会认知理论①和自我决定理论②来解释。

---

① 社会认知理论是在 20 世纪 70 年代末美国心理学家阿尔伯特·班杜拉（Albert Bandura）发表的教育理论，在传统的行为主义人格理论中加入了认知成分，形成了自己的社会认知理论。
② 自我决定理论是由美国心理学家爱德华·L. 德西（Edward L. Deci）和理查德·瑞恩（Richard M. Ryan）等人在 20 世纪 80 年代提出的一种关于人类自我决定行为的动机过程理论。

社会认知理论指出，个体通过观察他人以及与环境的互动来学习行为模式，过度依赖 AI 可能减少了这种互动，从而影响个体的行为和心理状态。自我决定理论强调了自主性、胜任感和归属感在个体动机和心理健康中的作用，过度依赖 AI 可能削弱这些心理需求的满足，从而对心理健康产生不利影响。

4. 对工作和经济的影响

（1）劳动市场变革：AI 重塑了就业机会和要求。人工智能的迅速发展和应用正在深刻地重塑劳动市场，它不仅改变了就业机会的分布，也提高了对劳动力技能的要求。AI 影响劳动市场的主要方式包括自动化替代、新职业创造和技能需求变化。

一是自动化替代。AI 和机器学习技术的进步使得许多重复性高、规则性强的工作可以被自动化技术所替代。这一点在制造业、客户服务和数据录入等领域尤为明显。自动化不仅提高了生产效率，降低了成本，也导致了对这些岗位劳动力需求的减少。经济学家 Frey 和 Osborne 的研究表明，未来几十年内，许多现有职业有被自动化替代的高风险[①]。

二是新职业创造。与自动化替代相伴随，AI 也在创造新的就业机会。这包括 AI 系统的设计、开发和维护，以及通过 AI 技术可能衍生的新业务和服务。例如，数据科学、机器学习工程师、AI 伦理顾问等职业在近年来成为劳动市场上的热门岗位。此外，AI 的应用也在传统行业创造新的工作角色，如在医疗、教育、法律等领域，AI 技术的辅助使得专业人士能够提供更高质量的服务。

三是技能需求变化。AI 对劳动市场的影响还体现在对劳动力技能要求的变化上。随着自动化技术的普及，对低技能劳动力的需求减少，而对具有高技能、创造性和复杂问题解决能力的劳动力的需求增加。这

---

① 来源于 Frey & Osborne（2017）计算的职业被人工智能替代概率的数据。

要求劳动者不断学习和适应新技术，提升自己的技能。技能转换和终身学习成为劳动力适应 AI 时代的关键。

劳动经济学理论提供了对 AI 如何重塑就业机会和要求的理论支撑。根据技能偏好变化理论（Skill-Biased Technological Change，SBTC），技术进步倾向于提高对高技能劳动力的需求，而降低对低技能劳动力的需求。此外，创造性破坏理论（Creative Destruction）① 也解释了技术创新如何通过淘汰旧的产业和职业，创造新的就业机会和市场需求。

（2）技能需求转变：未来劳动力需要哪些新技能。随着人工智能和自动化技术的快速发展，劳动市场对技能的需求正在经历显著的转变。未来的劳动力需要掌握一系列新技能，以适应这些变化并在 AI 时代保持竞争力。这些技能不仅包括技术技能，还包括一系列软技能。

新的技术技能包括三个方面。一是数据分析能力。在数据驱动的决策过程中，能够理解和分析大量数据变得至关重要。这包括数据挖掘、统计分析和使用数据分析工具的能力。二是 AI 和机器学习知识。基本的 AI 和机器学习知识对于理解这些技术如何影响行业和工作至关重要。对于在技术领域工作的人来说，深入的专业知识将是必需的。三是编程技能。随着 AI 和自动化的普及，编程和软件开发技能变得更加重要。掌握一种或多种编程语言，如 Python 或 Java，将是一个有利的资产。

新的软技能包括四个方面。一是创造性思维。在自动化可能取代重复性任务的未来，创造性思维变得尤为重要。能够创新和开发新的解决方案将是宝贵的能力。二是批判性思维。批判性思维能力使个体能够清晰地分析复杂问题，评估信息并作出理性决策。这对于解决 AI 技术无法处理的复杂问题至关重要。三是情绪智力。情绪智力包括自我意识、自我管理、社交意识和关系管理能力，在人际互动和团队合作中尤为重

① 美籍奥地利经济学家约瑟夫·熊彼特（Joseph A. Schumpeter）的《经济发展理论》提出，"创造性破坏"是资本主义的本质性事实，重要的问题是研究资本主义如何创造并进而破坏经济结构，而这种结构的创造和破坏主要不是通过价格竞争而是依靠创新的竞争实现的。每一次大规模的创新都淘汰旧的技术和生产体系，并建立起新的生产体系。

要。这些技能有助于建立有效的工作关系和团队动力。四是适应性和学习能力。在技术不断发展的世界中，拥有适应新技术和环境的能力以及持续学习的意愿是必不可少的。

从经济学的角度，技能需求转变的理论基础可以从技能偏好变化理论中得到解释。该理论认为，技术进步倾向于提高对复杂认知任务和非例行任务执行者的需求，同时减少对执行例行任务工人的需求。此外，人力资本理论强调教育和技能提升对提高个人生产力和适应经济变化的重要性。

（3）生产效率：AI 在提高生产力方面的角色及其长期影响。人工智能在提高生产效率方面扮演着至关重要的角色，具体体现在提高劳动生产率、发挥长期影响这两个方面。

一方面，AI 通过自动化流程、优化操作、增强决策制定能力等方式，直接提升了生产力。一是执行自动化流程。AI 能够自动执行重复性高的任务，如数据录入、质量检查和简单的客户服务，从而释放人力资源从事更加复杂和创造性的工作。这不仅减少了人为错误，还大幅提高了工作效率。二是优化操作。通过机器学习和大数据分析，AI 可以优化生产流程，预测维护需求，减少停机时间，并提高资源分配的效率。例如，在供应链管理中，AI 可以预测需求变化，优化库存水平，减少浪费。三是增强决策制定。AI 通过提供基于数据的洞察，帮助管理层作出更加精准和高效的决策。这包括市场趋势分析、消费者行为预测以及风险评估。

另一方面，AI 在提高劳动生产率上所发挥的长期影响，预计将深刻改变产业结构、劳动力配置以及经济增长模式。一是产业结构转变。随着 AI 在各行各业的应用，劳动密集型产业可能会逐渐转向更加技术密集型的产业结构。这可能导致对高技能劳动力的需求增加，同时减少对低技能劳动力的需求。二是改变劳动力配置。AI 的广泛应用将导致劳动力市场的重大变革，某些职业可能会因自动化而消失，新的技术也将创造出新的职业和工作机会。这要求劳动力不断适应新技能，以匹配未来的工作需求。三是改变经济增长模式。AI 通过提高生产效率，有潜力提高整体经济生产力，从而促进经济增长。长期而言，这可能导致更高的生活标准和更好的社会福利。

从理论支撑角度来看，索洛经济增长模型（Solow Growth Model）①强调了技术进步在提高生产效率和经济增长中的核心作用。AI 作为一种重要的技术创新，其对提高生产效率的贡献可以视为一种形式的技术进步，有助于推动经济向更高水平的增长。此外，内生增长理论（the Theory of Endogenous Growth）②认为，技术创新是经济增长的内在驱动力，AI 的发展和应用加速了知识的积累和技术的创新，从而促进了经济的持续增长。

（4）技术进步与社会经济不平等。技术进步尤其是人工智能的发展，对社会经济不平等的影响是一个复杂且多面的议题。一方面，技术创新有潜力提高生产效率、创造新的就业机会、降低商品和服务的成本，从而有利于整体经济增长和福祉提升。另一方面，技术进步也可能加剧社会经济不平等，特别是通过影响劳动力市场和收入分配。

一是加速劳动力市场分化。技术进步，特别是 AI 和自动化的广泛应用，可能加剧劳动力市场的分化。高技能、高教育水平的工作者可能因能够从事与新技术相关的工作而受益，享受到更高的薪酬和就业机会。与此同时，低技能工作者可能面临失业风险，因为他们的工作更容易被自动化技术所替代。这种分化可能加剧收入不平等。

二是引发收入分配不均。技术进步倾向于提高资本的回报率，而相对降低劳动的收入份额。在 AI 时代，拥有技术和资本的个人或企业可能获得超额利润，而依赖劳动收入的大多数人可能会发现自己的收入增

---

① 索洛经济增长模型（Solow Growth Model），罗伯特·索洛所提出的发展经济学中著名的模型，又称作新古典经济增长模型、外生经济增长模型，是在新古典经济学框架内的经济增长模型。

② 内生增长理论（The Theory of Endogenous Growth）是产生于 20 世纪 80 年代中期的一个西方宏观经济理论分支，其核心思想是认为经济能够不依赖外力推动实现持续增长，内生的技术进步是保证经济持续增长的决定因素，强调不完全竞争和收益递增。

长滞后。这种现象在全球范围内观察到，表明技术进步可能加剧了财富和收入的不平等。

三是拉大教育和技能培训差距。技术进步要求劳动力不断更新技能以适应新的工作需求。然而，对于教育和技能培训资源的获取不均，可能导致某些群体无法充分利用技术带来的机会。这种差距可能进一步加剧社会经济不平等。

5. 对社会结构和文化的影响

（1）促进和阻碍：技术对全球化与文化交流的影响。AI 对文化的全球交流的影响是双重的，既有积极促进的一面，也有消极阻碍的一面。

从积极促进的方面看，具有以下四个方面的特征。一是语言障碍的消除。AI 技术，特别是自然语言处理（NLP）和机器翻译，打破了语言障碍，使不同文化背景的人们能够交流和理解彼此的语言。例如，Google Translate 等工具使得跨文化交流变得更加容易，促进了不同文化之间的理解和融合。二是文化内容的全球传播。AI 推动了文化内容的数字化和在线分发，使电影、音乐、文学和艺术等文化产品能够跨越地理界限，被全球观众所接触和欣赏。通过推荐系统，人们可以发现来自世界各地的新内容，从而增进对不同文化的了解和欣赏。三是文化遗产的保护和复兴。AI 技术在文化遗产的数字化、分析和保护方面发挥着重要作用。例如，通过 3D 扫描和虚拟现实（VR）技术，可以复原和展示古迹和历史遗址，使全世界的人们都能体验到其他文化的历史和美学价值。四是跨文化交流的加速。社交媒体和通信平台的 AI 算法促进了跨文化的交流和互动。人们可以通过各种在线平台与世界各地的人建立联系，分享和学习不同的文化观点和生活方式。

从消极阻碍全球化与文化交流的方面看，具有以下三个特点。一是文化同质化的风险。虽然 AI 促进了文化内容的全球传播，但也存在加剧文化同质化的风险。全球性的内容分发平台可能倾向于推广具有广泛吸引力的内容，从而边缘化地方性和少数文化，导致文化多样性的丧失。二是算法偏见和文化误解。AI 系统和算法可能携带开发者的偏见，这可能导致对某些文化的误解或负面刻板印象的加强。如果 AI 系统未能准确理解和尊重文化差异，可能会阻碍真正的文化交流和理解。三是数字鸿沟的加剧。AI 和数字技术的快速发展可能加剧全球范围内的数字鸿沟，即技术获取不平等现象。那些无法获得最新技术的社区和国家，可能会在文化交流和全球对话中处于不利位置。

（2）社会分化：技术对社会阶层和群体间分化的影响。智能技术加快了社会转型，促使社会阶层和群体间的分化日益严重，具体表现在以下四个方面。一是经济分化。技术进步特别是 AI 的应用，加剧了经济上的不平等。技术驱动的自动化导致低技能工作的减少，而对高技能工作的需求增加。这导致收入和财富在高技能个体和拥有技术资本的企业家之间集中，而较低技能的劳动力面临失业或收入下降的风险。二是教育分化。技术的快速发展要求劳动力不断更新其技能和知识。这加剧了教育水平的分化，因为不是所有人都有机会或资源接受新技能的培训。教育分化进一步导致就业机会的不平等，加深了社会经济的分裂。三是信息分化。AI 和大数据技术改变了信息的获取和处理方式，导致信息分化。拥有技术获取和处理信息能力的个人和组织能够获得更多资源和机会，而那些缺乏这些技能的人则处于不利地位。此外，算法驱动的内容推荐可能导致信息泡沫，加剧了观点和认知的分化。四是社会隔离。技术的使用也可能导致社会隔离。虽然社交媒体和通信技术促进了远距离交流，但它们也可能减少面对面的社交互动，导致人们在交往和情感上的孤立。社会隔离可能加剧社会群体之间的分裂和不理解。

从理论层面看，一些哲学家和哲学流派关注了技术对社会分化的影响，并为分析这一社会现象提供了理论支撑。例如，数字鸿沟理论强调了技术访问和使用能力在不同社会群体之间的差异，认为正是这些差异导致了信息和资源获取的不平等。随着 AI 和其他数字技术的普及，未能跟上技术发展的个人和群体可能会进一步落后。又如，资本积累理论①（从马克思到皮凯蒂）考察了资本的积累过程，揭示了财富何以在少数人手中积累。在 AI 时代，技术资本（如数据和算法）的积累可能加剧财富和权力的集中，从而加深社会分化。再如，普特南的社会资本理论解释了社会资本发展程度与经济发展的关系，认为社会资本是组织的一种特征，人们通过社交网络和社区参与，在信任、规范和网络的基础上促进个体间的合作行为，提升社会凝聚力，从而提高社会效率。技术进步，尤其是社交媒体的使用，正在改变社交网络的结构和功能，可能导致社会资本的不均衡分布，进而影响社会的凝聚力和分化。应当说，这些哲学理论还在进一步深化。随着人工智能技术的飞速发展，哲学作为时代精神的精华，势必穿透现实的表象和问题的迷雾，不断提升自己的解释力和思想力。

（3）价值观与道德观：AI 技术对社会价值观和道德观的影响。人类在享受 AI 技术带来的便利和进步的过程中，如何平衡技术创新、发展与道德之间的关系，关注人类的价值观、道德观和社会责任，是当前必须面对和思考的问题。AI 技术对社会价值观和道德观的影响表现在四个方面。

一是隐私权和数据保护。AI 技术的广泛应用依赖于大量的数据收集和分析，这引发了对个人隐私权的担忧。社会对隐私权的重视程度上升，促使许多国家和地区制定更加严格的数据保护法律和政策，如欧盟的通用数据保护条例（GDPR）。

二是自动化失业和工作伦理。AI 和机器人技术的进步导致自动化失业成为一个日益严重的问题。这不仅影响到个人的生计和社会的经济结构，也引发了对工作的价值和意义的重新思考。社会开始更加关注如何平衡技术进步和人类福祉，以及如何创造有意义的工作。

三是算法偏见和社会公正。AI 系统可能携带和放大人类的偏见，

---

① 资本积累（capital accumulation）是剩余价值转化为资本，即剩余价值的资本化。

这对社会公正和平等构成了挑战。诸如面部识别、信用评分和司法判决等 AI 应用的偏见问题，促使社会更加关注算法的公平性、透明度和可解释性。

四是责任归属和道德责任。随着 AI 系统在决策过程中扮演越来越重要的角色，如何确定当 AI 系统出现错误或造成伤害时的责任归属成为一个复杂的问题。这促使人们思考机器的道德责任和法律责任，以及如何在保障人类利益的同时发展 AI 技术。

从理论支撑看，一些关注技术时代伦理问题的哲学家纷纷发表意见，从不同侧面对 AI 技术之于社会价值观和道德观的影响展开了讨论，形成了新型的技术发展理论并促进了应用伦理学的发展。例如，技术决定论认为，技术的发展和应用是社会变革的主要驱动力。从这个角度看，AI 技术的发展不仅是技术进步的体现，也是推动社会价值观和道德观变革的关键因素。又如，后现代伦理学强调伦理和价值观的多样性和相对性。在 AI 技术的语境下，这意味着我们需要建立一套能够适应不断变化的技术环境和社会需求的灵活多变的伦理框架。再如，责任伦理学关注个体或集体对其行为后果承担责任的重要性。在 AI 领域，这要求技术开发者、使用者和监管者对 AI 系统的设计、应用和监管承担相应的责任，确保技术的发展符合人类的道德标准和社会价值。这些哲学思想虽然各有偏颇和局限，但从主动介入现实的思想动机看，是值得称道的。

（4）文化同质化：全球化背景下 AI 对文化多样性的潜在威胁。文化同质化是一种复杂且有争议的文化"趋同"现象，一般是指由于信息技术的迅猛发展，国际交流的日益频繁，以及全球文化的广泛传播，本土文化和民族传统变得更加相似或统一的过程。文化同质化可谓全球化时代的一把双刃剑，需要认真辨析和评估。

就 AI 与文化同质化现象的互生关系而言，表现出三个特点。一是内容创作与分发。AI 技术在内容创作和分发中的应用促进了大众文化内容的全球传播。算法推荐系统倾向于推广广泛受欢迎的内容，这可能导致主流文化在全球范围内的扩散，而边缘化地方文化和少数群体的声音。二是语言同质化。AI驱动的翻译工具和语言模型促进了跨语言交流，但也可能加剧语言同质化。随着英语等主要语言在数字平台上的主导地位加强，地方语言和方言的使用可能受到挤压，从而影响文化多样性。三是文化认同与价值观。AI技术通过社交媒体、在线广告和新闻平台塑造信息流，可能在全球范围内推广某些文化价值观和生活方式，而忽视地方文化的独特性和多样性。这种趋势可能削弱地方文化认同，导致全球文化趋同。

文化的同质化现象是近些年来学界聚焦的争议话题，形成了多种理论成果。例如，全球化理论关注信息、商品、人员和文化在全球范围内的流动，认为从全球化的视角看，AI作为信息和文化流动的加速器，对文化同质化的贡献可以视为全球化过程的一部分。又如，文化帝国主义理论批评了西方文化，尤其是美国文化在全球范围内的扩散，认为这种扩散削弱了地方文化的权力和影响力。在AI的背景下，算法推荐系统可能无意中促进了文化帝国主义的现代形式，通过推广主流文化内容而边缘化其他文化表达。再如，后殖民理论关注殖民历史对现代社会的影响，强调文化多样性和地方文化的重要性，认为AI技术在全球化背景下的应用需要警惕加剧文化中心主义和边缘化地方文化的风险。这些理论成果各有侧重，但均因意识形态立场弱化了理论说服力。对于AI时代下的文化同质化现象，既要看到其促进不同文化之间交流和融合的积极面，也要看到其可能导致文化多样性的丧失和文化认同的淡化。最为关键的是，要在文化的全球化与同质化潮流中保持自己真正的独立性和自信心。

6. 对社会治理和伦理的影响

（1）监管挑战：AI技术带来的新型监管和治理问题。探究对AI技术的监与管、治与理之道，涉及一系列技术标准、伦理标准和法律规范的制定，是一项系统工程。

AI 技术带来的新型监管和治理挑战具体表现在几个方面。一是伦理和道德挑战。AI 技术的应用引发了一系列伦理和道德问题，如隐私保护、算法偏见、自动化失业等。这些问题挑战现有的伦理框架和道德准则，要求监管者在不阻碍技术进步的同时，确保技术的伦理使用。二是法律和责任归属。随着 AI 系统在决策过程中扮演越来越重要的角色，如何界定和归属责任成为一个复杂问题。传统的法律框架往往基于人类行为者的假设，而 AI 技术的介入使得责任归属变得模糊。三是技术监管的滞后性。AI 技术的快速发展导致监管框架往往滞后于技术进步。现有的法律和规章体系难以应对 AI 技术的新特性和应用场景，需要不断更新以适应技术变革。四是国际合作与标准制定。AI 技术的全球性特征要求国际社会在监管上进行合作，形成共识和标准。然而，不同国家和地区在价值观、法律体系、技术发展水平上的差异，使得国际合作面临挑战。

对于以上问题，理论家们作出了深入的探讨，提供了一定的理论参考和支撑。例如，技术决定论认为技术发展是社会变化的主要驱动力。从这一视角出发，AI 技术的发展对社会治理和监管框架提出了新的要求，要求监管者主动适应技术变革，更新治理。

（2）伦理挑战：AI 技术带来的新型伦理治理问题。AI 技术的发展引发了一系列伦理问题，包括但不限于隐私保护、算法偏见及责任归属等方面。隐私问题关注个人数据的收集、使用和保护，确保不侵犯个人隐私权。算法偏见问题涉及 AI 系统可能存在的不公正决策，这可能加剧社会不平等。责任归属问题则探讨当 AI 系统导致不良后果时，如何明确责任方。这些问题都需要通过伦理原则的制定和执行，以及技术和法律的双重努力来解决，确保 AI 技术的健康发展与应用。下面分而述之。

第一，隐私权问题。隐私问题关注于个人数据的收集、处理和使用，尤其是在未获得充分知情同意的情况下。随着 AI 技术的进步，这一问题变得更加严重，因为 AI 系统为了训练和优化性能，往往需要大规模的数据。这种对大量数据的需求不仅增加了隐私泄漏的风险，也引发了对数据使用透明度和个人控制权的关注，要求采取更为严格的数据保护措施。

关注隐私权的理论形态有两种。一是信息自主权理论。它的核心原则是，强调个人对其个人数据的控制权，确保在收集、处理和使用这些数据时，必须得到个人的明确同意。这一原则要求数据管理者在使用个人信息前，需透明地说明数据的用途、处理方式及保护措施，并确保个人有权随时撤回其同意。通过赋予个人对自己数据的控制权，信息自主权旨在保护个人隐私，增强数据安全，促进对个人信息的尊重和保护。二是隐私权平衡论。它强调在保护个人隐私与促进技术发展之间寻找一个合理的平衡点。这要求通过制定明智的政策和措施，既确保个人隐私得到有效保护，又不会对技术创新和进步构成不必要的阻碍。实现这一平衡，对于促进社会的可持续发展和保障公民权益具有重要意义。

第二，算法偏见问题。算法偏见是指 AI 系统在处理数据和作出决策时呈现的系统性偏差，这种偏差源于训练数据的不完整性或偏见，可能导致 AI 决策加剧现有的社会不平等，并损害决策的公正性和准确性。这不仅影响个体受到的待遇，如就业、贷款批准和法律判决，还可能在更广泛的层面上加深社会分裂。因此，识别和纠正算法偏见是确保 AI 技术促进公平、正义的关键步骤，需要开发者、监管者和社会各界共同努力。

关注算法偏见问题的理论形态也有两种。一是正义理论①。它要求社会决策过程中的平等和公正，强调在 AI 系统的设计和应用中需要考虑到避免算法偏见，确保所有人群都能公平受益。二是伦理多样性理论。它认为在 AI 系统的开发过程中应该包含多元的视角和价值观，以减少算法偏见的出现。

第三，责任归属问题。随着 AI 系统在决策过程中扮演的角色逐渐

---

① 正义理论：现代美国伦理学家、政治哲学家约翰·罗尔斯（John Bordley Rawls）的《正义论》一书，对正义理论作出了巨大贡献，可谓是当代正义理论的最杰出的代表。

增强，其决策可能导致的错误或伤害问题日益凸显。这使得如何明确责任归属变得尤为复杂。面对 AI 决策的后果，确定责任是归于开发者、使用者还是 AI 本身成为需要紧急解决的关键问题。

关注责任归属问题的理论形态也有两种。一是行为主体理论。它关注 AI 决策中责任归属的问题，旨在明确当 AI 系统作出决策时，责任应该如何合理分配。这涉及开发者、使用者以及 AI 系统本身。该理论探讨的核心在于如何确保决策过程的透明度和公正性，同时考虑到技术的复杂性和预测性，为责任分配提供合理的框架和指导。二是伦理责任框架构建理论。构建一个新的伦理责任框架对于明确 AI 决策过程中各方的责任和义务至关重要。这样的框架应当详细规定开发者、部署者以及监管者在 AI 系统的设计、实施和监督过程中的具体职责，以确保当错误或不当行为发生时，能够有效追究相关责任。通过这种方式，不仅可以促进 AI 技术的安全和公正使用，还能增强公众对 AI 系统的信任。该责任框架还需不断更新，以适应 AI 技术的快速发展和其对社会的深远影响，确保所有利益相关者都能在一个明确、公正的基础上行动。

（3）公共参与：AI 技术带来的新型社会治理问题。公众参与 AI 伦理和治理讨论的途径多样，包括参加公开研讨会、论坛和网络讨论，以及通过社交媒体平台表达观点。此外，公众可以参与到由政府或非政府组织发起的公共咨询中，为 AI 政策制定提供意见和建议。通过这些渠道，公众能够对 AI 技术的发展方向、伦理标准和治理策略发表意见，从而确保 AI 技术的发展能够更好地符合社会价值和公众利益。

第一，公众参与的重要性。一是增强透明度。通过鼓励公众参与，可以显著增强 AI 伦理和治理决策的透明度，从而使公众能够更深入地理解决策过程中的考量和价值取向。这种透明度不仅有助于解释为何采取特定的政策措施，还能揭示这些决策如何反映了社会的伦理标准和价值观。当公众能够清晰地看到决策过程，并理解其背后的逻辑时，他们更有可能信任并支持这些决策。这样的参与和透明度促进了一个更加开放的对话环境，有助于建立和维护公众与 AI 发展者之间的信任关系，为 AI 技术的健康发展提供了坚实的社会基础。

二是提升公众信任。通过积极促进公众参与 AI 技术的讨论和决策过程，可以显著提升公众对 AI 技术和相关政策的信任度。当公众感到他们的声音被听见，他们的担忧和期望被重视时，他们更有可能信任并支持 AI 技术的发展和应用。这种参与不仅涉及对 AI 技术潜在影响的讨论，还包括在制定政策和标准时考虑公众的意见。这样的透明度和包容性有助于消除误解，减少恐惧，建立起公众与技术开发者、政策制定者之间的桥梁，从而为 AI 技术的健康发展和应用创造一个更加稳定和积极的社会环境。

三是反映社会价值。公众参与在确保 AI 伦理和治理决策过程中能够更全面地反映社会的多元价值观和期望方面发挥着关键作用。通过让不同背景和观点的人参与到讨论中，可以确保 AI 技术的发展不仅遵循专家的技术指导，而且也符合广泛社会群体的道德标准和价值观。这种多元化的参与有助于识别和解决潜在的伦理冲突，促进 AI 技术的公正和包容性，确保技术进步同时也是社会进步的一部分，从而赢得更广泛的社会支持和信任。

第二，公共参与的实施路径。一是公众教育和意识提升。提升公众对 AI 技术及其潜在影响和伦理问题的认识是至关重要的，这为公众有效参与 AI 伦理和治理打下了坚实的基础。通过开展公众教育和意识提升活动，可以帮助民众更好地理解 AI 技术的工作原理、应用场景以及可能带来的社会变革和挑战。这不仅促进了公众对 AI 技术的接受度和信任感，还激发了他们对 AI 发展方向和伦理标准的关注和讨论，为构建一个更加开放、包容和负责任的 AI 未来奠定了基础。

二是开放咨询和听证会。政府和相关机构通过举办开放咨询和听证会，可以有效邀请公众就 AI 政策和项目提出自己的意见和建议。这种做法不仅为民众提供了一个直接向决策者反映自己观点的平台，而且还增强了政策制定过程的透明度和包容性。通过这些会议，公众可以更深入地了解 AI 技术的发展动向和潜在影响，同时，决策者也能从中获得宝贵的民意信息，帮助他们制定更加公正、合理且符合公众期望的政策。这种双向互动不仅促进了政策的民主性，也有助于建立公众对 AI 发展的信任和支持。

三是在线平台和社交媒体。利用在线平台和社交媒体促进公众参与，为收集广泛的意见提供了一个便捷且成本较低的途径。这些数字工具能够跨越地理和时间限制，让更多人能够轻松地参与到 AI 伦理和治理的讨论中。在线讨论、调查和投票等功能使得公众能够直接表达自己的观点和担忧，同时也为决策者提供了实时反馈和多样化的视角。这种参与方式不仅增加了政策制定的透明度和民主性，还有助于提高公众对 AI 技术的认知和理解，促进社会对 AI 发展的广泛支持和负责任的监督。

四是公民评议团和工作坊。组织公民评议团和工作坊是一种有效的方式，使公众能够直接参与到 AI 伦理和治理的讨论与决策过程中。这种参与模式不仅让公众有机会表达自己的观点和担忧，还促进了多方利益相关者之间的对话和理解。通过这些平台，公众可以深入了解 AI 技术的潜在影响，同时，决策者也能从公众反馈中获得宝贵的见解，确保政策的制定更加民主、透明和包容。这样的互动有助于构建一个共识基础，促进 AI 技术的负责任使用和治理。

第三，公共参与背后的理论支撑。公共参与是社会学、政治哲学和伦理学共同关注的议题，其中有三个较为重要的理论形态。一是民主理论。民主理论突出了公众在政治决策中的参与重要性，将民主视为不仅仅是一种政治制度，还是一种促进社会参与的方式。在 AI 伦理和治理的领域里，公众参与成为实现更加广泛民主参与和决策合法性的关键。通过让公众参与到 AI 政策的制定过程中，可以确保决策过程不仅反映了专家的知识和见解，也融入了社会各界的意见和需求，从而增强政策的透明度、可接受性和执行力，促进 AI 技术的健康发展和公平利用。二是伦理多元主义。伦理多元主义主张在处理复杂伦理问题时，必须考虑多种价值观和观点。这一观点强调，面对伦理决策的多样性和复杂性，不同的视角和价值观可以提供更全面的理解和解决方案。公众参与在这一过程中扮演着至关重要的角色，它为社会各界提供了一个平台，使得广泛的声音和观点能够被表达和倾听。这种包容性的对话和交流，是寻求最公正、最有效决策的关键，有助于确保伦理决策过程的透明度和民主性。三是技术评估理论。技术评估理论突出了社会、伦理和环境因素在技术发展中的重要角色，特别强调公众参与对于全面评估 AI 技术社会影响的关键性。该理论认为，通过让公众参与到技术评估过程中，不仅可以提高评估的全面性和准确性，还能确保技术发展更好地符合社会伦理标准和环境可持续性要求，从而促进 AI 技术的健康和负责任的发展。

（4）国际合作：AI 技术带来的新型全球治理问题。国际合作在 AI 伦理领域面临的现状既有机遇也有挑战。不同国家和地区在技术发展水平、文化价值观、法律法规等方面存在差异，这些差异为制定统一的 AI 伦理标准和政策带来了挑战。然而，通过国际合作，各国可以共享最佳实践，协同解决跨境 AI 应用带来的问题，共同推动 AI 技术的健康发展，确保 AI 技术的应用能够符合全球伦理标准和社会价值。这要求国际社会加强对话、增进理解，共同努力克服分歧，推动 AI 伦理的国际合作。

7. 结论与前瞻

在当今时代，人工智能技术的飞速发展不仅极大地推动了人机互动的进步，也对社会产生了深远的影响。AI 技术在改善工作效率、提升生活质量等方面展现出巨大的潜力，同时也带来了一系列挑战和机遇。

首先，AI 在人机互动方面的主要问题之一是隐私和安全问题。随着 AI 技术的广泛应用，人们越来越担忧个人信息的安全性。此外，AI 决策过程的不透明性也引发了众多争议。然而，AI 技术也为人机互动带来了前所未有的机遇，例如通过智能语音助手、个性化推荐系统等，极大地提升了用户体验和生活便利性。

其次，持续关注 AI 伦理问题的重要性不言而喻。AI 技术的发展不仅是技术问题，它牵涉伦理和社会的诸多问题。确保 AI 技术的发展符合人类价值观和伦理标准，对于促进社会的公平、正义和包容性至关重要。这要求全社会共同参与，包括技术开发者、政策制定者、行业监管者以及公众等各方面的积极参与和合作。

最后，面对 AI 技术带来的挑战，通过教育、政策制定和国际合作等手段，可以有效促进 AI 技术的健康可持续发展。教育方面，需要加强 AI 伦理和安全教育，提高公众对 AI 技术的理解和意识。政策制定方面，应在建立健全的法律法规体系及保障技术发展的同时，保护个人隐私和数据安全，确保 AI 技术的透明和可解释性。国际合作方面，鉴于 AI 技术的全球性影响，国际社会应加强合作，共同制定国际标准和规则，促进 AI 技术的全球治理。

综上所述，AI 技术在人机互动及其对社会的影响方面既存在挑战也蕴含机遇。通过持续关注 AI 伦理问题，加强全社会的共同参与，并通过教育、政策制定和国际合作等手段，可以有效应对挑战，促进 AI 技术的健康可持续发展，最终实现人类与 AI 和谐共生的美好未来。

下 篇

人工智能伦理的实践与前瞻

第十章　伦理指导原则与框架

随着科技的飞速发展和社会的不断进步，伦理指导原则与框架变得愈发重要。它们为人们在各种复杂的情况下提供了道德指引，帮助我们做出正确的决策。

伦理指导原则通常包括尊重、公正、诚实、不伤害等核心内容。尊重意味着尊重他人的权利、尊严和自主性；公正要求公平地对待每一个人，不偏袒或歧视；诚实则强调真诚和守信，不欺骗或隐瞒事实；不伤害原则旨在避免对他人造成身体、心理或社会层面的伤害。例如，在医学领域，医生必须遵循伦理原则来对待患者。他们要尊重患者的知情权和自主决策权，公正地分配医疗资源，诚实地告知病情和治疗方案，同时尽力避免治疗过程中可能带来的伤害。

在科学研究中，伦理框架同样不可或缺。研究者需要确保研究的合法性、对研究对象负责，并遵循学术诚信。

美国伦理学家汤姆·比彻姆（Tom L. Beauchamp）[①] 认为，伦理原则不是孤立存在的，而是相互关联、相互支持的。他强调在具体情境中，需要综合考虑各种原则，以达到平衡和合理的决策。英国学者朱利安·索夫莱斯库（Julian Savulescu）[②] 提出，伦理框架应该具有灵活性和适应性，以应对不断变化的社会和科技环境。他指出，随着新技术的出现，如人工智能、基因编辑等，我们需要不断反思和更新一些伦理原

① 汤姆·比彻姆（Tom L. Beauchamp），美国著名生命伦理学家、美国总统生命伦理委员会等国家级伦理委员会委员、美国《贝尔蒙报告》（1979）的主要起草人。主要著作：《生命医学伦理原则》。
② 朱利安·索夫莱斯库（Julian Savulescu）牛津大学伦理学教授，应用伦理学中心主任。

则，同时还要审慎地确立一些新的伦理原则，如 AI 技术伤害的"责任归属"伦理，以确保它们能够有效地指导我们的行为。

然而，要使伦理指导原则与框架真正发挥作用，还需要人们的自觉遵守和社会的共同监督。这就要求我们加强伦理教育，提高公众的伦理意识，使其能够理解和应用这些原则。

一、国际社会伦理指导原则的制定

1. 伦理指导原则的核心要素

人工智能伦理的指导原则是调节人工智能领域各种道德关系的根本原则，在人工智能伦理学规范体系中居于主导地位，具有广泛的指导性和约束力，是基本原则和具体原则的思想统领和指南。在全球范围内，已经有多个组织和机构提出了一系列的 AI 伦理指导原则，指导着人们的行为和决策，并帮助人们判断什么是道德和正确的决策。

在深入探讨人工智能伦理指导原则的核心要素时，我们发现这些原则不仅是技术发展的道德指南针，而且是确保 AI 应用负责任、公正并对社会有益的基石。虽然这些原则在表述和侧重点上可能有所不同，但它们通常包含以下几个核心要素。

（1）公平性。公平性在人工智能的设计和实施中占据了核心地位，它强调在 AI 系统的整个生命周期内，必须采取措施避免偏见和歧视，确保技术成果能够平等地惠及所有用户，确保 AI 系统不会加剧社会不平等，能够平等地服务于所有人。这要求开发者在算法处理数据时，需充分考虑到多样性、包容性和公平性，从而避免因技术偏见而加剧社会不平等。

为了实现这一目标，一个关键的步骤是确保数据集的多元化和代表性。数据集中的偏差是导致 AI 系统产生偏见的主要原因之一。如果一个数据集在性别、种族或年龄等方面存在偏差，那么由此训练出的 AI

系统也可能继承这些偏差，从而在实际应用中表现出不公平。因此，开发者需要仔细筛选和准备数据集，确保其能够全面反映社会的多样性。

此外，确保 AI 公平性的另一个重要方面是持续地监督、测试和调整。即使是最初设计时尽可能公平的 AI 系统，也可能在实际应用中因为环境变化或数据演进而出现新的偏差。因此，定期对 AI 系统进行公平性测试，并根据测试结果调整和优化系统，是确保长期公平性的关键。

（2）可解释性。可解释性是人工智能发展中的一个关键议题，它要求 AI 系统的决策过程应当是透明和可理解的，以便用户理解其决策依据。这一要求不仅有助于建立用户对 AI 系统的信任，还是促进技术接受度和实现责任追溯的基础。在实际应用中，特别是那些对准确性和公正性要求极高的领域，如医疗诊断、金融服务和司法判决等，AI 系统如何作出决策，这一过程需要对用户和利益相关者完全开放，以便他们能够理解、评估甚至质疑 AI 的决策。

实现 AI 系统的可解释性并非易事，特别是对于那些基于复杂算法和大量数据训练得到的深度学习模型。这些模型往往被称为"黑盒"，因为它们的决策过程不透明，难以理解。为了提高这些系统的可解释性，可能需要开发新的工具和算法，这些技术能够揭示模型的决策逻辑，帮助用户和开发者理解 AI 是如何从输入数据中得出特定决策的。

（3）隐私保护。隐私保护在人工智能技术的应用过程中扮演着至关重要的角色。在设计和部署 AI 系统时，必须尊重和保护个人隐私。它要求在收集、处理和存储个人数据的每一个环节中，都必须尊重并保护用户的隐私权。为了实现这一目标，AI 系统的设计和开发必须从一开始就纳入数据保护的核心原则，包括但不限于数据最小化原则、数据加密技术的应用以及确保用户的知情同意。

在全球范围内，隐私保护的重要性正逐渐得到法律的认可和强化。以欧盟的《通用数据保护条例》（GDPR）为例，该法规为处理个人数据设定了严格的规范，确保了用户隐私权的法律保护。GDPR 的实施标志着隐私保护在法律层面上的显著进步，为用户提供了对自己数据的更大控制权，同时也为 AI 系统的开发和应用设定了更高的标准。用户对于其个人数据如何被收集、使用和保护持有明确的关切。因此，透明的数据处理流程、强有力的数据保护措施，以及用户对自己数据处理方式的控制能力，都是赢得用户信任、促进 AI 技术健康发展的重要因素。

（4）责任归属。责任归属原则在人工智能领域扮演着至关重要的角色，它要求在 AI 系统导致错误决策或造成损害的情况下，明确指出责任所在。即是说，当 AI 系统出现问题时，应清晰界定责任归属。实现这一目标的关键是制定清晰、可执行的责任框架，确保在问题发生时，可以迅速追溯并准确定位责任方。这种责任的明确化对于提升 AI 系统的透明度、增强公众信心至关重要，同时也促使 AI 的开发者和部署者在设计和实施 AI 系统时采取更为谨慎和负责任的态度。

在将 AI 技术应用于实际场景时，尤其是那些具有自主学习和决策能力的系统，责任归属的问题尤为复杂。这不仅涉及技术层面的挑战，还牵扯到法律和伦理层面的考量。因此，解决责任归属问题要求跨学科的合作，包括技术、法律和伦理专家共同努力，以确保 AI 系统的责任和义务清晰界定。通过这样的合作，可以构建一个既符合技术发展，又符合社会伦理、法律标准的 AI 责任体系，有效应对由 AI 技术引发的责任和道德挑战，保护用户和社会的利益。

（5）透明度。透明度在人工智能领域中扮演着至关重要的角色，它要求 AI 系统的开发、部署和运作过程对所有利益相关者是完全开放的。这包括提供关于 AI 系统的工作原理，它是如何基于特定数据进行训练的，以及它的预期用途等关键信息。透明度的实施有助于在公众中建立信任，促进 AI 技术的负责任使用，并确保公众和监管机构能够对 AI 应用进行有效的监督和评估。

实现 AI 系统的透明度不仅有助于消除公众对 AI 技术的疑虑，还能增强用户对 AI 应用的接受度。此外，透明度也为监管机构提供了必要的信息，以便制定合适的政策和规则，确保 AI 技术的发展与应用不会损害公众利益。为此，开发者和部署者需要积极采取措施，如公开技术文档、使用案例和训练数据的来源等，以确保 AI 系统的透明度。透明度是推动 AI 技术健康发展、获得公众信任和保障社会监督的关键。通过确保 AI 系统的开发、部署和运作过程对所有利益相关者开放和透明，我们可以促进 AI 技术的负责任使用，同时保护公众利益和社会福祉。

（6）安全性。安全性要求 AI 系统在其整个生命周期内都是安全可靠的，能够抵御恶意攻击和误用，防止恶意利用。这包括确保系统的物理和网络安全，以及防止数据泄漏、篡改和滥用。AI 系统的安全性不仅关系到个人和社会的福祉，也是确保技术可持续发展的基础。这些伦理指导原则不是孤立的，它们相互关联，共同构成了一个框架，指导 AI 技术的负责任开发和使用。

随着 AI 技术的不断进步和应用领域的扩展，对这些原则的理解和实践也需要不断深化和更新，以应对新的挑战和问题。此外，实现这些伦理原则需要所有利益相关者的共同努力，包括政府、行业、学术界和公众，以确保 AI 技术能够以负责任和可持续的方式服务于全人类。

2. 国际组织的角色与贡献

国际组织在全球人工智能伦理指导原则的制定、推广和实施方面扮演着至关重要的角色。通过发布指导文件、组织国际会议和促进跨国对话，这些组织不仅为全球 AI 伦理的发展提供了平台，而且促进了国际合作和标准的统一。

（1）联合国教科文组织。作为全球教育、科学和文化领域的领导机构，联合国教科文组织（UNESCO）在 AI 伦理方面扮演着关键角色，致力于制定全球 AI 伦理标准，促进包容性和可持续性的 AI 发展，推动知识共享、教育发展和文化多样性。通过组织各种形式的活动，如专题研讨会、国际会议和研究项目，UNESCO 加深了全球对 AI 伦理问题的理解和认识。UNESCO 特别强调 AI 在教育提升、科学研究创新和文化遗产保护方面的巨大潜力，同时也着眼于如何利用 AI 技术促进社会的包容性和平等。

UNESCO 的工作不仅限于提升对 AI 技术的认识，还包括探索如何有效地将 AI 应用于教育和文化领域，以实现可持续发展目标。通过其全球网络和众多合作伙伴，UNESCO 致力于构建一个更加公平和包容的信息社会，在此过程中，AI 伦理起到了桥梁和纽带的作用。UNESCO 在促进 AI 伦理领域的全球对话和合作中发挥着至关重要的作用，旨在确保 AI 技术的发展和应用能够支持教育普及、科学进步和文化多样性的保护，同时促进全球范围内的平等和包容。通过这些努力，UNESCO 希望为建立一个更加公正和可持续的未来贡献力量。

（2）经济合作与发展组织。经济合作与发展组织（OECD）是一家致力于促进政策改善、经济增长和社会福祉的国际经济机构。在 AI 伦理领域，OECD 采取了积极的步骤，2019 年 5 月发布了第一个政府间关于人工智能治理的原则，强调创新和信任的平衡，被多个成员国和非成员国接受，标志着成员国间首次就 AI 伦理指导原则达成共识。这些原则涵盖了公平性、透明度、可解释性和安全性等多个核心伦理方面，为全球范围内制定 AI 政策提供了重要的参考标准。2023 年 4 月，在原有的治理原则基准上，OECD 发布《人工智能语言模型》，提出了与语言模型等生成式人工智能相关的政策考虑因素。

OECD 的 AI 治理原则不仅强调了技术发展中的伦理考量，也指出了政府和私营部门在确保 AI 技术负责任使用和发展中的角色。通过设立 AI 政策观察平台，OECD 监控成员国及合作伙伴国家在 AI 政策制定和执行方面的进展，促进了全球在 AI 伦理和政策方面的交流和合作。

OECD 的工作强调了跨国合作在制定和实施 AI 伦理指导原则中的重要性，旨在确保 AI 技术的发展能够增进经济增长和社会福祉，同时避免潜在的社会和伦理风险。通过这些努力，OECD 希望为全球 AI 的负责任使用和治理贡献力量，确保技术进步与人类价值观和社会目标相一致。

（3）世界经济论坛。世界经济论坛（WEF）是一家国际性的非政府组织，它通过其"人工智能和机器学习平台"，致力于促进全球公私部门之间的合作，促进全球对 AI 伦理和政策的讨论和协作。在人工智能领域，WEF 通过其广泛的"中心网络"和众多项目，深入探讨 AI 技术对经济、社会和政治的影响，并就此提出政策建议。特别是，WEF 关注 AI 如何助力实现可持续发展目标（SDGs），并通过组织全球议程理事会、年度会议和区域性会议，推动跨行业、跨领域的对话和合作。

WEF 的工作重点在于汇聚各方力量，共同探索 AI 技术的潜力和挑战，确保其发展和应用能够增进全球福祉和可持续发展。通过其平台，WEF 为全球领导者提供了一个交流思想、分享最佳实践和协同应对全球挑战的机会。世界经济论坛在推动 AI 技术的负责任使用和治理方面发挥着关键作用，它通过促进国际合作和多方参与，助力全球社会更好地理解和利用 AI 技术的潜力，同时应对其带来的挑战，确保技术进步服务于全人类的共同利益和可持续发展目标。

3. 国家政策的多样化

在全球范围内，不同国家根据自己独特的社会价值观、文化背景、经济发展水平以及科技创新的需求和能力，制定了各自的人工智能伦理政策和框架。这种多样化体现了全球对于 AI 伦理和治理认识的宽广性，同时也指出了国际在理念、目标和实施策略上的差异。

（1）欧盟：隐私保护和数据治理的先锋。在当今数字化时代，隐私保护和数据治理已成为全球关注的焦点。欧盟在这一领域积极采取主动行动，凭借其坚定的决心和创新的举措，成功地确立了自己在全球的领导地位。

2018 年实施的《通用数据保护条例》（GDPR）无疑是欧盟在隐私保护方面的一个重要里程碑。这一具有开创性的法规，彻底改变了个人数据处理的规则，将个人隐私保护提升到了前所未有的高度。它赋予了数据主体一系列强有力的权利，如访问、更正和删除个人数据的权利，使个人能够更好地掌控自己的信息。

不仅如此，欧盟还发布了一系列 AI 伦理指导原则，强调人的自治和防止数据滥用。这些原则旨在确保人工智能技术的发展符合道德和法律规范，避免对个人权利和社会价值观造成侵害。

而最新的《人工智能法案》更是欧盟在数据治理领域的重要举措。该法案旨在规范人工智能的开发和使用，确保其安全性、可靠性和可信赖性。它对高风险的人工智能应用设定了严格的要求，包括数据的质量和来源、算法的透明度以及风险评估等方面。

通过这些努力，欧盟不仅为其公民提供了更强大的隐私保护，也为全球的数据治理树立了典范。在欧盟的引领下，其他国家和地区也纷纷加强了在隐私保护和数据治理方面的立法和监管工作。

然而，欧盟在隐私保护和数据治理方面的道路并非一帆风顺。面临着技术快速发展带来的挑战，如新兴的数字技术和复杂的跨境数据流动，欧盟需要不断调整和完善其政策法规。同时，如何在保护隐私和促进创新之间找到平衡，也是欧盟需要持续探索的问题。

尽管存在挑战，但欧盟在隐私保护和数据治理方面的决心坚定不移。未来，我们有理由相信，欧盟将继续发挥其领导作用，推动全球隐私保护和数据治理朝着更加健康、有序的方向发展，为人们在数字时代的生活创造更加安全、可靠的环境。

（2）中国：负责任的 AI 发展。中国在推动人工智能的负责任发展方面迈出了重要步伐。2019 年，中国发布了《新一代人工智能治理原则——发展负责任的人工智能》，提出了包括"公平正义、包容共享、人类自主、安全可控"在内的核心原则。这些原则不仅指导技术发展应遵循的伦理标准，而且展现了中国在推进 AI 科技创新的同时，致力于完善治理体系和控制风险的决心。

中国的 AI 发展战略进一步强调了加强国际合作、促进 AI 教育与人才培养的重要性，以及推动 AI 技术在健康、教育、交通等关键领域的应用，旨在全面提升社会福祉和经济效益。通过这些措施，中国不仅在全球 AI 竞赛中确立了其领导地位，也为全球 AI 伦理和治理提供了有益的实践和经验，中国的 AI 治理原则和发展战略体现了对于负责任科技创新的承诺，强调了技术发展与伦理规范的平衡，以及在全球范围内促进合作和共享的重要性。这些努力不仅促进了中国在 AI 领域的快速发展，也为全球 AI 伦理和治理的进步作出了重要贡献。

（3）美国：创新与自由市场原则。美国的人工智能政策核心在于促进创新和维护自由市场原则，发布了一系列政策和指导原则，通过激励政府、私营部门和学术界的合作，强调创新自由、公共参与和科学完整性，加速 AI 技术的进步，同时保护公民的权利和自由。《美国人工智能倡议》是美国政府的一项重要行动，目标是保持美国在 AI 技术领域的全球领导地位。为实现这一目标，该倡议采取了多项措施，包括增加对 AI 研究的投资、提供开放的数据资源以及消除创新过程中的障碍等。

此外，美国还在积极探索制定政策和指导原则，以确保 AI 技术的伦理使用和安全性。通过这些努力，美国旨在创造一个有利于 AI 技术和应用发展的环境，同时确保技术进步不会损害公众利益。

美国的 AI 政策体现了对创新驱动经济的深信不疑，同时也表明了对于确保技术发展符合伦理标准和安全要求的承诺。通过推动跨部门合作和制定明确的政策框架，美国在推动 AI 技术发展的同时，也致力于解决伴随技术进步而来的挑战，确保 AI 技术的健康、安全和负责任地发展。

（4）日本：社会共识和人类中心。日本在制定其人工智能伦理政策时，特别强调了社会共识和以"人类中心"为核心的设计原则。这一政策方向体现在日本政府发布的《人工智能社会原则》中，该原则旨在推动 AI 技术的健康发展，并确保这一发展能够增进社会整体的福祉。这些原则涵盖了透明性、用户控制权、安全性以及隐私保护等关键方面。

日本对于 AI 技术在应对老龄化社会问题中的潜力给予了特别关注，探索 AI 在健康护理、灾害预防和提升工作效率等方面的应用。这不仅展示了日本在技术创新方面的前瞻性思维，也反映了其将 AI 技术服务于社会发展和人类福祉的坚定立场。

通过这些努力，日本旨在构建一个既能够充分发挥 AI 技术潜力，又能确保技术发展与社会伦理和人类价值观相协调的未来。日本的 AI 伦理政策和应用探索，为全球提供了一个如何在技术创新与社会责任之间寻求平衡的有益案例，强调了在 AI 技术发展过程中保持人类福祉为核心的重要性。

二、全球性伦理指导框架的比较

人工智能的快速发展引发了人们对其伦理使用的广泛关注。不同国际组织和国家针对 AI 伦理问题制定了一系列指导原则和框架，以确保 AI 技术的健康、负责任和可持续发展。这些伦理指导原则既存在共同点，也存在区别和差异。

1. 共同点

在全球范围内，AI 伦理框架普遍强调了几个关键原则，其中包括公平性、透明度以及责任和问责制，这些原则是构建负责任 AI 系统的基石。

公平性是 AI 伦理讨论中的核心议题，所有 AI 系统的设计和部署都应旨在消除偏见，确保技术的应用对各个社会群体均公平无歧视。这一原则的目标是促进一个更加包容和平等的社会，通过技术进步实现全体人民的福祉。

透明度则要求 AI 系统的决策过程必须是开放和可审查的，以便用户能够理解 AI 如何作出特定决策。这一原则有助于建立公众对 AI 技术的信任，确保技术的应用不仅技术上先进，也在伦理上可接受。

责任和问责制的原则强调，应清晰界定 AI 系统的责任归属，以便在出现问题时能够追踪并承担相应责任。这一原则确保了 AI 技术的使用者和开发者都必须对其产生的后果负责，促进了一个更加负责任和可靠的技术发展环境。

这些共同原则不仅反映了国际社会对于 AI 技术发展的共同期待，也为 AI 的负责任使用和发展提供了重要的指导思想，确保技术进步同时伴随着伦理和社会责任的提升。

2. 差异

在全球范围内，不同国际组织和国家在制定 AI 伦理指导原则时，虽然存在一些共通的核心关注点，如公平性、透明度和责任感，但在这些原则的具体实施和应用上，由于文化、法律和社会价值观的差异，它们在具体内容和实施方式上也展现出明显的区别和差异。这种差异不仅反映了各自不同的文化背景和社会价值观，也凸显了对于如何平衡技术发展与伦理考量之间的不同理解和策略。

（1）隐私保护。对于隐私的保护，不同的国家和地区根据其法律和文化背景制定了不同的政策和措施。例如，欧盟的《通用数据保护条例》（GDPR）设定了全球范围内最为严格的数据保护标准，强调了个人数据的控制权和透明度，提供了严格的数据保护标准和高额罚款，而其他一些国家可能在数据收集和使用上采取更灵活的规定或不同程度的数据保护措施。这种差异不仅在隐私保护方面显现，也体现在对 AI 技术公平性、责任归属等方面的具体要求和执行力度上。

（2）安全性和可靠性。虽然大多数 AI 伦理框架都强调了系统的安全性和可靠性，但在如何实现这一目标上，各有侧重。一些框架更注重技术和算法的安全性测试和验证，而另一些则侧重于整个生命周期的风险管理和持续监督。

（3）技术治理。在技术治理方面，不同的框架采取了不同的方法。例如，一些国家倾向于通过政府主导的规制措施来管理 AI 技术的发展和应用，而其他国家则更多依赖于行业自律和伦理准则。

（4）人类中心的 AI。虽然许多指导原则都提到了将 AI 技术服务于人类的重要性，但在实施层面，如何平衡技术创新与人类福祉、如何确保人类对 AI 系统的控制和决策权，则是各个框架之间存在差异的地方。

因此，虽然国际社会在推动 AI 伦理指导原则的发展上取得了共识，但在将这些原则转化为具体行动和政策时，仍需考虑到各自的社会文化特性和价值取向。这要求国际的持续对话和合作，以促进对 AI 伦理问题的共同理解和解决方案，同时尊重各国和地区的多样性。通过这种方式，可以更好地促进 AI 技术的健康发展，确保其在全球范围内的应用既符合伦理标准，又能反映和尊重地区差异。

3.共同的实施挑战

在全球范围内，各国和组织在将伦理指导原则应用于人工智能实践中遇到了共同的实施挑战。主要问题在于，如何确保这些伦理原则不仅仅是理论上的讨论，而是实实在在地融入 AI 系统的设计、开发和部署过程中。这涉及将抽象的伦理概念转化为具体的操作指南和标准，以及在实际操作中持续监督和评估其执行情况。

此外，另一个关键挑战是在促进技术创新与保护个人隐私、维护社会伦理之间找到恰当的平衡点。随着 AI 技术的快速发展，如何在推动技术前进的同时，确保不侵犯个人隐私权、不违反社会伦理标准，成为需要紧密关注和解决的问题。这不仅要求技术开发者和政策制定者之间的紧密合作，也需要公众参与和社会各界的广泛讨论。

因此，将伦理指导原则有效地转化为 AI 系统的实际操作，要求制定明确的政策框架、强化跨领域合作，并且在全社会范围内提高对 AI 伦理重要性的认识。通过这些措施，可以确保 AI 技术的发展既符合伦理标准，又能推动社会进步和福祉。

总的来说，尽管不同国际组织和国家在 AI 伦理指导原则和框架上存在共同点和差异，这反映了全球社会对 AI 技术伦理问题的共识以及不同文化、法律背景下的多样性。理解这些共同点和差异，以及面临的实施挑战，对于推动全球 AI 伦理标准的发展和实现跨文化、跨国界的合作具有重要意义。随着 AI 技术的不断进步和应用领域的扩大，建立一个全球性的、包容性的 AI 伦理框架将是一个持续的过程，需要国际社会的共同努力和智慧。

4. 未来的挑战与机遇

随着 AI 技术的快速发展，人类正步入一个前所未有的时代，这个时代充满了挑战与机遇。AI 技术的进步为社会带来了巨大的变革潜力，同时也引发了一系列伦理、社会和政策问题。未来的伦理实践面临着新的挑战和机遇，包括如何处理 AI 与人类工作的替代关系、AI 决策的透明度和可解释性，以及 AI 技术在全球范围内的公平访问等。同时，通过国际合作和技术创新，人们有机会制定出更加全面和适应性强的 AI 伦理框架，为全球 AI 的健康发展提供支持。总之，只有正视这些挑战和机遇，人们才能深入思考和积极行动，以确保 AI 技术的发展能够惠及全人类，而不是导致新的分裂和不平等。

（1）重申国际合作的重要性。国际组织在人工智能伦理领域的积极参与和合作凸显了 AI 伦理问题的全球性质，这不是任何单一国家或地区可以独立解决的问题。这些组织通过推动共享的伦理指导原则和标准的制定，为全球范围内的协调与合作奠定了基础，旨在建立一个更加公平、安全和可持续的全球 AI 生态系统。

这种国际合作的重要性在于，它能够汇聚多方的智慧和资源，共同应对 AI 技术发展带来的挑战和机遇。通过国际合作，可以确保 AI 技术的发展不仅符合技术进步的要求，更重要的是，符合全人类的共同价值观和利益，避免出现技术发展的"赛跑到底"现象。

此外，国际合作还有助于缩小不同国家和地区在 AI 技术发展和应用方面的差距，促进知识和技术的共享，确保所有国家都能从 AI 技术的发展中受益。这不仅有利于推动全球经济的增长，也是实现可持续发展目标的关键。国际合作在推动负责任的 AI 发展和应用方面发挥着至关重要的作用，它有助于确保 AI 技术的利益最大化，同时减少潜在的风险和不公平现象，为全球构建一个更加公正和可持续的 AI 未来。

（2）国际合作的挑战。尽管国际组织在推动全球 AI 伦理标准化方面取得了显著进展，但仍面临一系列挑战，包括不同国家和地区在价值观、法律体系和技术发展水平上的差异，以及如何确保这些伦理指导原则得到有效实施和遵守等。具体体现在以下三个方面。

一是平衡隐私保护与技术创新。在 AI 技术的发展过程中，如何保护个人隐私成为一个重要的挑战。数据是 AI 系统的基础，而在收集、处理和使用数据的过程中，必须确保个人信息的安全和隐私权得到充分保护。同时，我们还需要促进技术创新，这要求制定合理的政策和法规，以避免过度管制阻碍技术进步。

二是减少社会不平等。AI 技术的发展有可能加剧社会不平等，例如，自动化可能导致某些职业的消失，影响低技能劳动者；AI 系统的偏见问题也可能加剧对某些群体的歧视。因此，如何确保 AI 技术的发展惠及所有人，而不是仅仅使少数人受益，是一个亟待解决的问题。

三是国际合作与伦理框架的构建。AI 技术的全球性特征要求不同国家和地区之间进行紧密的合作。在全球范围内建立共同的伦理原则和标准，对于促进 AI 技术的健康发展至关重要。

为了克服这些挑战，需要加强国际合作，促进知识和最佳实践的共享，同时确保伦理指导原则的灵活性，以适应不断变化的技术和社会环境。国际组织在促进全球 AI 伦理标准的制定和实施方面发挥着不可替代的作用。通过持续的国际合作和对话，我们可以期待构建一个更加负责任和人本的全球 AI 未来。

另外，尽管不同国家在 AI 伦理政策和框架上存在差异，但也普遍认识到国际合作在推动 AI 伦理标准化和全球治理中的重要性。通过国际组织和多边平台的合作，各国可以共享最佳实践，协调政策差异，共同面对 AI 带来的全球性挑战，如数据隐私、算法偏见、就业变化和国家安全等。

总之，国家政策的多样化反映了全球对于 AI 伦理和治理的不同视角和方法。通过理解和尊重这些差异，同时寻求共同的目标和原则，国际社会可以更好地促进 AI 技术的健康发展，确保其成果惠及全人类。

（3）国际合作的机遇。人工智能伦理的实践与前瞻要求我们不仅关注技术本身的发展，更要密切关注技术在不同社会、文化和政治环境中的应用，以及这些应用如何影响人类的福祉和社会的公正。通过全球合作和跨学科的努力，我们可以共同推动构建一个更加公平、透明和可持续的人工智能未来。

一是推动跨国合作。通过国际合作，各国可以共享最佳实践，协调法律法规，共同应对 AI 技术带来的挑战。国际组织和多边论坛在这一过程中可以发挥重要作用，促进全球范围内的对话和合作。二是促进多学科交流。AI 伦理问题的复杂性要求从多个学科角度进行分析和讨论。技术、法律、伦理、社会学和心理学等领域的专家需要共同参与，通过跨学科的交流和合作，为 AI 伦理问题提供全面的解决方案。三是加快技术创新。技术本身也可以为解决伦理问题提供解决方案。例如，通过改进算法和设计，可以减少 AI 系统的偏见问题；发展更好的数据加密和匿名化技术，可以加强个人隐私的保护。因此，技术创新不仅是 AI 发展的动力，也是解决伦理问题的关键途径。

总之，面对 AI 技术带来的挑战和机遇，我们需要采取积极的措施，确保技术的发展能够符合伦理原则，增进社会的公正与福祉。这需要国际社会、不同学科的专家和技术开发者共同努力，通过国际合作、多学科交流和技术创新，共同构建一个更加公平、透明和可持续的 AI 未来。随着 AI 技术的不断进步，我们有理由相信，通过共同的努力，可以克服挑战，抓住机遇，推动 AI 技术向着更加积极的方向发展。

三、企业伦理准则与实施案例

1. 企业伦理准则的重要性

企业伦理准则在确保人工智能技术负责任使用方面发挥着至关重要

的作用，具有无可替代的重要性。这些准则不仅是企业在追求技术创新过程中的道德指南针，还是保障企业行为符合和承担起社会、经济和环境责任的基础。在 AI 技术迅猛发展的当下，随着 AI 技术在各个行业的深入应用，企业伦理准则的作用愈发凸显，企业伦理准则的重要性更是不容忽视，成为企业可持续发展的关键因素。

首先，从社会责任的角度看，适当的技术伦理准则促进社会的责任感。企业在开发、部署和应用 AI 技术过程时，面临着如何处理个人隐私、数据保护、算法透明度和公平性等一系列伦理问题。通过建立和遵循适当的技术伦理准则，让企业在设计之初就考虑到这些问题，重视并保护个人隐私和数据安全，防止算法偏见和歧视，确保技术的公平性和透明度，从而避免或减少对个人和社会造成的负面影响。例如，通过确保数据的匿名化处理和加密，企业可以保护用户隐私，同时通过算法透明度和解释性，确保用户理解 AI 决策的基础，增强公众对 AI 技术的信任。再如，通过伦理审查机制，企业可以在 AI 项目启动之初就评估潜在的伦理风险，采取措施减轻这些风险，如增加算法的可解释性，确保决策过程公正无私。

其次，企业伦理准则在经济责任方面同样至关重要。AI 技术的应用正在改变传统产业结构和就业形态，引发公众对于技术替代人工的担忧，这对企业如何在创造经济价值的同时确保公平就业和避免社会分化提出了挑战。企业通过制定和遵守伦理准则，可以在推动技术创新的同时，采取措施减轻这些变化对员工的影响。比如，在自动化和智能化改造过程中提供员工培训和转岗机会，可以在促进经济效益的同时，确保技术进步带来的经济利益公平分配，承担起保护员工权益和促进社会整体的经济稳定和发展的责任。

再者，伦理准则还强调了对环境的责任。随着 AI 技术在能源、交通、农业等领域的应用，企业有机会通过智能优化减少资源消耗和环境污染。然而，AI 系统本身的训练和运行也消耗大量能源。企业需要在伦理准则中考虑如何平衡技术创新与环境保护的关系，采取节能减排措施，推广绿色 AI 技术。企业伦理准则鼓励企业在使用 AI 技术时考虑到环境影响，推动绿色可持续的技术解决方案。AI 技术在提高生产效率、减少资源浪费方面具有巨大潜力，但其训练过程中大量能源消耗也引起环保关注。因此，企业需要在伦理准则中纳入环境保护的考量，比如优化算法以降低能耗，使用可再生能源，减少碳排放。

此外，伦理准则有助于企业建立良好的品牌形象和市场竞争力。在消费者日益关注企业社会责任的今天，遵循伦理准则的企业更容易获得消费者的信任和支持，将更容易获得市场的青睐，从而在市场中脱颖而出。一方面，遵守伦理准则的企业能够建立更强的品牌信誉和客户信任，这对于企业的长期成功至关重要。另一方面，遵循伦理准则能够促进企业内部文化的建设，吸引和留住有共同价值观的优秀人才。

最后，随着 AI 技术的广泛应用，相关的法律法规可能滞后于技术发展。企业伦理准则在这种情况下提供了一种自我约束机制，一方面能够引导企业在法律框架之外，主动识别和解决伦理问题，避免潜在的法律风险和社会争议；另一方面还有助于引领行业发展方向，形成良性竞争的市场环境。总之，企业通过建立和实施技术伦理准则，不仅在自身范围内推动负责任的 AI 应用，也能够为整个行业树立标杆，促进整个行业朝着更加负责任和可持续的方向发展。

综上所述，企业伦理准则是确保 AI 技术得到负责任使用的基石和关键，它们引导企业在追求技术创新的同时，全面考虑并承担起对社会、经济和环境的责任。通过制定和实施伦理准则，企业不仅能够促进 AI 技术的健康发展，还能够提升自身的品牌价值和社会形象，实现企业可持续发展。

2. 企业伦理准则的实施案例

实施案例分析是理解企业如何将伦理准则付诸实践的有效方式。通过深入探讨具体案例，我们可以揭示企业在应对伦理挑战时的决策过程、采取的措施以及实施的结果，从而为其他组织提供宝贵的经验和教训。

一个典型的案例是谷歌的人工智能伦理原则实施情况。在经历了与美国国防部合作的项目（Project Maven）引发的内部和外部争议后，谷歌于 2018 年公布了一套 AI 伦理原则。这套原则明确了谷歌将如何以负责任的方式开发和使用 AI 技术，包括不会在造成或可能造成整体伤害的技术上使用 AI，以及将积极避免创造或加强不公平偏见。谷歌还成立了一个内部 AI 伦理审查委员会，负责审查公司的 AI 项目，确保其符合伦理原则。

另一个案例是微软在面部识别技术的应用上的伦理考量。面对面部识别技术可能被用于侵犯个人隐私、加强监控和歧视的风险，微软公开呼吁政府制定面部识别技术的使用规范，并在公司内部实施了一系列措施来确保技术的负责任使用。这包括对使用微软面部识别技术的客户进行严格的审查，以及拒绝了一些可能会威胁人权或民主自由的项目。

国际商业机器公司（IBM）的 AI 伦理实践也是一个值得关注的案例。IBM 强调 AI 系统的透明度和可解释性，致力于开发可以解释其决策过程的 AI 技术。此外，IBM 还发布了自己的 AI 伦理原则，并建立了专门的 AI 伦理委员会，负责指导和监督公司的 AI 项目，确保它们符合公司的伦理标准和社会责任。

这些案例表明，企业在将伦理准则付诸实践时，不仅需要制定明确的伦理原则和指导方针，还需要建立相应的监督和审查机制，确保 AI 项目和技术的实际应用与公司的伦理准则相符。此外，企业还需要与政府、行业组织和公众等多方利益相关者进行沟通和合作，共同推动制定 AI 技术的伦理标准和监管政策。

总之，通过具体的实施案例分析，我们可以看到，企业在将伦理准则付诸实践过程中面临着诸多挑战，但同时也在积极探索和采取措施，以确保 AI 技术的负责任使用和可持续发展。这些案例为其他组织提供了宝贵的经验和参考，有助于推动整个行业在伦理方面的进步。

（1）透明度实践。在实践透明度的过程中，一家科技公司在开发其推荐算法时采取了开创性的措施。该公司不仅向公众公开了算法背后的基本原理，确保了技术透明度，而且还引入了一个创新的功能——用户可自定义过滤器。这一功能的引入，允许用户深入了解自己的数据如何被算法处理，并给予了用户更多的控制权。通过这种方式，用户可以根据自己的偏好和隐私关切，调整算法对其数据的处理方式。这种做法不仅展现了公司对增强算法透明度和尊重用户隐私的承诺，还有效增强了用户对公司技术的信任和满意度。这一案例成为行业内推动技术透明度和用户控制权的典范。

（2）公平性测试。在人工智能系统的设计和实施中，公平性是一个核心原则，要求系统在操作时对所有用户和群体公平无偏。这一原则的重要性在于，AI 系统的决策过程和输出直接影响到人们的生活和机会。因此，确保 AI 系统不加剧现有的不平等现象，不因算法偏见而歧视特定的群体，是企业在开发和部署 AI 技术时必须承担的责任。

算法偏见通常来源于数据集的不平衡或预处理过程中的偏差，这可能导致 AI 系统在预测、推荐或决策时对某些人群不公。例如，如果一个用于招聘的 AI 系统训练数据主要基于历史上男性候选人的简历，那么这个系统可能会倾向于推荐男性候选人，从而对女性候选人产生不公平的影响。

例如，在 AI 领域，一家初创企业致力于开发一款用于招聘的 AI 工具，旨在通过技术手段提高招聘过程的效率和公正性。面对 AI 技术中常见的性别偏见问题，该公司采取了积极的措施以确保其工具的公平性。具体而言，他们通过使用多元化的数据集来训练其算法，这样做可以减少由于数据单一导致的偏见风险。此外，公司还定期对算法进行性别偏见的测试，一旦发现偏差，就立即进行调整。这种持续的测试和优化过程，确保了招聘工具在实际应用中能够公平地评估所有候选人，无论性别如何。通过这些措施，该企业不仅展现了对消除 AI 中性别偏见的承诺，也提升了其工具的市场竞争力，成为行业中推动 AI 公平性的先行者。

为了确保 AI 系统的公平性，企业需要采取以下措施。一是收集和使用多样化数据集。企业应努力收集和使用多样化的数据集，这些数据集应涵盖不同的人口统计特征，如性别、种族、年龄等，以减少数据驱动的偏见。二是进行持续的测试和评估。企业需要定期对 AI 系统进行测试和评估，以识别和修正可能的偏见。这包括在系统部署前后进行的测试，以及持续监控系统性能的过程，确保其决策公平无偏。三是提高算法透明度和可解释性。提高算法的透明度和可解释性，可以帮助识别和解释可能的偏见。企业应采用可解释的 AI 模型，并公开解释其决策过程，这样利益相关者可以理解系统是如何工作的，以及它是如何作出特定决策的。四是严格伦理和公平性审查。企业应建立伦理和公平性审查流程，确保所有 AI 项目在设计和部署前都经过严格的伦理审查，以识别潜在的偏见风险并采取相应措施。五是组建多学科团队。建立由不同背景（包括性别、种族、社会经济背景等）的人员组成的多学科团队，可以从多角度审视 AI 系统，有助于识别和减少偏见。六是完善用户反馈机制。建立有效的用户反馈机制，鼓励用户报告可能的不公平或歧视情况，这些反馈可以作为改进 AI 系统的重要资源。

通过这些措施，企业可以更好地确保其 AI 系统在实际应用中的公平性，避免加剧现有的不平等现象，同时也建立起公众对 AI 技术的信任。公平性不仅是 AI 伦理的要求，也是企业社会责任的体现，对于促进技术的健康发展和社会的整体福祉至关重要。

（3）隐私保护措施。在当今数字化时代，隐私保护已成为企业和个人极为关注的核心议题。随着人工智能技术的广泛应用，尤其是在处理涉及个人数据的场景中，确保高标准的隐私保护变得尤为重要。

例如，针对一项旨在欧洲市场推广的个性化广告项目，一家企业采取了严格措施以确保其遵守欧盟《通用数据保护条例》（GDPR）。为了保障用户数据的安全性与隐私性，该企业实施了先进的数据加密技术，并对用户数据进行了匿名化处理。这些措施确保在个性化广告的创建和投放过程中，用户的个人信息得到充分保护，同时也满足了 GDPR 对数据处理的严格要求。通过这种方法，企业不仅强化了对用户隐私的保护，还树立了其作为负责任数据处理者的形象。这一做法展现了企业对隐私保护重要性的认识和承诺，为其他欲在遵循 GDPR 的同时进行数据驱动营销的企业提供了一个值得借鉴的例子。

可见，企业在使用 AI 技术处理个人数据时，不仅要采用最新的数据加密技术，还必须确保数据处理过程符合全球隐私法规的要求，如欧盟《通用数据保护条例》（GDPR）、加利福尼亚《消费者隐私法案》（CCPA）等。

首先，采用先进的数据加密技术是保护个人隐私的基础。数据在传输和存储过程中都可能成为黑客攻击的目标，因此，使用强加密算法和安全协议对数据进行加密，可以有效防止未经授权的访问和数据泄漏。此外，企业还应采用匿名化和去标识化技术，确保即便数据被泄漏，也难以追溯到个人身份。

其次，确保数据处理过程符合全球隐私法规的要求，对于跨国运营的企业尤为重要。这不仅涉及对相关法律法规的深入了解和合规性评估，还包括建立相应的数据保护政策和流程。企业需要明确数据收集的目的、范围和方式，确保仅收集必要的个人数据，并且获得数据主体的明确同意。同时，企业还应向数据主体提供足够的信息和控制权，使其能够理解自己的数据如何被使用，以及如何行使自己的隐私权利，包括访问权、更正权和删除权等。

此外，企业还应建立健全的数据安全管理体系，包括定期进行数据安全培训、风险评估和安全审计，以及建立应急响应机制，以便在数据泄漏或安全事件发生时，能够迅速采取措施，减少损失。

为了进一步增强隐私保护，企业还可以采用隐私增强技术（PETs），如同态加密和差分隐私等。这些技术允许在加密数据上直接进行处理和分析，而无需解密，从而在保护数据隐私的同时，依然能够利用数据的价值。

总之，隐私保护不仅是法律和道德的要求，也是企业建立信任和保持竞争力的关键。随着技术的发展和隐私法规的不断完善，企业必须持续关注和适应这一领域的最新动态，采取有效措施，确保在利用 AI 技术处理个人数据时，能够为用户提供高标准的隐私保护。

（4）安全性保障。在人工智能技术日益成为企业和社会运营不可或缺的一部分的今天，确保 AI 系统的安全性变得尤为重要。AI 系统的安全性不仅关系到企业的数据安全和业务连续性，更直接影响到人类的福祉和社会基础设施的稳定。

例如，一家领先的自动驾驶汽车制造商为确保其车辆 AI 系统的安全性，采取了多项创新措施。该公司在其 AI 系统中集成了多层安全防护机制，关键措施包括实施实时威胁检测系统和自动更新机制。实时威胁检测系统能够持续监控潜在的安全威胁，并在检测到异常行为时立即采取行动，有效预防黑客攻击。同时，自动更新机制确保了系统软件能够及时更新至最新版本，修补可能的安全漏洞。这些措施共同构建了一个强大的安全防护网，大大降低了系统遭受黑客攻击的风险。通过这种全面的安全策略，该制造商不仅提升了自动驾驶汽车的安全性，还增强了消费者对其产品的信任。这一做法体现了企业对安全技术的重视和对用户安全的承诺，为自动驾驶车辆的安全保障树立了新的标杆。

因此，企业必须从系统设计之初就将安全性考虑在内，通过实施严格的安全测试和监控，确保其 AI 系统不会被恶意利用来伤害人类或破坏社会基础设施。

首先，从系统设计阶段开始，企业就应采用安全性原则，如最小权限原则、数据最小化原则等，确保 AI 系统在设计上具有抵御攻击的能力。这包括对 AI 系统的各个组成部分进行安全设计，如使用安全的编码实践，确保数据传输和存储过程的加密，以及采用安全的认证和授权机制。

其次，实施严格的安全测试是确保 AI 系统安全的关键步骤。企业需要对 AI 系统进行全面的安全评估，包括静态代码分析、动态行为分析和渗透测试等，以识别潜在的安全漏洞和弱点。此外，考虑到 AI 系统可能面临的特殊攻击方式，如对抗性攻击（通过输入特制的数据来欺骗 AI 模型），企业还需要采用专门的测试方法来评估 AI 系统对这类攻击的抵抗能力。

安全监控也是保障 AI 系统安全的重要环节。企业应建立实时的安全监控系统，对 AI 系统的运行状态进行持续监控，以便及时发现和响应异常行为。这包括监控系统性能指标、日志分析以及使用异常检测技术来识别潜在的安全威胁。

除了技术措施外，企业还需要建立相应的安全管理流程和政策，确保 AI 系统的安全性。这包括制定和实施 AI 系统的安全政策、安全培训计划以及应急响应计划。通过提高员工的安全意识和能力，以及建立有效的应急响应机制，企业可以更有效地管理和应对 AI 系统可能面临的安全风险。

最后，鉴于 AI 技术和安全威胁都在不断发展，企业还需要持续关注 AI 安全领域的最新研究和发展趋势，定期更新和升级 AI 系统的安全措施，以应对新出现的安全威胁。

总之，确保 AI 系统的安全性是企业在利用 AI 技术时必须面对的挑战。通过从设计阶段就将安全性纳入考虑，实施严格的安全测试和监控，以及建立完善的安全管理流程和政策，企业可以有效地保护其 AI 系统不被恶意利用，确保人类和社会基础设施的安全。

（5）责任归属明确。在人工智能技术日益融入社会的各个方面，其决策和行为对人类生活产生了深远的影响。随之而来的是，当 AI 系统出现问题或导致损害时，责任归属的问题变得尤为复杂和紧迫。

例如，面对一款智能家居设备因软件缺陷引发的用户隐私泄漏事件，制造商采取了积极负责的态度。该公司不仅迅速开发并发布了修复补丁以解决软件缺陷，还主动联系受影响的用户，提出了具体的赔偿方案。通过这些措施，制造商不仅有效地解决了隐私泄漏问题，还展现了对用户权益的尊重和保护。这一做法不仅帮助恢复了用户对公司产品的信任，也为其他企业在处理类似问题时提供了一个积极的参考。此外，该事件也强调了智能设备制造商在保障用户隐私和数据安全方面的责任，提醒行业内其他企业加强产品安全性，明确责任归属，以预防未来可能发生的隐私泄漏事件。

明确责任归属不仅关系到受影响方的利益维护，也是确保 AI 技术健康、可持续发展的关键。

企业作为 AI 系统的开发和部署主体，应当承担起监管其技术的责任，并在必要时采取补救措施。这一责任的承担，首先要求企业在 AI 系统的设计、开发和部署过程中，充分考虑到潜在的风险和影响，采取预防措施以避免问题的发生。例如，通过建立严格的质量控制流程，进行全面的风险评估和测试，以及确保 AI 系统的透明度和可解释性，来降低风险和潜在的负面影响。

其次，当 AI 系统出现问题时，企业应迅速采取行动，识别问题的原因，评估影响范围，并采取补救措施。这可能包括修复系统缺陷、暂停系统运行、向受影响方提供补偿等。同时，企业还应与监管机构、受影响方和公众进行沟通，透明地分享问题的性质、影响以及采取的应对措施，以维护公众信任。

再次，随着 AI 技术的发展和应用领域的扩展，企业还应积极参与制定相关的行业标准和法律法规，推动建立明确的责任归属和责任追究机制。这包括参与讨论和制定关于 AI 伦理、安全性、透明度和责任归属的国际和国内标准，以及与政府、行业组织和公众合作，共同探索适应 AI 时代的责任归属和补救机制。

最后，在责任归属的问题上，还需要考虑到 AI 系统的特殊性，如自学习和自适应能力，这可能导致其行为难以预测，从而使责任归属变得更加复杂。因此，企业在设计和部署 AI 系统时，应考虑到这些特性，通过技术和管理措施，如设定操作界限、建立监控和干预机制等，来确保对 AI 系统的有效控制和管理。

综上所述，确保 AI 系统的责任归属明确是企业在利用 AI 技术时必须面对的重要问题。通过在设计和开发过程中采取预防措施，出现问题时迅速采取补救措施，以及积极参与制定相关标准和法规，企业可以有效地管理 AI 技术的风险，保障公众利益，促进 AI 技术的健康发展。

3. 企业伦理准则的挑战与前瞻

企业伦理准则在人工智能技术的负责任使用和发展中扮演着至关重要的角色。随着 AI 技术在各行各业的广泛应用，如何确保这些技术被负责任地使用，不仅对企业自身的可持续发展至关重要，也对社会的整体福祉和进步具有深远影响。企业通过制定和实施伦理准则，不仅可以有效识别和减少 AI 技术应用中可能出现的风险，还能增强公众对其 AI 技术和产品的信任。

实施伦理准则使企业能够在设计、开发和部署 AI 技术时，主动考虑和解决伦理问题，如确保数据隐私保护、避免算法偏见和歧视、保障透明度和可解释性等。这不仅有助于预防潜在的社会和法律风险，还能够提升企业形象，建立良好的品牌信誉。

然而，随着 AI 技术的不断进步和应用领域的不断扩展，企业将面临更多的伦理挑战。这些挑战包括但不限于处理更加复杂的数据隐私问题，解决由于 AI 技术进步带来的新型算法偏见，以及如何在提升技术效率和保障人类权益之间找到平衡。面对这些挑战，企业需要不断更新和完善其伦理准则，确保其与时俱进，能够应对新出现的问题和风险。

尽管企业在实施人工智能伦理准则方面已经取得了一定的进展，但在推动 AI 技术负责任使用和可持续发展的过程中，仍然面临着不少挑战。这些挑战主要包括技术的快速发展、法律法规的不完善，以及公众对 AI 技术的担忧和误解等方面。

首先，AI 技术的快速发展给伦理准则的制定和实施带来了挑战。AI 技术，尤其是机器学习和深度学习领域，正以惊人的速度进步，新的应用和能力不断涌现。这种快速发展使得现有的伦理准则很难跟上技术进步的步伐，可能导致新出现的伦理问题和风险得不到及时和有效的应对。其次，法律法规的不完善也是一个重要挑战。目前，许多国家和地区针对 AI 技术的法律法｜规还不够完善，缺乏针对 AI 特性和风险的具体规定。这导致企业在实施 AI 伦理准则时，缺乏明确的法律指导和支持，同时也增加了法律风险。此外，公众对 AI 技术的担忧和误解也是企业面临的一个挑战。随着 AI 技术的广泛应用，人们越来越担心 AI 可能带来的隐私侵犯、失业、决策不透明等问题。这些担忧，加上对 AI 技术的误解，可能导致公众信任度下降，影响 AI 技术的接受度和发展。

面对这些挑战，未来企业需要不断更新和完善其伦理准则，以应对技术进步和社会变化带来的新问题和风险。这包括加强对 AI 技术发展趋势的监测，定期审查和更新伦理准则，以及加强伦理风险评估和管理。同时，企业还需要加强与政府、行业组织和公众的合作，共同推动制定和完善 AI 技术的法律法规，提高公众对 AI 技术的理解和信任。此外，企业还应积极参与公共讨论和政策制定过程，为制定公平、透明和有利于社会发展的 AI 伦理准则和政策提供专业意见和支持。通过这些措施，企业不仅可以更有效地应对伦理准则实施过程中的挑战，还可以促进 AI 技术的健康发展，实现技术创新与社会责任的平衡。

同时，企业在推动 AI 伦理发展的过程中，不能单打独斗。这要求企业、政府、行业组织以及社会各界共同努力，通过多方合作和对话，共同探索和制定有效的策略和措施。政府和监管机构需要制定明确的法律法规，为 AI 技术的负责任使用提供法律框架。行业组织和学术界可以通过研究和讨论，提出行业标准和最佳实践。公众的参与和监督也是推动 AI 伦理发展的重要力量。

总之，企业伦理准则在 AI 技术的负责任使用中发挥着基础性作用。一方面，面对技术快速发展、法律法规不完善以及公众担忧等挑战，企业在实施 AI 伦理准则的过程中需要持续更新和完善其伦理准则，同时加强与各方的合作，共同推动 AI 技术的健康发展。另一方面，面对未来的挑战，需要企业持续地关注和更新其伦理准则，同时也需要社会各界的共同努力，以确保 AI 技术能够在促进经济发展和社会进步的同时，最大限度地减少对人类和社会的负面影响。通过这样的共同努力，我们可以期待一个由负责任的 AI 技术驱动的更加公正、透明和包容的未来。

第十一章　伦理审查与评估机制

在科技日新月异的今天，伦理审查与评估机制的建立和完善愈发重要。它就像一道防线，确保各项活动在道德和伦理的框架内进行。

伦理审查旨在评估研究、技术应用或项目是否符合道德原则和社会价值观。通过全面、细致的审查，可以提前发现潜在的伦理问题，并采取相应措施加以避免或解决。

例如，在医学领域的临床试验中，伦理审查要确保患者的权益得到充分保护，他们的知情同意权、隐私权等不能受到侵犯。对于涉及人工智能技术的开发和应用，伦理审查需要考虑算法是否公平、是否会导致歧视等问题。

哈佛大学的心理学家史蒂芬·平克（Steven Pinker）[1] 认为，过分的伦理监督可能会干扰创新速度。然而，这一观点遭到了许多学者的反驳。伦敦生物伦理学家丹尼尔·索科尔（Daniel Sokol）[2] 指出，伦理学的本质是尽量避免或减少研究中受试者的痛苦，防止不可估量的伤害。牛津大学生物伦理学家朱利安·萨夫勒斯库（Julian Savulescu）也表示，生物伦理学家往往很难决定何时对研究进行审查以及何时隐退，在识别有问题的研究和限制好的研究方面，伦理审查经常难以有效发挥作用。

---

[1] 史蒂芬·平克（Steven Pinker），著名认知心理学家和科普作家，TED 演讲人、世界超级语言学家。先后毕业于麦吉尔大学、哈佛大学，博士。代表作有《语言本能》《思想本质》《心智探奇》《白板》《心灵如何运作》等。

[2] 丹尼尔·索科尔（Daniel Sokol），英国著名生物伦理学家，在领先的医学、外科和医学伦理学期刊上发表了 250 多篇文章，包括《英国医学杂志》《学术医学》《英国外科杂志》和《医学伦理学杂志》。

实际上，伦理审查与评估机制并非创新的阻碍，而是为了引导科技健康发展，使其更好地造福人类。它有助于平衡科技进步与道德考量之间的关系。在进行伦理审查时，需要遵循一系列原则，如尊重、公正、不伤害和有利等。审查过程应透明、公正，广泛听取各方意见。

同时，伦理审查与评估机制也应具有灵活性和适应性，能够随着科技的发展和社会观念的变化不断调整和完善。相关人员需要不断学习和更新知识，以应对新出现的伦理挑战。

一、伦理审查流程与方法

人工智能作为一种颠覆性技术，其应用已渗透到社会的各个层面，从改善日常生活的便利性到推动科学研究的边界的拓展。然而，随着AI技术的快速发展和广泛应用，伦理问题也日益凸显，如数据隐私侵犯、算法偏见、自动化失业、机器自主性等。因此，建立一套全面的伦理审查流程与方法，对于指导AI的健康发展、保护个人权益和社会公共利益至关重要。

1. 伦理审查流程

伦理审查流程是关键环节，确保人工智能项目从概念设计到最终部署全程遵守伦理准则，保护个人隐私，确保算法公正无偏，并对社会负责。这个流程不仅涉及技术层面的考量，还包括法律、社会和道德伦理的综合评估。

（1）准备阶段。准备阶段是AI项目伦理审查流程中至关重要的一步，它为整个项目的伦理合规性奠定基础。在这一阶段，项目团队需要细致地界定项目的目标和应用场景，并对可能产生的潜在影响进行全面评估。这不仅涉及技术实现的目标，还包括了对社会、经济和文化层面的考量。

在项目启动之初，团队需要明确项目的目标、应用场景及其潜在的社会影响。这一阶段的关键活动包括两个方面。

第一，目标界定，即明确 AI 项目所要解决的问题，及其预期的正面和潜在的负面影响。具体包括以下三个流程。一是项目目标的明确化，需要清晰地界定项目的主要目标和次要目标。这包括项目希望解决的具体问题、预期达成的成果以及这些成果如何对社会产生积极影响。二是应用场景的详细描述，描述 AI 项目将在哪些具体场景下运行，这包括目标用户群体、使用环境、技术部署方式等。应用场景的详细描述有助于识别项目实施过程中可能遇到的特定挑战和机遇。三是潜在影响的评估，全面分析项目可能产生的正面和负面影响。这包括对经济、社会、文化等多个层面的影响进行预测和评估，特别是项目可能对特定群体或社会整体产生的长远影响。

第二，风险识别，即初步识别项目可能引发的伦理风险，尤其是对隐私、公平性、透明度和责任归属的影响。具体包括以下四个流程。一是隐私保护，评估 AI 项目在收集、处理和存储个人数据过程中可能出现的隐私泄漏风险。这包括对数据加密、匿名化处理及用户同意等方面的考量。二是公平性考量，识别项目实施过程中可能出现的偏见和歧视问题。这涉及算法训练数据的选择、模型设计的公平性以及结果的公正性评估。三是透明度和可解释性，确保 AI 系统的决策过程对用户和监管机构是透明的，特别是在高风险应用场景中。这要求项目团队能够解释 AI 系统的决策逻辑和依据。四是责任归属，明确在 AI 系统出现错误或问题时，责任的归属和解决机制。这包括制定明确的责任分配原则和应对策略，确保在出现问题时能够迅速有效地解决。

在准备阶段完成上述两个关键步骤后，项目团队将对 AI 项目的伦理风险有一个初步的认识，为进一步的伦理审查和风险缓解措施的制定奠定基础。这一阶段的工作不仅有助于提高项目的伦理合规性，还能增强项目的社会责任感和公众接受度，为项目的成功实施和长期发展打下坚实的基础。

（2）形式审查阶段。形式审查阶段是 AI 项目伦理审查流程中的关键一环，旨在确保项目在进行深入评估和实施之前，已经建立了符合伦理原则的基本框架。这一阶段的核心任务包括制定伦理指南和准备必要的项目资料，为后续的实质性审查奠定基础。

该阶段的目的是确保项目在进行深入评估之前，已经准备好遵循伦理准则的基本框架，主要包括两个关键步骤。

第一，制定伦理指南，即依据国际公认的 AI 伦理原则，制定具体的审查标准和指南。具体包括三个流程。一是基于伦理原则的指南制定，需要依据国际公认的 AI 伦理原则，如透明度、公平性、隐私保护、责任归属等，制定出一套具体的伦理审查标准和指南。这些指南应当详细说明项目在设计、开发、部署和运营过程中应遵循的伦理规范和行为准则。二是参考行业最佳实践的指南制定，在制定伦理指南时，应考虑参照相关行业的最佳实践和案例研究，以确保指南的实用性和前瞻性。同时，还需要考虑到不同地区和文化背景下的伦理多样性，确保指南的普适性和包容性。三是持续更新和完善伦理指南。鉴于 AI 技术和应用领域的快速发展，伦理指南应设计为可动态调整和更新的框架，以适应新出现的伦理挑战和社会需求。

第二，准备项目资料，即要求项目团队准备详尽的项目描述文档、风险评估报告和预期的风险缓解措施。具体包括三个流程。一是准备项目描述文档。项目团队需要准备一份详尽的项目描述文档，包括项目的目标、应用场景、技术架构、数据来源和处理方式、预期成果及其社会影响等。文档应详细阐述项目如何遵循伦理指南中的规范，以及如何处理可能出现的伦理问题。二是准备风险评估报告。基于项目描述和初步的风险识别，编制一份全面的风险评估报告。该报告应详细分析项目可能面临的伦理风险，包括但不限于数据隐私泄漏、算法偏见、决策透明度不足等问题，并评估这些风险的可能性和潜在影响。三是准备风险缓解措施。在识别并评估风险的基础上，项目团队还需制定一套预期的风险缓解措施。这些措施应包括具体的技术方案、管理策略和应急响应计划,旨在减轻或消除伦理风险带来的负面影响。

形式审查阶段的工作不仅要求项目团队对 AI 项目的伦理方面进行深入思考和规划,还需要他们准备一系列详尽的文件和报告,为项目的伦理合规性提供充分的证据和支持。通过这一阶段的审查,可以确保项目在后续的开发和实施过程中,能够有效地遵循伦理原则,减少伦理风险,提高项目的社会责任感和公众接受度。

(3)实质审查阶段。这一阶段是确保 AI 项目能够负责任地推进和实施的关键步骤。

这一阶段是伦理审查流程的核心,涉及对 AI 项目的深入评估和审查。具体包括三个流程。

一是组建跨学科专家团队。为此,需组建由 AI 技术、伦理学、法律和社会学等领域专家组成的评审团队。这样的团队能够确保对 AI 项目的评审工作能够从多个角度全面进行综合评估,深入挖掘和评估项目可能带来的伦理风险和法律问题。通过这种多角度的审视,可以更有效地识别潜在的问题,并提出相应的解决方案或改进建议,确保项目的顺利进行不仅遵循技术标准,同时也符合伦理规范和法律要求。

二是实施综合评估。在实质审查阶段,评审团队将进行一项综合评估,全面考察 AI 项目的各个方面,包括技术实现的细节、可能引发的伦理风险,以及对社会的潜在影响等。通过深入分析,团队将识别项目中的关键问题和挑战,评估其对个人、社会乃至环境可能产生的影响。基于这些考量,评审团队会提出详尽的审查意见,这些建议旨在指导项目团队优化项目设计、增强伦理合规性、减少负面社会影响。这一过程确保了 AI 项目在技术创新的同时,也兼顾了伦理责任和社会价值,促进了项目的健康和可持续发展。

三是及时反馈与调整。在反馈与调整阶段,项目团队将接收来自评审团队的审查意见,并据此进行必要的调整。这些调整旨在确保项目符合伦理要求,涉及对项目设计、实施策略乃至目标的重新评估和修改。通过这一过程,项目团队不仅解决了评审中指出的具体问题,还提升了对伦理原则的理解和应用能力，确保项目在遵循技术创新的同时，也重视伦理责任和社会价值。这种基于反馈的动态调整机制，是确保 AI 项目长期可持续发展的关键环节，有助于构建更加负责任和有益于社会的技术解决方案。

（4）后续监督阶段。项目部署后，伦理审查并未结束，而是进入持续的监督和评估阶段。

一要持续监测。定期对 AI 项目的运行情况和实际社会影响进行监测，确保其持续遵守伦理准则。项目部署后，持续监测成为确保其长期符合伦理要求的关键步骤。这一过程涉及定期检查项目的实际运行状况和对社会的影响，以确保其持续遵守伦理标准，及时识别并解决新出现的问题或挑战。通过这种持续的监测机制，项目团队能够获得关于系统表现和社会反馈的实时数据，这些信息对于评估项目的长期效果、指导未来的调整和改进至关重要。此外，持续监测也有助于增强项目的透明度和公众信任，构建更加开放和负责任的 AI 应用环境。这不仅符合伦理原则，也促进了技术与社会的和谐共进。

二要动态调整。根据监测结果和社会反馈，及时调整和优化 AI 系统，解决新出现的伦理问题和挑战。基于持续监测的结果，动态调整成为确保 AI 系统长期遵循伦理标准的必要步骤。这一过程要求项目团队及时对 AI 系统进行调整和优化，以应对监测过程中发现的新问题或伦理挑战。动态调整不仅涉及技术层面的改进，如算法更新或数据处理方式的优化，也包括对伦理框架和实施策略的调整，确保 AI 系统的运行符合不断发展的伦理要求和社会期望。这种基于反馈的迭代过程有助于提升 AI 系统的性能和伦理合规性，同时也增强了系统的适应性和韧性，确保 AI 技术能够在不断变化的环境中持续发挥积极作用。

三要完善伦理审查流程。伦理审查流程是确保 AI 项目负责任地开发和部署的重要保障。通过这一流程，可以识别和缓解潜在的伦理风险，保护个人和社会免受不利影响，同时促进 AI 技术的健康发展和社会接受度。随着 AI 技术的快速进步和应用范围的不断扩大，伦理审查的重要性日益凸显，需要所有利益相关方的共同努力和持续关注。

2. 伦理审查方法

伦理审查方法对于确保人工智能项目在设计、开发及部署各阶段均遵循伦理原则至关重要。这些方法和策略的核心目的在于识别项目可能引发的伦理风险，评估这些风险的严重性，以及提出相应的缓解措施，从而确保 AI 项目能够负责任地进行。

（1）伦理审查的方法。开展人工智能伦理审查活动应坚持科学、独立、公正、透明原则，遵守法律法规和有关伦理规范，客观评估和审慎对待人工智能技术应用风险，遵循增进人类福祉、尊重生命权利、坚持公平公正、合理控制风险、保持公开透明，并自觉接受有关方面的监督。伦理审查的方法包括但不限于以下几种。

第一，进行前期风险评估，制定和应用伦理框架。在项目启动之初，进行全面的风险评估，以识别可能的伦理问题和社会影响。这包括对数据来源、算法偏见、隐私保护等方面的考量。制定和应用伦理框架是确保人工智能项目在其整个生命周期中遵循伦理原则的关键步骤。一个有效的伦理框架将基于国际公认的伦理原则，如透明度、公平性、隐私保护等，为 AI 项目提供一个清晰的道德指导和行为准则。以下是构建和应用伦理框架的详细步骤。

一是构建伦理框架。伦理审查团队需要综合考虑国际公认的伦理原则，结合项目的具体情况，制定一个全面的伦理框架。该框架应详细说明项目设计、开发和部署过程中应遵循的伦理标准。二是明确行为准则。伦理框架中应包含具体的行为准则，明确指出项目团队在遇到伦理决策时应如何行动，以确保项目的每个环节都能符合既定的伦理原则。三是制定应用指南。为了帮助项目团队理解和实施伦理框架，需要制定一套详细的应用指南。这套指南将指导团队在项目的设计、开发和运营各阶段如何考量伦理因素，以及在面对伦理困境时如何作出合理的选择。四是培训与教育。组织培训和教育活动，确保项目团队成员充分理解伦理框架的重要性，并掌握应用指南中的具体操作方法。五是监督与评估。建立监督机制，定期评估伦理框架的应用效果，并根据项目进展和外部环境的变化进行必要的调整和优化。

通过这一系列步骤，AI 项目不仅能够在技术创新的同时确保伦理合规，还能增强公众对项目的信任和支持，为 AI 技术的可持续发展奠定坚实基础。

第二，实行跨学科专家咨询，完善伦理影响评估。邀请技术、伦理、法律等领域的跨学科专家参与项目审查，确保从多角度评估 AI 项目的伦理影响。伦理影响评估（EIA）是一种全面分析人工智能项目可能对个人、社会和环境产生影响的方法。它旨在识别项目可能引发的伦理风险，评估这些风险的严重程度及发生的可能性，并针对发现的问题提出有效的缓解措施。EIA 包括以下五个核心步骤。

一是系统性分析。采用结构化的方法，系统地识别和分析 AI 项目可能引起的伦理问题，包括但不限于数据隐私、算法偏见、自动化决策的透明度和公平性等方面。二是风险评估。对识别出的伦理风险进行定量或定性评估，确定它们的严重程度和发生的可能性。这一步骤有助于项目团队优先处理最紧迫和风险最高的问题。三是利益相关方参与。EIA 过程中，主动邀请项目的利益相关方，如目标用户、社区成员、行业专家等参与讨论。通过收集他们的意见和反馈，可以从多元视角全面评估项目的伦理影响。四是制定缓解措施。基于风险评估的结果，制定并实施相应的缓解措施，以降低或消除伦理风险。这可能包括技术调整、政策制定或用户教育等多种方式。五是持续监控和反馈。在项目实施过程中，持续监控伦理风险，并根据反馈和监控结果进行必要的调整。这一动态过程确保 EIA 能够适应项目进展和外部环境的变化。

通过实施 EIA，AI 项目不仅能够及早识别和解决潜在的伦理问题，还能增强项目的社会责任感和公众信任度，为 AI 技术的健康发展创造有利条件。

第三，鼓励利益相关者参与，倡导多学科团队合作。通过调研、访谈或公开论坛等方式，让项目受影响的群体或个人参与到伦理审查过程中，收集他们的意见和反馈。

一是倡导跨学科协作。在人工智能项目的发展和实施过程中，跨学科协作是确保伦理实践全面性和深度的关键。通过组建一个多学科团队，汇集技术专家、伦理学者、法律专家和社会科学家等不同领域的知识和经验，可以从多角度审视 AI 项目，确保其设计和应用符合伦理、法律和社会标准。

这种多学科合作模式允许项目从技术实现到伦理考量、法律合规性乃至社会影响等多个维度进行全面评估和审查。技术专家负责确保 AI 系统的技术可行性和优化；伦理学者引导项目团队深入理解伦理原则，并将这些原则融入 AI 系统的设计和实施过程中；法律专家确保项目遵守相关法律法规，降低法律风险；社会科学家则从社会影响的角度评估项目，确保其能够正面应对社会挑战，增进社会福祉。

此外，多学科团队合作还促进了知识和技能的交叉融合，激发创新思维，有助于识别和解决 AI 项目开发和应用过程中可能遇到的复杂问题。通过这种合作方式，AI 项目不仅能够在技术上取得进步，还能在伦理、法律和社会责任方面表现出色，为社会带来更广泛和深远的积极影响。

二是实施知识共享和培训。为了确保 AI 项目的伦理实践得到有效执行，知识共享和专业培训发挥着至关重要的作用。通过组织专门的培训课程和工作坊，项目团队成员可以提升自身在伦理方面的意识和技能，更好地理解伦理原则在 AI 项目设计和实施中的应用。这种培训不仅包括伦理学基础、数据保护法规、算法偏见识别与缓解等内容，还应涵盖最新的伦理研究成果和行业最佳实践，以确保团队的知识和技能保持在最前沿。

此外，知识共享机制的建立，如内部知识库、定期的经验交流会，可以促进团队成员间的信息流通和经验互换，加强团队的整体伦理审查能力。通过这种方式，不仅加速了伦理知识的传播和应用，还有助于形成一个持续学习和改进的组织文化，为 AI 项目的伦理实践提供坚实的支持。这种系统性的知识共享和培训策略，能够有效促进伦理审查方法的实施，确保 AI 项目在追求技术创新的同时，也能够负责任地解决伦理挑战。

第四，持续监测与动态调整。项目部署后，定期对其运行情况和社会影响进行监测，并根据监测结果进行必要的调整，以解决新出现的伦理问题。

一方面实施动态监测。项目部署后，采用动态监测机制对 AI 系统进行持续的监督和评估至关重要。这一过程包括定期检查系统的运行状态和对社会的影响，确保 AI 技术在其生命周期内始终遵守伦理原则。通过这种持续的评估，可以及时发现并解决可能出现的问题，如算法偏见、数据隐私泄漏等，确保 AI 系统的负责任使用，并维护公众对 AI 技术的信任。此外，动态监测还有助于捕捉技术进步和社会环境变化带来的新挑战，从而不断优化和调整 AI 系统，提高其社会适应性和伦理合规性。

另一方面实施适应性调整。根据持续监督和评估的结果，对 AI 系统和项目策略进行适应性调整是至关重要的。这种调整旨在及时应对和解决新出现的伦理问题及挑战，确保 AI 项目能够灵活适应不断变化的社会和技术环境。通过这一过程，可以确保 AI 技术的应用不仅遵循当前的伦理标准，还能预见并适应未来可能的需求和风险，从而促进 AI 技术的负责任使用和持续创新。这种适应性调整机制有助于提升项目的可持续性，增强其对社会变革的响应能力，保障 AI 技术在为社会带来便利和效益的同时，也确保了伦理和安全。

第五，完善伦理审查指南和标准，强化透明度和责任机制。遵循国际公认的伦理指南和标准，如欧盟的 AI 伦理准则，为项目提供明确的伦理遵循框架。

为确保人工智能项目的设计和决策过程具备透明度，重要的是要记录并公开决策依据、算法逻辑、数据来源等关键信息。这一做法不仅有助于内部团队跟踪和回顾项目进展，也使外部利益相关方能够理解、评估和监督项目的实施情况。透明度的提升是建立公众信任和接受度的基石，同时也促进了责任和问责制的实施。

建立有效的责任机制是处理 AI 系统可能出现的错误或负面后果的关键。这包括明确责任归属，制定详细的应对措施，如设立易于访问的反馈渠道、制定快速有效的纠错程序和提供补救措施。这样的机制不仅能够确保项目团队及时响应和解决问题，也体现了对用户和社会的负责任态度。

此外，定期评估和更新责任机制以应对新出现的挑战和风险同样重要。随着 AI 技术的不断发展和应用场景的扩展，原有的责任框架可能需要调整以适应新的情况。通过定期审查和更新，可以确保责任机制始终有效、适用。

综上所述，确保 AI 项目设计和决策过程的透明度，以及建立和维护一个全面的责任机制，对于促进 AI 技术的负责任使用和社会接受至关重要。这不仅有助于提高项目的执行效率和效果，也是赢得公众信任和支持的关键。

通过上述伦理审查方法的综合应用，一方面，AI 项目团队不仅能够及时识别并应对伦理风险，还能促进项目的透明度和公众信任，为 AI 技术的健康发展和社会融合奠定坚实基础。另一方面，人工智能伦理审查团队可以有效地识别和管理 AI 项目的伦理风险，促进项目的负责任开发和部署，确保技术进步与社会伦理相协调，为实现可持续发展和社会福祉贡献力量。

3. 伦理审查流程和方法的运用

伦理审查流程和方法的运用需要建立一个动态的调整机制。随着研究的推进和外部环境的变化，原有的审查标准和方法可能需要不断更新和完善。此外，还应加强不同审查机构之间的交流与合作，分享经验和最佳实践，以提高伦理审查的整体水平和一致性。同时，通过教育培训等方式，提高研究人员的伦理意识，使他们在研究设计和实施过程中能主动遵循伦理原则，减少不必要的伦理争议。只有综合运用这些策略，才能使伦理审查流程和方法更好地发挥作用，确保研究活动在伦理的轨道上顺利进行。

美国著名生命伦理学家汤姆·比彻尔（Tom L. Beauchamp）认为，伦理审查流程中的首要任务是确保研究参与者的知情权。他强调，研究者必须以清晰、易懂的方式向参与者充分告知研究的所有重要信息，包括潜在风险和受益，使他们能够在完全自主的情况下做出是否参与的决定。

德国学者奥特弗里德·赫费（Otfried Höffe）① 着重强调了伦理审查方法的公正性和客观性。他认为，审查委员会的成员应具备多学科背景和专业知识，以全面评估研究的伦理合理性。在审查过程中，必须避免利益冲突，确保决策不受外部因素的不当影响，以公正、客观的态度对待每一个研究项目。

为了有效运用伦理审查流程和方法，首先要建立严格的审查制度，明确规定审查的程序、标准和要求。在审查申请时，需全面评估研究的目的、方法、风险与受益等方面。对于高风险研究，更要进行深入细致的分析。

（1）案例分析法。案例分析法是一种通过深入研究历史上类似人工智能项目的伦理问题及其处理结果，为当前项目提供宝贵参考和启示的方法。这种方法不仅有助于项目团队识别和预测可能遇到的伦理挑战，还能够从以往的经验中学习，避免重复犯错，同时寻找解决问题的有效策略。

在应用案例分析法时，首先需要收集和整理相关的历史案例。这些

---

① 奥特弗里德·赫费（Otfried Höffe），德国图宾根大学政治哲学研究中心主任，图宾根大学哲学系荣休教授，清华大学哲学系名誉教授，华中科技大学荣誉教授，海德堡科学与人文学院院士，德国国家科学院院士。作为与英美哲学的学术传统和旨趣迥然不同的大陆哲学的代表人物，他在法哲学、法理论学领域具有突出成就，在德国乃至整个西方哲学界享有极高的声誉，是当代德国最有影响的哲学家之一。

案例可能涉及数据隐私侵犯、算法偏见、责任归属不明确等伦理问题。通过对这些案例的详细分析，项目团队可以了解在特定情境下，哪些做法被证明是有效的，哪些做法可能导致伦理风险加剧。此外，案例分析还可以揭示在处理伦理问题时，不同利益相关者的角色和影响，以及伦理决策对项目发展和社会的长远影响。

案例分析法的另一个重要方面是从跨学科视角进行分析。由于 AI 项目通常涉及技术、法律、伦理和社会等多个领域，因此，跨学科团队的合作对于全面理解案例具有重要意义。例如，技术专家可以解释 AI 系统的工作原理和技术限制，而伦理学者和法律专家则可以提供对伦理原则和法律规定的深入解读。社会科学家则可以分析 AI 技术对社会的影响和公众的反应。

通过案例分析，项目团队不仅能够学习如何在项目设计和实施过程中遵循伦理原则，还能够培养批判性思维和伦理敏感性，这对于预测和应对新出现的伦理挑战至关重要。此外，案例分析还促进了团队成员之间的讨论和交流，有助于形成共同的伦理观念和决策框架。

综上所述，案例分析法是一种强有力的工具，它通过对历史案例的深入研究和分析，为 AI 项目的伦理实践提供了丰富的学习资源和参考。这种方法不仅有助于项目团队识别潜在的伦理风险，还能够提升其解决复杂伦理问题的能力，确保 AI 技术的负责任开发和应用，促进其对社会的积极贡献。

（2）情景模拟法。情景模拟法是一种通过构建不同的模拟情景，预测 AI 系统在这些情景下可能遇到的伦理问题，并评估应对策略有效性的方法。这种方法能够帮助项目团队在 AI 系统部署前，深入理解潜在的伦理挑战，并制定出更加周全的解决方案。

在实施情景模拟法时，首先需要定义一系列基于现实或假设的情景，这些情景应涵盖 AI 系统可能遇到的各种复杂环境和条件，如数据隐私泄漏、算法偏见、自动决策的道德责任等。接下来，团队需要基于这些情景，模拟 AI 系统的行为和决策过程，进而识别可能引发的伦理问题。

随后，团队将评估现有的应对策略在这些模拟情景中的有效性，包括伦理准则的应用、监督机制的建立和风险缓解措施等。这一过程不仅需要技术分析，还需要考虑法律、社会和伦理的多维度影响，确保应对策略能够全面解决问题。

情景模拟法的一个重要优势是促进跨学科合作。通过集合技术、伦理、法律和社会科学等领域的专家共同参与，可以确保情景的多角度构建和综合性分析，从而更准确地预测和应对伦理风险。此外，这种方法还可以增强团队成员对潜在伦理问题的敏感性和认识，提升他们在实际操作中的伦理决策能力。

此外，情景模拟法还具有高度的灵活性和扩展性，可以根据项目进展和技术发展不断更新和调整模拟情景，确保伦理风险评估和应对策略的时效性和有效性。通过定期进行情景模拟，项目团队可以持续监控和评估 AI 系统的伦理表现，及时调整和优化策略，确保 AI 系统的负责任使用。

综合来看，情景模拟法为 AI 项目提供了一种系统性的伦理风险评估和管理工具。通过模拟不同情景下的伦理挑战，不仅可以提前识别和应对潜在问题，还可以加深项目团队对 AI 技术伦理复杂性的理解，促进伦理问题的有效解决，确保 AI 技术的健康发展和社会责任。

（3）利益相关者参与法。利益相关者参与法是一种通过直接邀请项目的利益相关者参与伦理审查过程的方法，旨在收集他们的意见和建议，确保 AI 项目的伦理决策过程既包容又透明。这些利益相关者包括目标用户、行业专家、政策制定者、社会科学家、伦理学者等，他们的参与可以为项目带来多样化的视角和深入的见解，有助于全面识别和解决伦理问题。

实施利益相关者参与法，首先需要确定哪些利益相关者对项目的成功至关重要，并理解他们对 AI 技术的期望、担忧和需求。这一步骤通常通过访谈、问卷调查、工作坊等方式进行，旨在建立开放的沟通渠道，让利益相关者能够自由表达他们的观点和建议。

随后，项目团队需要组织和协调这些利益相关者参与的活动，如研讨会、圆桌讨论会或公开论坛，让他们就 AI 项目可能引发的伦理问题进行讨论。这些活动不仅提供了一个交流平台，也是一个共同学习和理解彼此立场的过程，有助于构建共识，形成更加公正和可行的伦理决策。

此外，利益相关者参与法还强调了持续性的参与和反馈机制的建立。这意味着利益相关者的参与不应仅限于项目初期的伦理审查阶段，而应贯穿于整个项目周期。通过定期更新利益相关者关于 AI 系统实施的影响和效果的反馈，可以确保项目能够及时调整和优化，更好地应对伦理风险和挑战。

利益相关者参与法的实施有助于提升项目的透明度和公信力，因为它确保了伦理决策过程考虑到了广泛的社会需求和期望。这种方法还有助于提前识别和缓解社会对 AI 技术的担忧和疑虑，促进社会对 AI 项目的接受和支持。

总之，利益相关者参与法是一种有效的伦理审查工具，它通过促进广泛且深入的社会参与，加强了 AI 项目的伦理基础。这种方法不仅有助于识别和解决复杂的伦理问题，还能够增强项目的社会责任感和透明度，确保 AI 技术的发展更加符合社会的伦理标准和价值观。

（4）伦理审查工具和框架。开发专门的伦理审查工具和框架，例如伦理风险评估表、决策树等，是一种有效的方法，用于帮助项目团队系统地识别和评估人工智能（AI）项目中的伦理风险。这些工具和框架提供了一种结构化的途径，通过它们，团队可以在项目的设计、开发和部署阶段深入考虑伦理问题，确保 AI 技术的发展与应用符合伦理标准和社会价值观。

伦理风险评估表是一种常用的工具，它列出了一系列可能的伦理风险因素，如数据隐私、算法偏见、透明度和责任归属等。项目团队可以使用这些表格评估特定 AI 项目中每一种风险的可能性和严重性，从而制定相应的缓解措施。这种评估过程有助于提前识别潜在问题，减少项目实施过程中的伦理风险。

决策树则提供了一种决策支持框架，帮助团队在面对复杂的伦理决策时，根据一系列预设条件和可能的结果，作出合理的选择。通过决策树，团队可以清晰地看到不同选择路径所带来的伦理后果，从而作出更加负责任和符合伦理原则的决策。

除了伦理风险评估表和决策树，还有其他多种工具和框架，如伦理指南、伦理审查清单、伦理沙盒等，都可以在不同阶段和方面辅助伦理审查过程。这些工具和框架的开发和应用，需要跨学科团队的合作，集合伦理学、法律、技术和社会科学等领域的知识和经验，以确保它们的全面性和实用性。

实施这些伦理审查工具和框架的过程中，重要的是要保持它们的动态更新和持续改进，以适应技术发展和社会变化带来的新伦理挑战。此外，团队还应鼓励开放的讨论和反思，促进伦理意识的提升和伦理文化的建设。

总之，通过开发和应用专门的伦理审查工具和框架，AI 项目团队可以更系统、更有效地识别和管理伦理风险。这不仅有助于保护个人和社会免受 AI 技术可能带来的负面影响，还能够促进 AI 技术的负责任开发和应用，确保其在为社会带来便利和进步的同时，也符合伦理原则和社会价值观。

4. 伦理审查的前瞻与挑战

在科技迅猛发展的当今时代，伦理审查的重要性日益凸显。它不仅关系到研究的合理性与合法性，更对人类社会的未来走向有着深远影响。

德国著名伦理学家汉斯·约纳斯（Hans Jonas）[①] 提出，随着科技的进步，我们必须更加重视未来世代的利益。例如，某些新技术的应用可能在当下看不出明显危害，但从长远来看，却可能对人类的生存环境、社会结构等产生难以逆转的影响。

从实际情况来看，伦理审查确实面临诸多难题。一方面，新兴技术如人工智能、基因编辑等的发展速度极快，其潜在影响难以预测，这给伦理审查带来了巨大的压力。如何在技术尚未完全成熟时准确评估其伦理风险并制定相应的规范，是一个亟待解决的问题。

二、持续的伦理监督与评估

在讨论人工智能伦理的现状与未来时，人们意识到伦理审查与评估机制是至关重要的。该机制直接关联到 AI 技术的安全性、公正性，对于塑造公众对 AI 技术的接受度和信任度起到关键作用。深入了解持续监督与评估的重要性，不仅能够帮助人们优化现有的伦理框架，还能为 AI 的未来发展提供预见性的指导。

1. 持续的伦理监督与评估的重要性

持续监督与评估是确保 AI 伦理得以实践的关键机制。目前，全球人工智能伦理监督与评估已经逐渐形成一个以智能行为为指向中心的较为全面的体系，但还存在缺位、滞后以及力度欠缺等问题。比如，智能伦理监督和评估机制的多样、多元导致的标准的无序化；监督和评估主体与智能体的关系还有待厘清，以应对其中错综复杂的不对等性和不确定性；伦理监督和评估的法治化程度尚低，影响到监督和评估机制的独

[①] 汉斯·约纳斯（Hans Jonas），德国著名伦理学家、社会科学新学院教师，主要著作有《责任命令》（The Imperative of Responsibility，德文版 1979 年，英文版 1984 年），以及《诺西斯与后期古典精神》《生命现象》等。

立性、规范性和权威性。因此，需要通过建立多层次的伦理审查体系，引入伦理审计和算法评估，鼓励公众参与和加强国际合作，方可确保 AI 技术的健康发展，实现人类与机器的和谐共存。

首先，伦理审查与评估机制的核心价值，在于其能够确保 AI 技术的发展不偏离伦理的轨道。随着 AI 技术的快速进步，新的伦理挑战不断浮现，例如算法偏见、隐私侵犯等问题。持续的监督与评估机制能够及时识别和纠正这些问题，确保 AI 技术的应用不会对社会造成负面影响。

其次，持续的监督与评估也是建立公众信任的关键。公众对 AI 的信任建立在对其安全性、公正性和透明度的信心上。通过持续监督 AI 系统的运作，公众可以更好地理解 AI 技术的决策过程和行为逻辑，从而增强对 AI 技术的信任。

最后，持续监督与评估机制的引入，是基于对 AI 技术发展速度和影响力的认识。随着 AI 技术的快速发展，其在社会中的应用越来越广泛，对个人生活和社会结构的影响也越来越深远。因此，建立一个有效的监督与评估体系，不仅可以确保 AI 技术的发展不偏离伦理原则，还可以及时识别和纠正可能出现的问题，从而保护个人和社会免受潜在的负面影响。

2．持续监督与评估的哲学基础

在讨论人工智能伦理的实践与前瞻性策略时，应从理论和实践两个层面切入。其中，对持续监督与评估的哲学基础的探究占据了核心地位，它强调了在 AI 技术发展和应用过程中，遵循伦理原则的重要性。这一哲学基础不仅关注于对人类与机器行为的伦理考量，而且深入挖掘了它们在伦理层面的共同点。这种共通性建立在一个核心前提之上：所有智能行为，不论是人类还是机器产生的，都应该遵循公认的伦理原则。这样做的目的是确保这些行为的结果能够为社会和个体带来正面的影响。通过建立有效的监督与评估机制，人们不仅可以确保 AI 技术的伦理使用，还可以促进其在为社会带来积极影响方面的潜力。这一过程要求人类与机器之间的伦理共通性被充分认识和尊重，从而为 AI 技术的健康发展和应用奠定坚实的伦理基础。

探讨持续监督与评估的哲学基础在 AI 领域尤为重要。AI 系统的决策过程和最终行为可能会超出人类的直接控制和预测范围，因此，确保 AI 系统的行为遵循伦理原则变得尤为关键。这不仅是为了防止潜在的负面影响，也是为了促进 AI 技术在社会中的正面应用与发展。

（1）持续监督与评估的正当性意涵。持续监督与评估的哲学深意涵盖了对人工智能行为和决策的全面审视，不仅着眼于其产生的结果是否正义，还要求整个决策过程的正当性。这意味着 AI 的决策不仅需要对社会和个体产生积极效益，而且其决策过程本身也必须是公正、透明并且可以被审计的。这种哲学视角强调，伦理实践不应仅仅是以结果为导向，更应是过程导向的。这一点对于确保 AI 技术的发展和应用不仅遵守道德规范，而且尊重人类的基本权利和自由至关重要。

在 AI 技术迅速发展和广泛应用的当下，其决策过程往往复杂且难以预测，这就使得确保其过程的正当性变得尤为重要。公正和透明的决策过程可以增强社会对 AI 技术的信任，同时也是保障个体权利不被侵犯的基石。通过持续监督与评估，可以确保 AI 系统的设计和运作不仅追求效率和效益，同时也贯彻伦理原则和尊重人权。

此外，可审计性是确保 AI 决策过程正当性的关键要素。它使得外部监督者能够追踪和评估 AI 的决策路径，及时发现并纠正可能的偏差或不公正行为。这一机制对于建立公众对 AI 技术的信任、促进其社会接受度，以及确保技术发展与伦理道德相协调具有重要作用。

综上所述，持续监督与评估的哲学深意强调了 AI 技术发展和应用中过程正当性的重要性，这不仅关乎结果的正义性，更涉及决策过程的公正、透明和可审计性。通过贯彻这一哲学视角，可以确保 AI 技术在促进社会进步的同时，也尊重并保护每个人的基本权利和自由。

（2）持续监督与评估的伦理实践诉求。在人工智能伦理实践中，持续监督与评估不仅是一种必要机制，更是一种深刻的哲学实践。它的核心目的在于确保 AI 技术在其发展和应用的全过程中，能够不断地进行自我反思、评估和调整，以保持其伦理方向和社会影响的正向性。这种实践体现了一种前瞻性的思维方式，强调在技术创新的同时，也要保持对伦理原则和社会价值的深度关注。

要实现这一目标，就必须建立一个动态的、反馈驱动的评估体系。这个体系应该能够覆盖 AI 系统的设计、开发和部署的每一个环节，通过持续地监督、审查和改进，确保 AI 技术的每一步发展都不偏离伦理的轨道。这种评估体系不仅需要考量当前的伦理标准和社会价值观，还要具备适应未来变化的灵活性——无论是社会价值观的演变，还是技术进步带来的新挑战。

此外，持续监督与评估的实施还要求所有利益相关者的积极参与，包括技术开发者、政策制定者、行业监管机构以及公众。每一方的参与不仅能够丰富评估的视角，增加决策的透明度，还能够提高社会对 AI 技术的接受度和信任度。通过不断地沟通和协作，可以更有效地识别和解决 AI 技术发展过程中可能出现的伦理问题，从而推动 AI 技术的健康发展。

总之，持续监督与评估在 AI 伦理实践中的角色至关重要。它不仅促使我们在技术创新的道路上不断反思和审视，还要求我们建立一种全社会参与的、动态适应的评估机制，以确保 AI 技术的发展能够真正符合伦理原则，服务于人类的长远福祉。这种哲学实践的深入，将为 AI 技术的可持续发展提供坚实的伦理基础。

（3）持续监督与评估的人类责任和道德义务。从哲学的角度审视，持续监督与评估不仅是技术管理的必要手段，更是对人类责任和道德义务的深刻体现。在人工智能技术迅猛发展的今天，人们追求的不仅是技术进步和效率的提升，更重要的是确保这些技术的发展和应用能够遵循伦理原则，尊重并保护人类的基本权利与尊严。

实现这一目标，要求人们超越技术性能的单一维度，全面考量 AI

系统的社会、伦理乃至法律层面的影响。这意味着，持续监督与评估的机制不仅需要关注 AI 系统的运行效率和技术创新，更要深入探讨这些技术如何影响人类的生活方式、社会结构和伦理观念，以及它们是否可能侵犯个人隐私、加剧不平等或引发其他道德和法律问题。

此外，哲学视角下的持续监督与评估还强调了透明度和公众参与的重要性。技术开发者和决策者应当保持开放的态度，积极与公众沟通，让社会各界都能参与到 AI 技术的监督与评估过程中。通过这种方式，不仅可以增强 AI 系统的社会接受度和信任度，还能确保技术的发展方向更加符合公众利益和社会价值。

因此，从哲学视角出发，持续监督与评估是一种体现人类对技术负责任态度的实践。它要求我们在推动技术进步的同时，不断反思和评估这些进步对人类社会的影响，确保技术的发展既能带来创新和便利，又能符合道德伦理标准，保护人类的权利和尊严。通过这种全面而深入的监督与评估，我们能够使 AI 技术的发展更加负责任和可持续，为人类社会带来更广泛和深远的利益。

另外，面对 AI 系统决策过程的不确定性和复杂性，持续监督与评估不仅是必要的，更是一种体现深刻哲学思考的实践。通过这种实践，我们不仅能够确保 AI 技术的安全、公正和透明，还能促进技术与社会价值观的和谐共生，共同塑造一个更加美好的未来。在这个过程中，我们需要不断地探索和学习，以应对 AI 技术带来的新挑战，确保技术的发展既符合科学原则，也符合伦理道德的要求。

（4）构建哲学视角下的适应性伦理框架。从哲学的视角审视，构建一个适应性的伦理框架是寻找技术发展与伦理道德之间动态平衡的过程。这种平衡并非静态不变，而是需要随着技术的不断进步和社会价值观的演变而灵活调整。这一过程要求我们既要保持开放的心态，积极接纳新的知识和不同的观点，又要具备批判性思维，对技术发展进行持续的伦理审视和评估。

在技术快速演进的今天，一个适应性的伦理框架更显重要。技术变革带来的不仅是便利和效率的提升，同时也伴随着伦理和道德上的挑战，如隐私保护、数据安全、人工智能的道德责任等。这些挑战要求我们不断地重新思考和调整我们的伦理框架，以保证技术发展能够符合人类社会的长远利益。

适应性伦理框架的建立，首先需要跨学科的合作。哲学家、技术专家、法律学者等不同领域的专家共同参与，可以帮助我们从多角度理解技术发展的复杂性和伦理问题的多维性。其次，公众参与也至关重要。通过广泛的社会对话，收集和反映公众对于技术发展的期望和担忧，可以确保伦理框架更加符合社会价值观和公众利益。

此外，适应性伦理框架还需具备前瞻性，能够预见技术发展可能带来的伦理挑战，并提前进行规划和应对。这要求我们不仅要关注当前的技术应用和伦理问题，还要对未来的技术趋势保持敏感，通过持续的研究和学习，及时更新我们的伦理框架。

综上所述，从哲学视角出发，建立一个适应性的伦理框架是一项复杂但必要的任务。通过跨学科合作、公众参与和前瞻性思维，我们可以在技术快速发展的同时，确保伦理道德的原则得到尊重和维护，找到技术进步与人类价值之间的动态平衡点。

总之，在 AI 技术快速发展的当下，持续的监督与评估机制对于确保伦理标准和准则能够适应技术发展的需要至关重要。通过这种机制，我们不仅能够应对算法偏见、隐私侵犯等伦理挑战，还能够促进技术与社会价值观的和谐共生。在这一过程中，哲学的深思熟虑和批判性思维是不可或缺的，它们为我们提供了理解和应对这些挑战的深层次视角。通过不断地学习、适应和改进，我们可以确保 AI 技术的发展既符合科学原则，也符合伦理道德的要求，共同塑造一个更加美好的未来。

3. 持续监督与评估的实践意义

持续监督与评估不仅是对 AI 技术伦理挑战的有效应对，更是推动技术负责任发展的重要实践。通过建立和执行这一机制，人们不仅可以解决当前的伦理问题，还能够为 AI 技术的未来发展奠定坚实的伦理基础，确保其在为人类带来便利和进步的同时，也能够维护社会的公正、公平和尊重。

（1）应对不确定性和复杂性。在深入讨论人工智能的伦理实践过程中，人们必须正视一个事实：AI 技术的发展和应用充满了不确定性和复杂性。AI 系统在进行决策时，涉及的数据处理和学习算法的复杂性不仅增加了其行为结果的不确定性，而且也加大了对其行为进行有效监督和评估的难度。这些挑战主要源于 AI 系统设计和运作的内在特性，包括但不限于算法的不透明性、数据质量和来源的多样性以及学习过程的动态性。

第一，对不确定性的哲学思考。在面对科技尤其是人工智能这一快速发展领域中的不确定性时，首先应当认识到不确定性本身是科技进步的一个不可分割的组成部分。哲学视角为人们提供了一种独特的理解方式：不确定性不仅仅带有潜在的风险，它同样是推动创新和促进学习的重要动力。这种看法强调了不确定性的双重性质，既有可能带来挑战，也为科技发展和知识进步提供了机遇。

然而，不确定性的存在并不意味着我们应袖手旁观，特别是当它可能导致个人或社会受到负面影响时。在这种情况下，持续地监督与评估成为一种必要的应对策略。通过这样的过程，人们可以更好地理解 AI 技术的运作机制，识别并预防可能出现的风险，确保技术的发展能够与社会伦理和价值观保持一致。

持续监督与评估的实践不仅有助于缓解由于不确定性带来的潜在风险，而且还能够促进公众对 AI 技术的理解和信任。这种透明度和责任感的体现是建立在对技术深入了解的基础上，通过不断地监督和评估，公众可以更清楚地看到 AI 技术的发展方向，以及它们是如何在伦理和社会责任方面作出努力的。

因此，从哲学的角度出发，人们不仅要接受不确定性作为科技发展的一部分，还要积极地通过监督与评估来管理这种不确定性，确保技术的进步能够为社会带来更多的利益而非风险。这种方法论不仅有助于促进技术的健康发展，还能够保障人类社会的福祉，使人们能够在不断变化的科技环境中保持灵活和适应性。

第二，对复杂性的哲学解读。复杂性是人工智能系统的一个基本属性，它不仅源自 AI 系统处理的海量、结构多变的数据，还体现在其所采用的高度复杂的学习算法上。从哲学的视角审视复杂性，我们被引导至一种更加全面和系统化的思考方式，以便更深入地理解 AI 系统的行为及其对社会的潜在影响。

哲学对复杂性的解读强调了整体性思维的重要性。在这种思维框架下，我们不应将视角局限于 AI 系统的单个组成部分，如某一特定的算法或决策过程。相反，我们需要从宏观角度出发，考虑整个 AI 系统作为一个有机整体的行为模式，以及这些模式如何随着环境和条件的变化而演化。这种方法不仅有助于我们更加准确地预测 AI 系统的行为，也使我们能够更全面地评估其对个人、社会乃至全球层面的影响。

此外，哲学对复杂性的探讨也强调了跨学科合作的必要性。鉴于 AI 系统的复杂性往往超越了单一学科的解释范围，因此，理解和应对这种复杂性要求我们汇聚来自哲学、计算机科学、社会学、心理学等多个领域的知识和视角。这种跨学科的合作不仅能够促进对 AI 系统更深层次的理解，也有助于我们在设计和实施 AI 技术时更加充分地考虑伦理和社会责任。

综上所述，哲学对复杂性的解读提供了一种全面、系统的视角，强调了在理解和应对 AI 系统复杂性时采取整体性思维的重要性。通过这种视角，我们不仅能够更准确地把握 AI 技术的发展趋势，还能够更有效地评估和管理其潜在的社会影响，确保 AI 技术的发展既符合伦理原则，又能够增进社会的整体福祉。

第三，通过持续监督与评估来应对不确定性和复杂性。如上所述，不确定性意味着 AI 系统可能会在没有明确指示的情况下作出决策，这些决策可能会对人类社会产生重大影响，包括潜在的伦理和道德风险。

例如，自动驾驶汽车在遇到紧急情况时如何选择，或者医疗 AI 在诊断疾病时可能会受到数据偏见的影响。复杂性则体现在 AI 系统的多层次、多维度决策过程中，这使得理解和预测 AI 系统的行为变得更加困难。在这样的背景下，持续监督与评估不仅是一种必要的实践，更是一种对 AI 技术负责任的态度。

一方面，面对 AI 技术带来的不确定性和复杂性，持续监督与评估不仅是解决这些挑战的有效手段，也是推动 AI 技术健康发展、确保其伦理和社会责任得以实现的重要实践。通过持续监督，人们可以实时跟踪 AI 系统的行为，及时发现和纠正可能出现的问题，比如算法偏见或错误决策。而通过深入评估，人们可以更全面地理解 AI 系统的决策逻辑和潜在影响，评估其在特定应用场景中的伦理和社会影响。此外，持续监督与评估还有助于建立公众对 AI 技术的信任。通过透明的监督和评估过程，公众可以更好地理解 AI 系统是如何工作的，以及它们是如何作出决策的。这种理解是建立信任的基础，也是确保 AI 技术得到社会广泛接受和正确应用的关键。

另一方面，在应对人工智能技术中固有的不确定性和复杂性时，持续监督与评估的重要性远超过一项单纯的技术操作，它更是一种深植于哲学思维的实践。这种哲学实践深刻体现了人们对人类知识有限性和技术能力边界的认知，它强调必须通过持续地学习、适应和改进来面对和管理 AI 技术所带来的挑战。持续监督与评估的核心目标，在于确保 AI 系统在一个多变的环境中维持其行为的可预测性和可控性，同时能够及时识别并纠正可能出现的偏差和错误。这种持续的过程不仅有助于提升 AI 系统的透明度和可靠性，而且对于建立公众对 AI 技术的信任至关重要。通过不断地监督和评估，人们可以确保 AI 系统的决策过程和行为模式符合伦理标准和社会期待，及时调整和优化以应对新出现的问题和挑战。

此外，持续监督与评估也是一种预防性措施。在 AI 系统被广泛部署和应用于关键领域之前，通过这种方法可以发现潜在的技术缺陷或伦理问题，从而避免可能造成的负面社会影响。这种做法不仅体现了对技术进步的负责任态度，也是确保技术发展与人类价值观和社会福祉相协调的必要条件。

因此，持续监督与评估不仅是对 AI 技术不断进步的响应，更是一种体现人类对技术发展负责任管理的哲学思考。这种实践意味着我们不仅要追求技术的创新和进步，同时也要确保这些进步能够在伦理和社会责任的框架下进行，以此推动人类社会的整体福祉。通过这种方式，我们不仅可以最大化 AI 技术的积极影响，还能最小化其潜在的负面后果，确保技术发展既符合伦理原则，又能服务于人类社会的长远利益。

（2）适应技术快速发展。在人工智能技术的飞速发展过程中，人们正面临着一系列前所未有的伦理挑战，这些挑战从算法偏见到隐私侵犯，触及了多个层面，对社会、文化乃至个人生活产生了深远的影响。这种快速的技术进步不仅要求人们审视并反思现有的伦理标准和准则，更要求人们不断地更新和适应这些标准和准则，以确保它们能够有效应对技术发展带来的新问题和挑战。

在适应这种快速技术发展的过程中，持续的监督与评估机制起着至关重要的作用。这一机制不仅帮助人们及时识别和解决由 AI 技术引发的新的伦理问题，例如通过监督算法的应用来防止偏见的产生，保护用户隐私等，还能够促进人们对伦理标准的持续更新和完善，确保这些标准能够与技术发展的步伐保持同步。

此外，持续的监督与评估还有助于增强公众对 AI 技术的信任。通过透明的监督和公开的评估过程，公众可以更好地了解 AI 技术的应用及其潜在影响，从而建立起对这些技术的信任。这种信任是促进 AI 技术健康发展和广泛应用的关键。

因此，面对 AI 技术快速发展带来的挑战，人们不仅需要审视和反思现有的伦理标准，更要通过持续的监督与评估机制来不断更新和适应这些标准。这种机制不仅能够帮助我们有效应对新出现的伦理问题，还能够促进公众信任，推动 AI 技术的健康发展。通过这种方式，我们可以确保 AI 技术的发展既能带来创新和便利，又能符合伦理原则，促进社会的整体福祉。

第一，对技术快速发展的哲学思考。技术的快速发展，在哲学的视野中，不仅被视为物质层面的进步，更被理解为一种深刻的文化和社会现象。这种进步既体现了人类对知识探索和创新的不懈追求，也揭示了伴随技术进步而来的伦理与道德挑战。因此，面对技术发展的浪潮，我们迫切需要一种深思熟虑的哲学思考，来审慎地平衡技术进步与伦理道德之间的复杂关系。

这种哲学思考要求我们超越对技术本身的关注，更深入地探讨技术如何塑造和影响人类的价值观、行为习惯以及社会结构。技术不仅仅是工具和手段的问题，它还关系到如何定义人类的生活方式、如何塑造我们的社会关系，以及如何影响我们对世界的理解和认识。

例如，互联网和社交媒体的兴起，极大地改变了人们的交流方式、信息获取和社会互动的模式，同时也引发了关于隐私、数据安全和信息真实性的广泛讨论。人工智能和自动化技术的发展，虽然为人们带来了前所未有的便利和效率，但也引起了关于就业、机器伦理和人机关系的深刻反思。

因此，哲学思考在技术快速发展的背景下显得尤为重要。它不仅帮助人们识别和分析技术进步带来的伦理和道德问题，还促使人们思考如何在保持技术创新的同时，确保这些创新能够促进人类的福祉，符合人们的价值观和道德标准。这种平衡的实现，要求人们在技术设计、开发和应用的每一个环节中都融入伦理考量，通过不断地对话和反思，探索技术发展与人类社会和谐共存的路径。

总之，技术的快速发展要求人们进行深刻的哲学思考，不仅关注技术本身，更要关注技术对人类社会的深远影响。通过这种思考，人们可以更好地理解技术进步与伦理道德之间的关系，寻找到既能促进技术创新，又能确保伦理道德得到尊重的发展道路。

第二，适应技术发展的伦理挑战。随着人工智能技术的快速发展，人们面临的伦理挑战也日益增多，特别是算法偏见和隐私侵犯等问题，这些挑战迫切要求人们对现有的伦理标准和准则进行重新思考和适应。算法偏见问题不仅关系到数据处理的公正性和准确性，更有可能加剧现有的社会不平等现象，比如通过加深对特定群体的歧视。另一方面，隐私侵犯问题触及个人的基本权利和自由，这是构建信任和保障个人尊严的基石。

面对这些由 AI 技术发展带来的伦理挑战，人们需要构建一种动态的伦理框架。这种框架不仅能够及时反映技术的最新变化，还能够灵活适应这些变化，从而确保 AI 技术的发展既促进了社会进步，又兼顾了个人权利和社会公正。这要求人们在伦理框架的设计中融入更多的灵活性和适应性，以便能够及时应对新出现的技术和伦理挑战。

此外，建立这种动态的伦理框架还需要跨学科的合作和公众参与。技术专家、伦理学家、法律专家以及社会各界代表的共同努力，能够确保伦理框架既有技术的前瞻性，又不脱离伦理和法律的基本原则。同时，通过鼓励公众参与伦理讨论和决策过程，可以增强伦理框架的社会认可度和实施效果。

最终，我们的目标是通过这种动态的伦理框架，实现技术发展和伦理原则之间的平衡，既推动技术创新，又确保技术应用不会损害个人权利或加剧社会不平等。这样的平衡对于构建一个公正、包容和可持续发展的数字社会至关重要。通过不断地调整和完善伦理框架，我们可以更好地应对 AI 技术快速发展带来的挑战，确保技术进步服务于人类的整体福祉。

第三，通过持续监督与评估来更新和完善伦理标准和准则。在技术快速发展的当代社会，持续的监督与评估机制显得尤为重要，尤其是在应对伴随这些技术进步而来的伦理挑战方面。这种机制不仅能够及时发现并纠正技术应用中出现的问题，更重要的是，它为不断更新和完善伦理标准和准则提供了重要的依据和方向。通过有效的监督和评估，人们能够确保伦理框架与技术发展保持同步，从而有效地应对和解决新出现的伦理问题。

持续监督与评估的实践意义在于，它提供了一个动态的反馈循环，使得技术伦理的管理变得更加灵活和适应性强。在这一过程中，技术开发者、使用者、伦理学家以及政策制定者等多方参与，共同审视技术发展的方向和应用的后果，确保技术进步不仅遵循科学原则，也符合伦理道德的要求。这种跨领域的合作与交流，有助于形成更全面、更深入的技术伦理评估，促进了社会对新技术的理解和接受。

此外，持续的监督与评估还有助于提升公众对技术发展的信任。当公众看到技术应用是在持续的监控之下，任何潜在的伦理问题都会被及时发现并加以解决，他们对技术的接受度和信任度自然会增加，这种信任是促进技术创新和广泛应用的关键因素之一。通过持续的监督与评估，人们不仅能够及时应对当前的伦理挑战，还能够预见未来可能出现的问题，为技术发展的可持续性提供保障。这种前瞻性的伦理审视，使人们能够在技术设计和开发的早期阶段就考虑到伦理问题，从而避免在技术广泛应用后才发现问题，减少了技术修正的成本和社会风险。

综上所述，持续的监督与评估机制不仅是应对技术快速发展中伦理挑战的有效手段，也是推动技术健康发展、增强公众信任、预防未来问题的关键实践。通过这一机制，人们可以确保技术进步在促进社会发展的同时，也能够维护伦理原则，保护个人权利，促进社会公正。

（3）促进伦理原则的实际落地。将伦理原则有效地融入人工智能系统的设计和开发过程中，是确保科技进步与人类价值观相协调的关键步骤。这一过程面临着不少挑战，主要是如何确保这些伦理原则不仅仅停留在理论层面，而是真正地在 AI 的实际应用中得到体现和执行。为此，持续的监督与评估机制显得尤为重要。这样的机制不仅可以检验伦理原则在实践中的有效性，更为重要的是，它为 AI 开发者提供了具体的指导，帮助他们在技术设计和开发过程中实现这些原则。

持续监督与评估的实践意义在于，它能够提供即时反馈，指出 AI 系统在遵循伦理原则方面可能存在的不足或偏差。这种反馈机制使得开发者能够及时调整和优化 AI 系统，确保其设计和功能更好地符合伦理要求。例如，在处理数据隐私时，通过持续的监督，可以确保 AI 系统在收集、存储和处理个人数据时，始终遵循隐私保护的伦理准则。

此外，持续的监督与评估还能够促进伦理原则的不断更新和完善。随着技术的发展和社会价值观的变化，原有的伦理原则可能需要调整或新增以适应新的情况。通过对 AI 系统的持续监督与评估，可以更好地理解伦理原则在新技术背景下的应用情况，及时发现新的伦理挑战，从而指导伦理原则的更新和完善。

为了使伦理原则有效落地，还需要建立一个包含多方利益相关者的协作机制。这包括技术开发者、政策制定者、伦理学家以及公众等，他们可以共同参与到 AI 系统的伦理审查和监督过程中。这种跨界合作不仅能够促进不同视角和专业知识的交流，还能够增强伦理实践的透明度和公众的信任度。

总之，通过建立和执行持续的监督与评估机制，人们不仅能够确保 AI 技术的发展符合伦理原则，还能够促进这些原则在实际应用中的有效落地。这对于推动科技进步的同时保护人类的利益和价值具有至关重要的意义。

（4）增强社会信任和接受度。在当前 AI 技术快速发展的背景下，增强公众对 AI 技术的信任和接受度成为了一项紧迫的任务。公众对 AI 技术的信任主要建立在对其安全性、公正性和透明度的信心上。为了达到这一目标，持续的监督与评估机制发挥着至关重要的作用。通过这种机制，可以向社会公众透露 AI 系统的运作机制和决策逻辑，使得 AI 技术的应用过程更加透明，从而在公众中建立起信任。

首先，持续的监督确保 AI 系统在实际运行过程中的安全性。通过定期检查和评估，可以及时发现并解决可能导致安全隐患的问题，从而保障用户的安全和保护数据。其次，评估过程有助于确保 AI 系统的决策过程公正无偏，避免了潜在的歧视和偏见，这对于提升公众的信任至关重要。最后，透明度是建立信任的关键。通过公开 AI 系统的设计原理、运作方式及其决策依据，公众可以更好地理解 AI 技术，减少因未知而产生的恐惧和疑虑。

此外，增强社会信任还需要 AI 开发者、监管机构和社会各界的共同努力。开发者应当承担起社会责任，主动采取措施提高 AI 系统的透明度和可解释性。监管机构应当制定相应的政策和标准，引导和规范 AI 技术的健康发展。同时，通过教育和公开讨论，提高公众对 AI 技术的理解，也是提升社会信任的重要途径。

总之，通过持续的监督与评估，人们不仅能够确保 AI 技术的安全、公正和透明，还能够有效地向社会展示 AI 系统的正面影响，从而增强公众对 AI 技术的信任和接受度。这对于促进 AI 技术的广泛应用和健康发展具有重要意义。

4. 持续监督与评估的实施策略

（1）建立多层次的伦理审查体系。为了确保人工智能技术的发展既符合伦理标准，又能够实现其潜在的社会价值，实施持续监督与评估是至关重要的。为了实施有效的持续监督与评估，一个有效的策略是建立一个多维度、多层次的伦理审查体系，这一体系应当覆盖 AI 系统从设计、开发到部署的每一个阶段，并且综合考虑技术、法律和社会等多个方面，以确保 AI 系统在其整个生命周期中都能符合伦理要求。同时，引入伦理审计和算法评估是必要的，以检查 AI 系统是否存在潜在的伦理风险。

首先，从技术维度来看，伦理审查体系需要确保 AI 系统的设计和开发过程中采用的技术和算法不仅高效，而且公正、无偏见。这包括但不限于采用透明的算法进行偏差测试和纠正，以及确保数据的隐私保护。

其次，在法律维度，伦理审查体系应当确保 AI 系统的开发和应用严格遵守相关的法律法规。这不仅意味着遵循现有的数据保护和隐私法律，还包括未来可能出台的针对 AI 技术的特定法律和规定。

再者，从社会维度出发，伦理审查体系应当考虑 AI 技术对社会的影响，包括它如何影响人类的工作、社会公正以及人们的生活方式。这需要 AI 开发者与社会学家、伦理学家和公众代表等多方面的参与，共同评估 AI 技术的潜在社会影响，并提出相应的缓解策略。

此外，为了有效实施这一多层次伦理审查体系，建议采取以下措施：首先，建立一个跨学科的审查委员会，由技术专家、法律专家、伦理学家以及公众代表等组成，负责审查和监督 AI 系统的伦理合规性。其次，引入第三方评估，为 AI 系统的伦理审查提供客观、独立的视角。最后，建立持续监督的机制，不仅在 AI 系统开发初期进行伦理审查，而且在整个生命周期中定期进行复审，以应对技术进步和社会变化带来的新挑战。

通过建立这样一个多层次的伦理审查体系，我们不仅可以确保 AI 技术的发展符合伦理标准，还能够增强公众对 AI 技术的信任，促进其健康、可持续的发展。

（2）引入伦理审计和算法评估。在人工智能技术日益成熟并广泛应用于社会的各个领域的情况下，确保其伦理性和公正性显得尤为重要。为此，引入伦理审计和算法评估成为了一项关键措施，旨在定期检查 AI 系统是否存在潜在的伦理风险，比如偏见和歧视等问题。这一过程不仅要求 AI 系统的开发者提供必要的算法透明度，还要求其确保算法的可解释性，以便于相关专家和监管机构能够有效地评估和理解 AI 系统的决策过程。

通过实施伦理审计和算法评估，可以及时发现并纠正 AI 系统中可能出现的问题，从而避免这些问题对社会造成不利影响。此外，这一做法还有助于增强公众对 AI 技术的信任，当公众了解到 AI 系统的运作机制是透明和可解释的，他们更有可能接受并信赖这些技术。

伦理审计和算法评估不仅涉及技术层面的检查，还包括评估 AI 系统的设计和部署是否符合社会伦理标准和价值观。这要求跨学科的专家团队共同参与，包括技术专家、伦理学家、法律专家等，以确保 AI 系统在设计和应用过程中充分考虑到伦理和社会因素。

总之，引入伦理审计和算法评估是确保 AI 技术负责任发展的重要环节。通过定期进行这些评估，不仅可以提升 AI 系统的伦理性和公正性，还能够促进技术创新与社会价值观的和谐共进，为构建一个公平、透明和可信的 AI 未来奠定基础。

（3）鼓励公众参与和反馈。鼓励公众参与和提供反馈是另一个重要策略。在人工智能技术迅速发展并深入日常生活的背景下，确保公众对这一技术的理解和接受成为了一个重要议题。为此，建立公众参与机制，积极收集来自社会各界的反馈和建议显得尤为重要。通过建立机制收集社会各界对 AI 系统的反馈，不仅能够为 AI 伦理审查提供坚实的社会基础，还能促进公众对 AI 技术的理解和接受，从而有助于构建一个更加开放和包容的 AI 发展环境。

通过鼓励公众参与，可以有效增进公众对 AI 技术的了解，消除可能存在的误解和恐惧，从而促进 AI 技术的广泛接受。公众的反馈和建议对于指导 AI 技术的伦理发展方向具有不可估量的价值，它们可以帮助开发者和决策者识别并解决 AI 系统中可能存在的问题，如偏见、歧视或隐私侵犯等，确保 AI 技术的应用更加公平、安全和有责任感。

此外，公众参与机制的建立还能够促进政策制定的透明度和公众信任，通过定期发布 AI 系统的评估报告、开展公众讨论和听证会等方式，让公众有机会直接参与到 AI 技术的监管和评估过程中。这样的互动不仅增强了公众的参与感和归属感，也为 AI 技术的健康发展提供了广泛的社会支持。

综上所述，鼓励公众参与和反馈，对于增强 AI 伦理审查的社会基础、促进公众对 AI 技术的理解和接受，以及推动 AI 技术的负责任使用具有重要意义。通过建立有效的公众参与机制，可以确保 AI 技术的发展既符合伦理标准，又得到社会各界的广泛支持和认可。

（4）加强国际合作与标准制定。加强国际合作和共同制定 AI 伦理标准至关重要，有助于形成全球统一的 AI 伦理框架，共同应对 AI 技术带来的挑战。在人工智能技术日益成为全球性议题的今天，其影响跨越国界，触及经济、社会乃至伦理的多个层面。因此，加强国际合作，共同制定和推广 AI 伦理标准和最佳实践变得尤为重要。通过国际合作，不同国家和地区能够分享经验、协调政策，并共同努力形成一个全球统一的 AI 伦理框架。这不仅有助于确保 AI 技术的健康发展，还能够有效地应对由此带来的挑战，如隐私保护、数据安全、算法偏见等问题。

国际合作在促进 AI 伦理标准的全球统一方面发挥着关键作用。通过跨国界的讨论和协商，可以集合全球智慧，形成广泛接受的伦理指导原则和操作规范，为 AI 技术的应用提供明确的道德和法律指引。此外，国际合作还能够促进技术知识的共享，帮助发展中国家提升自身的 AI 技术能力，缩小全球数字鸿沟。

同时，国际组织如联合国、世界经济论坛等在推动全球 AI 伦理标准制定中扮演着重要角色。这些组织能够为不同国家提供一个共同讨论和制定政策的平台，确保全球 AI 发展的方向和步伐一致，从而有效地管理和引导 AI 技术带来的变革。

总之，加强国际合作，共同制定和推广 AI 伦理标准和最佳实践，对于构建一个公平、安全、有责任的全球 AI 生态系统至关重要。这不仅能够促进 AI 技术的健康发展，还能够确保全球社会共同应对 AI 技术带来的挑战，实现可持续发展目标。

持续的监督与评估不仅是人工智能伦理实践的核心，更是确保 AI 技术安全与公正性的重要手段，同时也构成社会对 AI 技术信任的基础。为了实现这一目标，采取一系列策略至关重要：首先，建立一个多层次的伦理审查体系，确保 AI 技术的开发和应用在整个过程中都受到严格的伦理监督；其次，引入伦理审计和算法评估机制，定期检查 AI 系统是否存在潜在的伦理风险，比如偏见和歧视，同时要求开发者提供算法的透明度和可解释性；此外，鼓励公众参与和反馈，让社会各界对 AI 技术的发展有更多的了解和话语权，增强 AI 技术的社会接受度；最后，加强国际合作与标准制定，通过国际的协调与合作，制定统一的 AI 伦理标准和最佳实践，共同应对全球性的 AI 技术挑战。通过这些综合性策略的实施，可以有效促进 AI 技术的健康发展，为实现人类与机器的和谐共存奠定坚实的基础，确保 AI 技术的利益最大化地惠及全人类，同时最小化可能的风险和负面影响。

第十二章　伦理教育与意识提升

人工智能技术的迅速发展引发了一系列伦理问题和挑战，不仅需要技术解决方案，更需要通过伦理教育和意识提升来应对；这不仅是技术进步的伴随者，更是负责任使用和开发 AI 技术的保障。在 AI 伦理的实践领域，伦理教育与意识提升对于 AI 技术的健康发展发挥着关键作用，在人工智能伦理实践与前瞻中占据中心地位，是确保技术进步同时伴随着伦理考量的关键。通过伦理教育，可以培养出具备批判性思维和道德判断力的未来科技开发者和用户，使他们能够识别和应对 AI 技术带来的伦理挑战，并作出合理的决策。通过提升公众对 AI 伦理问题的意识，可以形成社会共识、推动制定和执行相关伦理准则和政策的基础。伦理教育和意识提升不仅涉及技术知识的传授，还包括伦理、法律和社会学等多学科内容的综合学习，旨在培育出能够负责任地开发和使用 AI 技术的全面人才。只有通过持续的教育和意识提升，才能确保 AI 技术的发展能够促进人类福祉，避免潜在的负面影响。

一、伦理教育在人工智能领域的角色

伦理教育在 AI 技术的健康发展中发挥着至关重要的作用。伦理教育的核心目标是结合理论与实践，通过跨学科的方式融合哲学、社会学、法律等领域的知识，使学习者能够全面分析和解决问题。一方面，教育内容需要不断更新，以反映技术进步和新出现的伦理挑战。另一方面，教育应该具有前瞻性，预见并讨论未来可能出现的伦理问题，培养学习者的创新思维和解决问题的能力。这不仅包括教授当前的知识和技能，还应激发学习者对未来挑战的思考，探索解决问题的新方法。总之，伦理教育在当今人工智能领域承担着越来越重要的角色，它通过伦理基础的构建、多维度视角的探讨、教育内容的多样化与深化、公众意识的提升、社会的参与和创新思维的培育，可以为 AI 技术的负责任使用和开发奠定坚实的伦理基础，为应对未来的挑战做好准备。以下分而述之。

1. 伦理基础的构建

在人工智能技术迅猛发展的当下，伦理教育对于 AI 从业者显得尤为重要。它不仅是技术教育的补充，更是确保 AI 应用负责任和符合道德标准的关键。伦理教育的首要任务是构建 AI 从业者和研究人员的责任感和道德判断力。一方面，伦理教育为从业者提供了理解和处理 AI 伦理问题的必要工具和框架，帮助他们在设计、开发和部署 AI 系统时，能够识别潜在的伦理风险，作出合理且道德的决策。另一方面，通过深入探讨 AI 伦理的理论基础，并结合实际案例分析，教育可以帮助学习者理解并分析伦理挑战，培养他们在面对复杂情境时的决策能力。

通过不断探索，AI 领域的伦理教育在构建责任感和道德判断力的基础上，形成了一些可行的方式方法，具体包括以下三种。

一是案例分析法。案例分析是一个重要的教学方法，它通过分析实际发生的 AI 伦理争议，如面部识别技术的隐私问题，使学习者能更好地理解理论在实践中的应用。通过具体的案例分析，AI 从业者可以直观地理解伦理原则在实际操作中的应用，例如数据隐私保护、算法公平性和透明度等。这种基于实例的学习方法，能够有效地提升从业者解决实际问题时的敏感性和判断力，从而在工作中主动遵守伦理准则，减少负面影响。

二是跨学科学习法。AI 伦理教育的另一个重点是跨学科学习。AI 技术与社会、法律、哲学等多个领域紧密相关，从业者需要具备跨学科的知识背景，以全面理解 AI 技术带来的伦理挑战。这种跨学科的学习不仅增强了从业者的综合素养，也促进了不同领域间的对话和合作，为解决复杂的伦理问题提供了更多可能性。

三是持续进修法。在 AI 领域，技术和应用场景不断演进，伦理问题也随之变化。因此，对于 AI 从业者来说，持续的伦理教育和进修是必不可少的。通过参加研讨会、网络课程和专业讲座等形式，从业者可以不断更新自己的知识库，掌握最新的伦理标准和指导原则，确保在实践中能够应对新出现的伦理挑战。

在以上三个构建 AI 从业者责任感和道德判断力的基础的具体方法中，通过实际案例分析是一个有效的方法，它是人工智能伦理教育的一个关键组成部分，能够强化理论知识在现实场景中的应用，使 AI 从业者能够直观地理解伦理原则如何指导技术开发与应用，同时提升他们面对复杂情境时的决策能力。

案例分析法特别是在处理自动驾驶的道德困境和面部识别技术的隐私争议，以及算法偏见导致的不公平现象等具体案例和实际问题时，其可操作性十分突出，都是伦理教育中常用的讨论主题。这些案例不仅展示了 AI 技术的复杂性，也反映了伦理决策的重要性。通过分析这些案例，从业者不仅能够学习到如何识别和评估潜在的伦理风险，还能掌握在设计和实施 AI 解决方案时，如何权衡不同利益相关方的需求和期望。

例如，自动驾驶的道德困境通常涉及"无人车如何在潜在事故中作出选择"的问题。当事故不可避免时，系统应该保护车内乘客还是最大限度地减少对行人的伤害？这类问题挑战了传统的伦理理论，要求从业者考虑如何在算法设计中嵌入道德原则，确保自动驾驶系统的决策既公正又负责任。又如，面部识别技术的隐私争议则关注技术如何影响个人隐私权和社会监控。随着面部识别技术在安全、零售和社交媒体等领域的广泛应用，如何平衡技术便利性和个人隐私保护成为一个重要议题。这要求从业者不仅要关注技术的开发和优化，还要考虑其社会影响，确保技术应用不会侵犯用户的隐私权利。

可见，案例分析在 AI 伦理教育中扮演着至关重要的角色。通过这些案例的深入分析，AI 从业者能够更好地理解伦理原则在实际情境中的应用，学会如何在技术创新和伦理责任之间找到平衡点。一方面，案例分析不仅提高了从业者的伦理意识，也促进了他们在面对未来技术挑战时，基于伦理原则作出合理决策的能力。这对于推动 AI 技术的负责任发展和构建信任的社会环境至关重要。另一方面，案例分析还鼓励从业者进行批判性思考和伦理反思，促使他们不仅关注技术的可能性，更重视技术的责任和限制。这种基于案例的学习方法，有助于建立一种实践导向的伦理意识，使从业者在面对未来的挑战时，能够基于伦理原则作出更加明智和负责任的选择。此外，案例分析不仅加深了从业者对理论知识的理解，更重要的是，通过具体实例的探讨，培养了从业者在实际工作中应用伦理原则、解决伦理问题的能力。这对于推动负责任的 AI 发展，构建更加公正、透明和可持续的技术未来至关重要。

总之，伦理教育对于 AI 从业者的重要性不言而喻，它帮助从业者建立起责任感和道德判断力，通过案例分析、跨学科学习和持续进修，确保 AI 技术的发展既遵循科技进步的步伐，又不失人文关怀和道德底线。

2. 多维度视角的探讨

AI 伦理问题往往涉及多个层面，包括技术、社会、法律等。因此，伦理教育需要跨学科进行，结合哲学、社会学、心理学等领域的知识，以培养学生全面分析和解决问题的能力。这种多维度的视角是理解和应对 AI 伦理挑战的关键。

（1）采取跨学科的教育方法。在人工智能伦理教育中，采用跨学科的教育方法尤为重要。这种方法结合了哲学、社会学、心理学等多个学科的视角，为从业者提供了一个全面理解 AI 技术及其伦理影响的框架。通过这种多维度的学习途径，从业者能够更深入地探讨 AI 技术如何影响人类行为、社会结构和伦理价值观。

哲学为 AI 伦理教育提供了道德理论和伦理决策的基础，帮助从业者建立起批判性思维，学会从伦理角度审视技术发展。社会学则从社会结构和人类行为的角度，探讨 AI 技术如何影响社会秩序和个体互动，以及这些变化对社会伦理的意义。心理学提供了理解人类认知和情感的视角，帮助从业者理解 AI 技术对个人心理健康和人机交互的影响。

通过跨学科的教育方法，AI 伦理教育不仅培养了从业者的技术知识和技能，更重要的是，提升了他们的伦理意识和社会责任感。这种教育方式鼓励从业者从不同学科的视角出发，全面考虑 AI 技术的应用和发展可能带来的伦理挑战和社会影响，促使他们在技术创新的同时，也能够积极寻求符合伦理标准的解决方案。

综上所述，跨学科的教育方法在 AI 伦理教育中起着核心作用。它不仅加深了从业者对 AI 技术的理解，更重要的是，培养了他们面对伦理挑战时的综合分析能力和解决问题的能力，为负责任地推动 AI 技术的发展和应用奠定了坚实的基础。

（2）培养学习者从多角度分析和解决伦理问题的能力。在人工智能伦理教育中，培养从业者从多角度分析和解决伦理问题的能力至关重要。这种能力要求从业者不仅要理解技术细节，还要能够从哲学、社会学、心理学等多个学科的视角，全面考虑 AI 技术的应用对个人、社会和环境可能产生的影响。

首先，从哲学角度，学习者需要学会应用伦理理论和道德原则，评估 AI 技术的应用是否符合伦理标准，如何在设计和实现过程中尊重人权、保障公平正义等。这要求他们能够识别和分析潜在的伦理冲突，以及在冲突中作出合理的道德判断。其次，社会学视角使学习者能够考虑 AI 技术对社会结构、人际关系和社会行为的影响。这包括分析技术如何改变工作方式、影响社会平等和加剧或减轻社会分裂。从这个角度，学习者学会评估技术解决方案在社会层面的可行性和后果，以及如何设计技术以增进社会福祉。最后，心理学视角帮助学习者理解 AI 技术对个体心理和情感的影响，包括人机交互对人的认知和情绪的影响，以及技术如何影响人的行为和决策。这要求学习者考虑如何设计符合人性化的 AI 应用，以及如何确保技术在提高生活质量的同时，也能保护个体的心理健康。

通过跨学科的学习和实践，学习者能够培养出从多角度分析和解决伦理问题的能力。这不仅让他们能够深入理解 AI 技术的复杂性和多维度影响，也使他们具备了在未来技术发展中，负责任地作出决策和采取行动的能力。这种综合能力对于促进技术的健康发展和确保技术创新符合社会伦理标准至关重要。

3. 教育内容的多样化与深化

（1）实现理论与实践的结合。在人工智能伦理教育中，理论与实践的结合是十分重要的。通过将理论知识与实际案例结合，教育内容能够更加多样化与深化，从而有效培养学习者面对复杂伦理问题时的分析和解决能力。

一是关注技术和实践的发展进步，拓展伦理学基础理论的研究深度。这既涉及对伦理学原理的深入探讨，还包括人工智能伦理准则等的具体应用。一方面，对于伦理学原理的深入探讨，教育者需要引导学习者理解伦理学的基本概念和理论，如功利主义、义务论、德性伦理学、伦理相对主义等，以及这些理论如何运用于指导人们在面对道德困境时作出决策。此外，还需探讨这些传统伦理理论在 AI 领域的应用和挑战，比如如何在算法设计中考虑到公平性、透明度和责任性等原则。另一方面，人工智能伦理准则的具体应用是教育内容的另一个重点。这包括国际组织、行业协会和领先企业制定的 AI 伦理指导原则和标准。学习者需要了解这些准则的具体内容，分析它们在实际操作中的应用案例，以及探讨在实际工作中如何将这些准则落到实处，包括在 AI 项目规划、开发和部署过程中的考量。

通过理论与实践的结合，AI 伦理教育能够更加全面地装备从业者，使他们不仅掌握必要的理论知识，还能够在实际工作中应用这些知识，面对伦理挑战时作出负责任的决策。这种多样化与深化的教育内容，有助于培养出具有高度伦理意识和社会责任感的 AI 专业人才，为促进 AI 技术的健康发展和应用奠定坚实的基础。

二是在技术实践中充分介入伦理考量，如数据保护、算法偏见等，实现理论与实践相结合。在人工智能伦理教育中，将理论与实践相结合的一个重要方面是在技术实践中的伦理考量，特别是数据保护和算法偏见等问题。这些问题不仅是技术挑战，更是伦理挑战，它们要求从业者不仅要有扎实的技术基础，还需要具备深刻的伦理意识和责任感。例如，数据保护是 AI 伦理教育中的一个核心议题。随着大数据和机器学习技术的发展，如何保护个人隐私、防止数据滥用成了一个亟待解决的问题。在这一领域，从业者需要了解相关的法律法规，如欧盟的《通用数据保护条例》（GDPR），同时学习如何在 AI 系统的设计和实施过程中采取相应的技术和管理措施，确保数据的安全和隐私。再如，算法偏见则是另一个重要的伦理考量。由于训练数据的偏差、算法设计者的无意识偏见等因素，AI 系统可能产生歧视性的决策结果，如性别偏见、种族偏见等。教育内容需要涵盖如何识别和评估 AI 系统中的潜在偏见，以及如何通过多样化的数据集、算法审计和伦理设计来减轻或消除这些偏见。

通过将这些技术实践中的伦理考量纳入教育内容，AI 伦理教育不仅帮助从业者建立起对 AI 技术潜在伦理风险的敏感性，还培养他们在实际工作中面对这些挑战时采取负责任行动的能力。这种理论与实践相结合的教育方法，有助于培养出既懂技术又具有伦理意识的 AI 专业人才，为促进 AI 技术的健康发展和负责任应用奠定坚实的基础。

（2）持续更新课程内容。一是随着技术发展不断更新教育内容。在人工智能的领域内，技术的迅速发展要求教育内容必须持续更新，以确保学习者能够掌握最新的知识和技能。这种持续更新的教育内容对于学生理解 AI 技术的最新进展、伦理挑战和社会影响至关重要。首先，AI 技术的快速进步意味着新的算法、工具和应用不断涌现。教育者需要定期审视和更新课程内容，将最新的技术发展纳入教学计划中。例如，深度学习、自然语言处理和计算机视觉等领域的最新研究成果应该被纳入相关课程中，以便从业者能够了解当前技术的前沿状态。其次，随着 AI 技术的应用越来越广泛，新的伦理挑战和社会问题也随之出现。这要求教育内容不仅要涵盖 AI 技术本身，还要包括相关的伦理、法律和社会学知识。例如，AI 在医疗、司法和金融等领域应用的伦理问题，数据隐私保护法律法规的更新，以及 AI 技术对就业和社会结构的影响等内容，都需要被持续更新和纳入教学中。最后，持续更新的教育内容还应该鼓励从业者发展终身学习的能力。面对技术的快速变化，学习者需要能够自主获取新知识、评估新技术的伦理和社会影响，并在未来的职业生涯中不断适应新的技术环境。

综上所述，持续更新的教育内容是 AI 伦理教育的一个重要组成部分。通过不断更新课程内容，教育者能够帮助从业者紧跟技术发展的步伐，理解并应对新出现的伦理挑战和社会问题，为在不断变化的技术环境中负责任地使用 AI 技术奠定坚实的基础。

二是引入最新的研究成果和伦理争议。为了保持教育内容的前沿性和相关性，不仅要随着技术发展不断更新教程，还需要积极引入最新的研究成果和当下的伦理争议。这种做法不仅能够激发从业者的学习兴趣，还能够帮助他们培养批判性思维能力，更好地理解人工智能技术的复杂性和多维度影响。首先，将最新的研究成果融入教学内容，可以让从业者接触到 AI 领域的最新进展，包括最新的算法、模型、应用场景等。这不仅可以帮助从业者了解当前技术的能力和局限，还可以激发他们的创新思维，鼓励他们思考如何将这些最新的研究成果应用于解决实际问题。其次，引入当前的伦理争议，如人脸识别技术的隐私问题、自动化决策系统的公平性问题等，可以使从业者意识到 AI 技术的社会影响，并引导他们从伦理角度思考技术的应用。这种教学方法可以帮助从业者建立起对技术伦理问题的敏感性，培养他们在面对复杂伦理问题时的分析和解决能力。最后，持续更新的课程内容还需要包括对新兴伦理理论和框架的探讨，以及这些理论和框架如何应用于 AI 技术的评估和指导。通过学习这些内容，从业者不仅能够了解伦理学的最新发展，还能够学会如何在实际工作中应用这些理论和框架，以确保 AI 技术的负责任使用。

综上所述，引入最新的研究成果和伦理争议，是 AI 伦理教育中持续更新课程内容的重要方面。这不仅能够帮助从业者保持知识的前沿性，还能够促进他们的批判性思维和伦理意识的发展，为他们在未来的职业生涯中作出负责任的决策打下坚实的基础。

4. 公众意识的提升

（1）从业者持续教育。一是充分认识继续教育的重要性。在人工智能领域，技术的快速发展和伦理问题的复杂性要求从业者持续更新他们的知识和技能。继续教育在这一过程中扮演着至关重要的角色，它包括参加研讨会、在线课程、工作坊等多种形式，旨在帮助从业者保持与最新技术发展同步，同时提高他们对 AI 伦理问题的理解和处理能力。其一，研讨会和会议提供了一个平台，让从业者可以直接与领域内的专家和同行交流，了解最新的研究成果和行业趋势。这种互动性强的学习方式不仅可以促进知识的吸收，还可以激发新的思考和创意。其二，在线课程则为从业者提供了灵活性，使他们能够根据自己的时间安排和学习节奏来获取最新的技术和伦理教育。这些课程往往覆盖广泛的主题，从基础的编程技能到复杂的伦理决策框架，满足不同层次从业者的需求。其三，工作坊和培训班则更侧重于实践技能的培养，通过案例研究、小组讨论和角色扮演等互动形式，帮助从业者在实际工作中应用伦理原则和技术知识，提高解决实际问题的能力。总之，继续教育的重要性体现在它能够帮助 AI 从业者培养终身学习的态度，这在快速变化的 AI 领域尤为重要。通过参加研讨会、在线课程和工作坊等形式的持续学习，从业者不仅能够跟上技术发展的步伐，不断提升自己的能力，还能够提高自己的伦理意识，更好地理解和应对技术带来的社会挑战，为负责任地推动 AI 技术的发展和应用作出贡献。

二是重视企业层面的伦理培训和意识提升。在人工智能的发展过程中，企业扮演着至关重要的角色。因此，企业层面的伦理培训和意识提升成为确保技术负责任使用的关键策略。通过系统的培训计划，企业不仅可以帮助员工理解和遵守伦理标准，还能够在整个组织内部建立起对 AI 技术影响的深刻理解和正确的伦理意识。其一，企业应该设计并实施定期的伦理培训项目，涵盖数据保护、算法透明度、偏见消除等关键伦理议题。这些培训应该不仅针对技术人员，也应该包括管理层和非技术员工，确保整个组织对 AI 伦理的重要性有共同的理解。其二，企业应该鼓励并促进跨部门之间的对话和合作，以共同探讨伦理问题并寻找解决方案。通过工作坊、研讨会和团队建设活动，员工可以在跨学科的环境中学习和交流，从而促进伦理意识的整体提升。其三，企业还应该建立伦理审查机制，对 AI 项目进行定期的伦理评估。通过设立伦理委员会或指定伦理官，企业可以确保其 AI 应用不仅符合法律法规，也符合社会伦理标准。这种机制还能够为员工提供一个讨论和报告伦理顾虑的渠道，进一步强化企业的伦理文化。其四，企业应该通过案例研究和实际经验分享，展示伦理决策在实际工作中的应用。这可以帮助员工看到伦理原则如何转化为具体行动，以及这些行动如何影响企业和社会。总之，企业层面的伦理培训和意识提升是确保 AI 技术负责任使用的关键。通过定期的培训、跨部门合作、伦理审查机制以及案例分享，企业不仅可以提升员工的伦理意识，还能够在整个组织内部营造出一种负责任的技术使用文化。这不仅有助于防范技术滥用的风险，也能够提升企业的社会责任感和公众形象。

（2）公众意识的提升。一是通过公开讲座、媒体宣传等方式提升公众对人工智能伦理的认识，这是构建一个负责任的 AI 未来的关键步骤。通过公开讲座、媒体宣传等方式，可以有效地扩大伦理知识的传播范围，让更多人了解 AI 技术的潜在影响及其伦理挑战。这不仅有助于塑造公众的科技伦理观，还能促进社会对 AI 技术发展方向的深入讨论。

其一，公开讲座是提升公众意识的有效手段之一。通过邀请 AI 领域的专家、学者及业界人士举办讲座和研讨会，可以为公众提供一个深入了解 AI 技术及其社会影响的平台。这些活动不仅能够提供最新的科技信息，还能够激发公众对 AI 伦理问题的关注和思考，如隐私保护、数据安全、算法偏见等。其二，媒体宣传也是提高公众 AI 伦理意识的重要渠道。通过新闻报道、专题讨论、纪录片等形式，媒体可以将 AI 伦理的议题带入公众视野，促进社会对这些问题的广泛关注。此外，社交媒体和网络平台的利用也极大地促进了信息的传播和交流，使得 AI 伦理的讨论不再局限于专业领域，而是扩展到了更广泛的公众群体。其三，与公众直接互动的活动，如科技展览、开放日等，也是提升公众 AI 伦理意识的有效方式。通过亲身体验 AI 技术的应用和了解其背后的伦理考量，公众可以更直观地认识到 AI 技术的利与弊，从而形成更为全面和深入的理解。总之，通过公开讲座、媒体宣传以及直接互动等多种方式，可以有效提升公众对 AI 伦理的认识。这不仅有助于建立一个更为理性和负责任的公众讨论环境，也是推动 AI 技术健康发展、确保其社会影响正面化的重要途径。

二是促进社会对人工智能发展的健康态度和正确理解，这是确保技术进步与社会福祉同步增长的基石。这要求从多个层面入手，包括教育普及、政策引导、社会对话等，以形成一个全面、平衡的 AI 认识体系。其一，教育普及是基础。通过在学校教育中加入 AI 相关课程，从小培养学生对 AI 的基本了解和批判性思维能力，是长远看来非常重要的一步。此外，为成人提供持续教育的机会，通过在线课程、公开讲座等方式，帮助他们跟上技术发展的步伐，了解 AI 的最新应用及其潜在影响，也是提升公众理解的有效途径。其二，政策引导至关重要。政府和监管机构应制定明确的 AI 发展指导原则和伦理框架，既鼓励技术创新，又确保技术应用不损害公众利益。通过制定和实施相关政策，可以向社会传递正确的价值观和期望，引导公众形成对 AI 技术负责任的态度。其三，促进开放、包容的社会对话是实现理解的关键。通过组织多方参与的论坛、研讨会等活动，让科技开发者、政策制定者、社会学者以及公众代表共同探讨 AI 的发展方向和伦理问题，可以增进相互理解，共同探索 AI 技术的最佳应用方式。这种跨界对话有助于减少误解和恐惧，促进对 AI 技术的健康态度。其四，媒体和公共传播也扮演着重要角色。通过提供准确、公正的报道，媒体可以帮助公众理解 AI 技术的真实情况，区分科幻与现实，避免不必要的恐慌或过度乐观。同时，通过宣传成功案例，展示 AI 技术如何在医疗、教育、环保等领域发挥积极作用，可以激发公众对 AI 技术的信心和支持。综上所述，通过教育普及、政策引导、社会对话和媒体传播等多方面的努力，可以有效促进社会对人工智能发展的健康态度和正确理解，为 AI 技术的积极应用和健康发展创造良好的社会环境。

5. 社会的参与

（1）多方利益相关者的作用。一是强化政府、教育机构、企业、非政府组织等的共同责任。在推动人工智能技术的健康发展和负责任的应用中，包括政府、教育机构、企业、非政府组织（NGO）等多方利益相关者承担着共同的责任。这些利益相关者通过各自的角色和能力，共同构建一个促进 AI 技术积极影响的生态系统，确保技术进步同时带来社会福祉的提升。

其一，政府的作用在于制定和执行政策、法规，以引导 AI 技术的发展方向和应用标准。政府可以通过制定明确的伦理指导原则、隐私和数据保护法律，来确保 AI 技术的发展不损害公众利益。同时，政府还可以通过资金支持、税收优惠等措施，鼓励企业和研究机构进行 AI 技术的创新和伦理研究。

其二，教育机构则负责培养具有未来视野的人才和提升公众对 AI 技术的理解。通过在课程中加入 AI 及其伦理问题的教学，教育机构不仅可以为学生提供必要的技术知识，还可以培养他们的批判性思维和伦理意识。此外，教育机构还可以通过公开讲座、研讨会等形式，提升公众对 AI 技术及其社会影响的认知。

其三，企业作为 AI 技术的主要开发者和应用者，有责任确保其产品和服务的伦理性和安全性。企业需要在产品设计和开发过程中嵌入伦理原则，通过透明度和可解释性的提升，增强用户对 AI 技术的信任。同时，企业还应积极参与社会对话，听取各方意见，共同探索 AI 技术的负责任使用。

其四，非政府组织（NGO）在监督 AI 技术的应用、提升公众意识、促进政策讨论等方面发挥着重要作用。NGO 可以通过研究报告、倡导活动等方式，揭示 AI 技术应用中的问题，推动社会对 AI 伦理的深入讨论，并影响政策的制定。总之，政府、教育机构、企业、非政府组织等多方利益相关者通过各自的努力和合作，共同承担着推动 AI 技术负责任发展的责任。通过这种多方参与和合作，可以更有效地应对 AI 技术带来的挑战，确保技术进步同时促进社会公共利益的最大化。

二是重视各方在推动伦理教育中的具体作用和策略。在推动伦理教育中，多方利益相关者各有其独特的作用和采取的策略，共同构建一个全面、有效的伦理教育体系，以应对人工智能技术发展带来的伦理挑战。其一，政府的作用主要体现在制定政策和提供指导方针上。政府可以通过制定教育标准和课程要求，将伦理教育纳入学校教育体系，确保从基础教育开始就培养学生的伦理意识和责任感。同时，政府还可以通过资助伦理研究和教育项目，支持高等教育机构和研究机构在 AI 伦理领域的深入探索和知识传播。其二，教育机构在伦理教育中扮演着知识传授和价值观塑造的角色。高等教育机构可以开设 AI 伦理相关的课程，培养学生对 AI 技术的深入理解及其社会、伦理影响的批判性思考能力。此外，教育机构还可以通过举办研讨会、讲座和工作坊等活动，促进学术界、工业界和公众之间的对话和交流，共同探讨和解决 AI 伦理问题。其三，企业作为 AI 技术的开发者和应用者，有责任确保其员工了解并遵守伦理原则。企业可以通过内部培训、研讨会等方式，加强员工的伦理教育，特别是对于那些直接参与 AI 产品设计和开发的技术人员。此外，企业还可以通过伦理审查委员会等机制，确保其产品和服务的开发过程遵循伦理标准。其四，非政府组织（NGO）和其他民间组织在提升公众伦理意识和促进伦理讨论方面发挥着重要作用。这些组织可以通过举办公众教育活动、发布研究报告和政策建议等方式，提高社会对 AI 伦理问题的关注，促进公众参与伦理讨论，形成对 AI 技术的负责任态度。总之，政府、教育机构、企业和非政府组织等多方利益相关者在推动伦理教育中各承担着不同的责任，通过各自的策略和合作，共同促进 AI 伦理教育的发展，为应对 AI 技术带来的挑战提供坚实的伦理基础。

（2）国际合作与交流。一是推动国际伦理标准和教育模式的交流。在人工智能快速发展的背景下，国际合作与交流在制定共享的伦理标准和教育模式方面发挥着至关重要的作用。通过跨国界的合作，不同国家和地区可以共同探讨和应对 AI 技术带来的伦理挑战，共同促进全球 AI 伦理教育的发展。其一，国际伦理标准的制定是国际合作的重要方面。国际组织如联合国教科文组织（UNESCO）[①]、世界经济论坛（WEF）[②]等，通过汇聚全球专家和政策制定者，致力于制定 AI 伦理的国际框架和指导原则。这些标准旨在为 AI 技术的开发和应用提供共同的伦理基础，确保 AI 技术的发展既促进技术创新，又保护人类福祉和权利。其二，在教育模式的交流方面，国际合作同样发挥着关键作用。不同国家和地区的教育机构可以通过合作项目、学术交流和联合研究等方式，分享各自在 AI 伦理教育方面的经验和成果。这种交流不仅有助于丰富和完善 AI 伦理教育的内容和方法，还可以促进不同文化背景下的理解和尊重，为全球 AI 伦理教育的多样性和包容性奠定基础。其三，国际会

---

① 联合国教育、科学及文化组织，简称"联合国教科文组织"，成立于 1945 年 11 月 16 日，总部设于法国巴黎，现有 195 个成员国。联合国教科文组织致力于推动各国在教育、科学和文化领域开展国际合作，以此共筑和平。

② 世界经济论坛（World Economic Forum，WEF），因在瑞士达沃斯首次举办，又被称为"达沃斯论坛"，成立于 1971 年，是以研究和探讨世界经济领域存在的问题、促进国际经济合作与交流为宗旨的非官方国际性机构，总部设在瑞士日内瓦。

议和论坛也是促进国际合作与交流的重要平台。通过组织国际会议、研讨会等活动，可以为来自不同国家的政策制定者、学者、企业家和公民社会代表提供交流和讨论的机会。这些活动不仅有助于共享最新的研究成果和政策经验，还能够激发新的合作机会，共同探索 AI 伦理教育的创新路径。综上所述，国际合作与交流在制定共享的伦理标准和教育模式方面发挥着核心作用。通过这种跨国界的合作，可以更好地应对全球 AI 技术发展带来的挑战，共同推进 AI 伦理教育的全球化发展，确保 AI 技术的负责任使用和全球性的公平性。

二是设计全球范围内的合作项目和研讨会，这对于促进国际在人工智能领域的合作与交流具有重要意义。这些活动不仅为各国提供了共享知识、经验和最佳实践的平台，还有助于形成针对 AI 技术发展和应用的全球性解决方案。其一，合作项目通常涉及多国政府、国际组织、学术机构、非政府组织以及私营部门的参与。这些项目可能聚焦于共同研发 AI 技术、制定跨国界的 AI 伦理标准，或是开展针对特定社会挑战的 AI 解决方案。通过这种跨国界、多领域的合作，参与方能够汇聚各自的资源和专长，共同推动 AI 技术的健康发展和伦理应用。其二，研讨会和国际会议为来自世界各地的研究人员、政策制定者和行业专家提供了面对面交流的机会。在这些活动中，参与者可以深入讨论 AI 技术的最新发展趋势、面临的伦理挑战以及政策制定的最佳实践。研讨会通常还包括工作坊和培训课程，旨在提升参与者在 AI 领域的专业技能和知识水平。其三，全球范围内的合作项目和研讨会也是推动国际伦理标准制定的重要途径。通过这些活动，不同文化和法律背景下的参与者能够就 AI 伦理问题进行深入探讨，共同寻找平衡点，形成广泛接受的国际伦理准则。总之，全球范围内的合作项目和研讨会不仅促进了国际在 AI 技术研究和应用方面的合作，还加强了全球社会对 AI 伦理和政策问题的理解和共识。这些活动为构建一个负责任、包容和可持续发展的全球 AI 生态系统提供了重要支撑。

6. 创新思维的培育

（1）预见未来挑战。在面对人工智能技术的快速进步和广泛应用时，前瞻性和创新性思维对于预见未来挑战尤为重要。特别是在伦理领域，对未来可能出现的伦理问题进行预测和讨论，制定有效的策略和政策以应对这些挑战至关重要。

一是对未来可能出现的伦理问题进行预测和讨论。随着 AI 技术的发展，一些未来可能出现的伦理问题包括但不限于以下五种。其一，隐私权和数据保护。随着 AI 技术在数据分析和处理方面的应用越来越广泛，如何保护个人隐私、防止数据滥用成为一个重大挑战。其二，自动化和就业。AI 和自动化技术可能导致大规模工作岗位的变化或消失，对就业市场和社会结构产生深远影响。其三，算法偏见和歧视。AI 系统可能由于训练数据的偏见而在决策过程中表现出偏见，这可能导致对某些群体的不公平对待。其四，人机关系。随着 AI 技术在日常生活中的角色越来越大，如何界定人与机器之间的关系、确保人类的主导地位成为需要探讨的问题。其五，AI 军事化和自主武器。AI 技术在军事领域的应用引发了关于自主武器系统伦理性的讨论，以及如何防止 AI 技术被用于加剧冲突或不人道目的。

面对以上这些挑战，需要通过多学科合作、国际对话和政策制定来寻求解决方案。这包括加强 AI 伦理教育，提高开发者和用户的伦理意识，制定和实施严格的数据保护法律，开发公平、透明的 AI 算法，以及在国际层面上就 AI 的军事应用设立规范和限制。通过前瞻性思维和创新性方法，可以更好地预见未来的伦理挑战，并通过早期干预和策略规划，减少这些挑战对社会的潜在负面影响。这要求全社会——包括政府、企业、科研机构、非政府组织和公众——共同参与，共同努力，为 AI 技术的伦理发展奠定坚实的基础。

二是培养学生的创新思维和解决问题的能力。在面对未来挑战的过程中，培养学生的创新思维和解决问题的能力成为教育领域的重要任务。随着技术的快速发展和社会需求的不断变化，未来的工作环境将更加依赖于个体的创造力、批判性思维和适应性。因此，教育系统必须采取前瞻性的措施，为学生提供必要的技能和知识，以应对未来的挑战。其一，创新思维的培养。创新思维是指能够以新颖的视角看待问题，并提出创造性解决方案的能力。教育者可以通过鼓励学生参与项目式学习（PBL）①、团队合作和跨学科学习等活动，来培养学生的创新思维。这些活动能够让学生在实践中学会如何将理论知识应用到解决实际问题上，同时激发他们的创造力和探索精神。其二，解决问题的能力。解决问题能力是指在面对挑战时，能够有效识别问题、分析问题并提出解决方案的能力。为了培养这一能力，教育系统需要提供丰富的情境学习机会，让学生在模拟或实际环境中面对并解决问题。通过案例研究、模拟游戏和竞赛等形式，学生可以在安全的环境中尝试、犯错并从中学习，逐步提高自己的问题解决能力。其三，跨学科学习。在日益复杂的世界中，许多挑战都需要跨学科的知识和技能来解决。因此，教育者应当鼓励学生跨越传统学科界限，整合不同领域的知识和方法。通过跨学科项目和课程设计，学生能够学习如何将不同学科的视角和技能应用于解决复杂问题，从而提高他们的适应性和创新能力。总之，面对未来挑战，培养学生的创新思维和解决问题的能力至关重要。通过提供实践学习机会、鼓励跨学科学习和强化批判性思维训练，教育系统可以为学生打下坚实的基础，使他们能够在未来的工作和生活中取得成功。

（2）创新教育方法。一是充分利用新技术和教育工具。在推动前瞻性与创新性思维的过程中，利用新技术和教育工具，如虚拟现实（VR）、在线平台等，已成为创新教育方法的重要组成部分。这些技术提供了更加互动和沉浸式的学习体验，有助于提高学生的学习动机和效率。其一，虚拟现实技术能够创建模拟环境，让学生在几乎真实的场景

---

① 项目式学习（project based learning）是一种动态的学习方法，也是一种以学生为中心的教学方法，它提供一些关键素材构建一个环境，学生组建团队通过在此环境里解决一个开放式问题的经历来学习。

中进行学习和实践。例如，在医学教育中，通过 VR 技术，学生可以进行手术模拟，这样的实践经验对于技能的掌握至关重要，同时也降低了真实操作的风险。其二，在线平台则提供了灵活的学习方式，支持异地教育和自主学习。通过在线课程、互动讨论和资源共享，学生可以根据自己的节奏和兴趣进行学习，同时也能够与来自世界各地的同学和教师进行交流，拓宽视野。上述这些新技术和教育工具的应用，不仅使教育内容更加生动有趣，还促进了个性化学习和协作学习的发展。通过创新的教育方法，可以更好地激发学生的创造力和批判性思维，为他们未来在快速变化的世界中成功做好准备。

二是提高教育的互动性和实践性。这是创新教育方法的关键方向，旨在通过更加参与式的学习体验来增强学生的学习效果。其一，互动性教育鼓励学生积极参与课堂讨论、小组合作和项目实践，而非仅仅作为被动的信息接收者。这种方法能够提升学生的批判性思维、沟通能力和团队协作能力。其二，实践性学习则强调通过实际操作和实验来获得知识和技能。例如，STEM（科学、技术、工程和数学）教育中的实验室活动、编程项目和工程设计任务都是实践性学习的典型例子。通过亲自动手解决问题，学生能够更深刻地理解理论知识，并将其应用于实际情境中。其三，结合现代技术，如模拟软件、在线协作工具和数字化学习资源，可以进一步增强教育的互动性和实践性。这些工具不仅为学生提供了更广泛的学习资源，还促进了学生之间以及师生之间的互动交流，从而创造了一个更加动态和参与感强的学习环境。总之，通过提高教育的互动性和实践性，可以激励学生的学习兴趣，培养他们的创新思维和解决问题的能力，为他们适应未来社会的挑战打下坚实的基础。

综上所述，为人工智能的健康发展奠定伦理基础，需通过全面的教育策略实现。这要求在教育体系中整合 AI 伦理教育，从基础教育到高等教育各个层面，培养学生的伦理意识和责任感。教育内容应包括 AI 技术的基础知识、伦理问题的识别与分析，以及解决这些问题的策略。此外，跨学科的教育模式对于理解 AI 技术与社会、经济、文化等多方面的相互作用尤为关键。通过案例研究、角色扮演和项目式学习等互动式教学方法，可以有效提高学生的实践能力和批判性思维。同时，加强对 AI 开发者和使用者的持续培训，确保他们能够跟上技术进步的步伐，不断更新他们的伦理知识和技能。通过这样全面的教育策略，可以为 AI 的健康发展建立坚实的伦理基础，促进技术的可持续发展，保障人类社会的福祉。

二、公众伦理意识提升的策略

除了对专业从业者的教育之外，提升公众对 AI 伦理问题的意识也非常重要。这可以通过公开讲座、媒体报道等方式实现，旨在增强社会对 AI 技术发展及其伦理影响的理解，促进健康的技术态度和政策形成。全社会的参与对于推动伦理教育和意识提升至关重要，包括政府、教育机构、企业和非政府组织等社会力量应共同努力，通过制定政策、开设课程和提供培训等方式，共同促进负责任的 AI 使用和开发文化。

在当今快速发展的世界中，人们面临着一系列紧迫的伦理和社会问题，其中包括气候变化、健康危机、信息泡沫等。这些问题的复杂性和全球性质要求人们采取集体行动，而这一切的基础是提升公众的意识和理解。公众意识的提升不仅关乎信息的传播，更关乎于如何激发个人和社区采取实际行动，以及如何影响政策制定和实施。首先，气候变化是一个全球性的挑战，它影响着每一个生命和生态系统。尽管科学界对此有明确的共识，但在公众中，对这一问题的理解和紧迫感仍然参差不齐。这种差异部分是由于信息的不对等和误导性报道造成的。因此，提升公众对气候变化的正确理解，鼓励采取可持续的生活方式和支持环保政策，成为我们不能回避的任务。其次，健康危机，尤其是新冠疫情，进一步暴露出公共卫生领域的挑战。疫情不仅对人们的生命安全构成威胁，还对社会经济造成了巨大冲击。在这种情况下，提升公众对健康信息的理解、加强个人防护意识、支持科学研究和公共卫生措施至关重要。最后，信息泡沫是另一个严重的问题，它指的是人们在社交媒体和网络空间中，只被与自己观点相同或相似的信息所包围，导致观点的极化和误解。在这个信息爆炸的时代，学会辨别信息，发展批判性思维，变得尤为重要。针对上述问题，提升公众意识的策略需要多方面的努力。这包括在教育体系中整合相关课程，利用媒体和信息技术传播科学知识，鼓励社区参与和公民行动，以及推动政策倡导和国际合作。通过这些策略，可以增强公众对这些关键社会问题的理解，激发他们参与解决问题的积极性，最终实现社会的可持续发展。

1. 教育体系的整合

第一，注重课程开发，包含开发涉及当前 AI 技术挑战和社会挑战主题的课程，覆盖从小学到大学的各个阶段。

整合教育体系，特别是通过开发涉及当前 AI 技术挑战和社会挑战主题的课程，是提升公众意识的一项核心策略。这种方法涉及从小学到大学各个教育阶段的课程内容创新，旨在培养学生对重要社会问题的深刻理解和积极参与解决问题的能力。

（1）小学阶段。在小学阶段，课程开发应侧重于培养学生的基本认识和兴趣。例如，通过故事讲述、互动游戏和实地考察，将气候变化、环保行动等概念以孩子们容易理解的方式引入课堂。这不仅可以增加他们对这些问题的基本认识，还可以激发他们的好奇心和探索欲，为日后的深入学习打下坚实的基础。

（2）中学阶段。到了中学阶段，课程可以开始引入更复杂的概念和问题讨论，如可持续发展、社会公正、健康危机的影响及其预防措施等。在这一阶段，除了理论学习，还应加强实践活动，如参与社区环保项目、组织健康促进活动等，以培养学生的实践能力和社会责任感。

（3）高中阶段。高中阶段的课程开发应进一步深化，引导学生批判性地分析社会问题，并探索解决方案。课程可以包括更多跨学科的内容，如科学技术在解决环境问题中的应用、公共卫生政策分析、信息技术在促进公共意识提升中的作用等。此外，鼓励学生参与辩论、模拟联合国等活动，可以提高他们的沟通能力和团队合作能力。

（4）大学阶段。在大学阶段，课程开发应更加专业和深入，鼓励学生从事针对具体社会挑战的研究项目。这一阶段的学习不仅应涵盖理论知识，还应强调创新思维和解决问题的实际技能。通过实践研究项目、实习和社会服务活动，学生可以将所学知识应用于实际情境中，为其未来的职业生涯和社会参与奠定坚实的基础。

（5）跨学科整合。在所有教育阶段，跨学科的整合是关键。通过将自然科学、社会科学、人文学科和技术等领域的知识融合在一起，学生可以从多个角度理解和分析社会问题，这对于培养他们成为未来的创新者和领导者至关重要。

总之，通过教育体系的整合和课程开发，可以有效提升学生对当前AI技术挑战和社会挑战的理解，激发他们的参与意愿和解决问题的能力。这种教育不仅对个人成长至关重要，也对社会的可持续发展和进步具有深远的影响。

第二，开展实践活动，鼓励学生参与相关的伦理实践活动，如环保项目、健康促进活动等。

实践活动在伦理教育和意识提升过程中扮演着十分重要的角色，特别是在培养学生的实践能力、提升其社会责任感以及促进其全面发展方面。通过鼓励学生参与相关的实践活动，如环保项目、健康促进活动等，学生不仅能够将理论知识与实践相结合，还能在解决实际问题的过程中增强自我认知，培养团队合作精神和社会参与意识。

（1）环保项目作为实践活动的一种，能够有效提升学生的环保意识和可持续发展观念。通过参与校园绿化、废物分类、节能减排等项目，学生能够直观地了解人类活动对环境的影响，学习如何在日常生活中采取行动保护环境。这种实践活动不仅有助于学生形成正确的环保行为习惯，还能激发他们在环保领域进行创新和实践的热情。

（2）健康促进活动则是通过实践活动，加强学生对健康生活方式的认识和实践。这包括饮食健康教育、体育锻炼、心理健康工作坊等。通过参与这些活动，学生不仅能够了解到健康知识，还能在实践中体验健康生活带来的益处，从而培养终身坚持健康生活方式的习惯。此外，这些活动还能帮助学生建立自我管理健康的能力，提高自我保健意识。

实践活动的实施，需要教育者精心设计和组织。一是活动内容应与学生的年龄和兴趣相匹配，确保活动既有教育意义又能吸引学生参与。二是教育者应提供必要的资源和支持，包括活动场地、材料和指导，以保证活动的顺利进行。此外，对于活动的成果和过程进行反思和评价也是非常重要的，这有助于学生从实践中学习和成长。

总之，通过鼓励学生参与环保项目、健康促进活动等实践活动，可以有效促进学生的全面发展，提升其社会责任感和实践能力。这些活动不仅为学生提供了学习和成长的平台，还为他们将来成为社会的负责任成员奠定了坚实的基础。随着教育理念的不断进步和发展，实践活动在教育过程中的重要性将会越来越被重视。

第三，介入案例研究，利用具体案例来讲述 AI 伦理问题的严重性和解决问题的方法。

案例研究作为一种有效的教学和学习方法，通过对具体事件的深入分析，帮助学生理解 AI 伦理问题的复杂性、严重性以及探索解决问题的方法。这种方法能够将抽象的理论知识与现实世界的实际情况相结合，使学生能够在具体的情境中学习和思考，从而提高其批判性思维能力、问题解决能力和应用知识的能力。

利用案例研究讲述问题的严重性，能够让学生直观地感受到问题带来的影响。通过详细描述案例背景、涉及的主体、事件发展过程以及最终的结果，学生可以更深入地理解问题的根源和影响范围。例如，在环境教育中，通过研究某个地区因污染导致的生态灾难案例，学生可以直观地看到环境破坏对生态系统和人类社会的严重后果，从而增强环保意识。

同时，案例研究也是探索和学习解决问题方法的有效途径。在分析案例的过程中，学生不仅要理解问题的本质，还需要思考和讨论解决问题的策略和方法。这种探索过程鼓励学生运用所学知识，结合案例的具体情况，提出创新的解决方案。通过比较不同案例的解决策略和效果，学生可以学习到哪些方法在特定情境下更有效，以及如何根据实际情况调整策略。

为了提高案例研究的教学效果，教育者需要精心选择和设计案例。好的案例应该具有代表性和启发性，能够引起学生的兴趣和共鸣。同时，案例的讨论过程应该鼓励学生积极参与，通过小组讨论、角色扮演、辩论等多种互动形式，使学生能够从多个角度和维度分析问题。

此外，案例研究还应该强调反思和批判性思考。在案例分析结束后，教育者应引导学生反思学习过程，包括对所提出解决方案的有效性进行评估，以及思考在类似情境下如何应用所学知识和技能。这种反思过程有助于学生巩固学习成果，提高未来解决实际问题的能力。

总之，案例研究通过提供具体的学习情境，使学生能够深入理解问题的严重性和复杂性，同时探索和学习解决问题的方法。这种教学方法有助于培养学生的综合素质，为其将来在复杂多变的社会中应对挑战奠定坚实的基础。

2. 媒体与信息传播

第一，促进媒体合作，与主流媒体和新兴媒体平台合作，发布定期的教育内容。

在信息快速传播的时代，媒体成为连接公众与信息的重要桥梁。教育领域亦然，通过与主流媒体和新兴媒体平台的合作，定期发布教育内容，可以有效提升教育信息的覆盖范围和影响力，促进教育公平和资源共享。首先，合作媒体的选择非常关键。主流媒体，如电视台、广播电台和报纸，因其权威性和广泛的受众基础，能够迅速传播教育信息到各个社会层面。而新兴媒体平台，如社交网络、在线视频平台和博客，则因其互动性和便捷性，尤其受到年轻一代的欢迎。通过与这些媒体的合作，教育机构可以针对不同的受众群体，设计和发布更加多样化和个性化的教育内容。其次，合作发布定期的教育内容，不仅可以提供最新的教育资讯，还可以围绕特定的教育主题，如科学探索、文化传承、健康生活等，开展系列报道和讨论，引发公众对教育话题的关注和思考。此外，通过媒体平台的互动功能，教育机构可以直接与公众进行交流，收集反馈，进一步优化教育内容和服务。再次，为了确保合作的效果，教育机构需要与媒体建立稳定而长期的合作关系。这包括明确合作目标、内容方向和发布计划，以及定期评估合作成效，根据反馈进行调整。同时，教育机构也需要关注媒体环境的变化，及时探索新的合作模式和传播渠道，以保持教育内容的新鲜感和吸引力。最后，教育内容的质量是合作成功的关键。这要求教育机构不仅要提供准确、权威的信息，还要注重内容的创新和趣味性，以适应不同媒体的特点和受众的偏好。例如，可以通过故事化的方式呈现教育信息，或者利用多媒体元素增强内容的表现力，使教育信息更加生动和易于理解。

综上所述，与主流媒体和新兴媒体平台合作，发布定期的教育内容，是提升教育信息传播效果的有效途径。这不仅有助于扩大教育资源的覆盖范围，促进教育公平，还能激发公众对教育的兴趣和参与，为构建学习型社会提供支持。在这个过程中，教育机构需要注重合作策略的选择，保证内容的质量和多样性，以及积极应对媒体环境的变化，不断创新传播方式。

第二，开展社交媒体活动，利用社交媒体的力量，创建话题挑战、线上研讨会等，吸引更多人参与。

在数字化时代，社交媒体已成为信息传播的重要渠道。利用社交媒体的力量，通过创建话题挑战、线上研讨会等活动，不仅可以吸引更多人参与，还能有效提升信息的覆盖范围和参与度，进而促进知识的传播和交流。首先，话题挑战是社交媒体上一种有效地吸引公众参与的方式。通过设置具有吸引力的主题和简单有趣的参与方式，鼓励用户生成内容并分享到自己的社交网络上，从而迅速扩大话题的影响力。例如，教育机构可以发起关于环保、健康生活等社会热点的话题挑战，鼓励用户分享自己的行动和想法，不仅能够增加公众对这些问题的关注，还能促进积极的社会行为。其次，线上研讨会则是另一种有效的社交媒体活动形式。利用视频直播、网络会议等技术平台，邀请专家、学者或知名人士就某一话题进行深入讨论和交流，观众可以通过评论、提问等方式参与到讨论中。这种形式不仅打破了地理位置的限制，让更多人能够方便地获取知识和信息，还增加了互动性，提高了参与者的参与感和满意度。再次，为了提高社交媒体活动的效果，几个关键因素需要被考虑。例如，活动的主题需要具有吸引力和时效性，能够引起公众的兴趣和关注；活动的设计需要简单易懂，参与门槛低，确保更多的人能够轻松参与；有效的宣传也是成功的关键，通过多渠道宣传和社交媒体大 V 推广，可以大大增加活动的曝光度和参与度。最后，对于活动的分析和反馈也非常重要。通过对参与数据的分析，主办方可以了解活动的覆盖范围、参与度以及用户的反馈，进一步优化未来的活动设计和执行。此外，活动结束后的总结和分享也可以增加活动的持续影响力，通过总结分享成功案例和经验教训，不仅可以提升机构的品牌形象，还能为未来的活动提供宝贵的参考。

总之，利用社交媒体的力量，开展创建话题挑战、线上研讨会等活动，是提升公众参与度和信息传播效果的有效方式。在这个过程中，活动的主题选择、设计简便性、有效宣传以及活动分析和反馈都是不可忽视的关键因素。随着社交媒体平台的不断发展和创新，利用这些平台进行教育和信息传播的方式也将更加多样化和有效。

第三，加强影响力营销，与公众人物和意见领袖合作，利用他们的影响力扩大信息的覆盖范围。

影响力营销，作为一种新兴的营销策略，通过与公众人物和意见领袖的合作，利用他们在特定领域或社交媒体上的影响力，来扩大信息的覆盖范围和提高品牌的认知度。在媒体与信息传播领域，这种策略尤其有效，因为它能够迅速触及广泛的受众群体，增强信息的传播效率和影响力。首先，合作的公众人物和意见领袖通常拥有大量的忠实追随者，他们的推荐和认可能够极大地影响追随者的观点和行为。当这些影响者分享或推广某个信息、产品或服务时，他们的追随者往往会给予更高的信任和关注，从而提高信息传播的有效性和转化率。其次，与影响力人物合作，还能够为信息传播带来更高的目标精准度。不同的公众人物和意见领袖在不同的领域有着不同的影响力，通过精准匹配合作对象，可以确保信息更加精确地到达目标受众。例如，与健康生活方式相关的信息，通过与健康领域的意见领袖合作传播，将更容易吸引对健康生活感兴趣的受众。再次，利用影响力营销还能够提升信息传播的创新性和多样性。公众人物和意见领袖往往能够以独特的视角和风格呈现信息，他们的创意和个人魅力可以为信息传播增添新的活力，使得信息更加吸引人，从而提高受众的参与度和互动性。最后，影响力营销也面临着挑战和风险。合作对象的选择需要非常谨慎，因为公众人物和意见领袖的形象、价值观和行为将直接影响到合作信息的接受度和品牌形象。此外，合作的真实性和透明度也非常重要，过度的商业推广或不真实的推荐可能会引起受众的反感，损害品牌的信誉。

综上所述，影响力营销通过与公众人物和意见领袖的合作，利用他们的影响力扩大信息的覆盖范围，是一种高效的信息传播策略。它不仅能够提高信息传播的效率和目标精准度，还能增强信息的吸引力和参与度。然而，为了确保影响力营销的成功，合作对象的选择、合作的真实性和透明度都需要被充分考虑和管理。

3. 社区参与和公民行动

第一，举办社区工作坊，教育居民如何在日常生活中采取实际行动。

社区工作坊是一种有效的社区参与和公民行动模式，它在社区中心或其他公共空间举办，旨在教育和激励居民在日常生活中采取实际行动，以解决社区面临的问题或提高生活质量。这种工作坊通常围绕特定主题展开，如环境保护、健康生活、社区安全、经济发展等，通过提供知识、技能训练和行动指导，促进居民的积极参与和贡献。

社区工作坊的成功举办，首先依赖于对社区需求的准确把握和对目标受众的深入了解。通过社区调研、座谈会或问卷调查等方式，组织者可以收集居民的意见和建议，了解他们最关心的问题和需求，从而设计出符合社区实际情况和居民期望的工作坊内容。其次，在工作坊的设计和实施过程中，采用互动式和参与式的教学方法尤为重要。通过小组讨论、角色扮演、案例分析、实地考察等多样化的活动，不仅可以增加居民的学习兴趣和参与度，还能够促进居民之间的交流和合作，增强社区的凝聚力。此外，邀请经验丰富的讲师、专家或其他社区的成功案例分享者，可以为居民提供更多的启发和动力。再次，实施社区工作坊还需要考虑到持续性和后续支持。工作坊不应仅仅是一次性活动，而应该是一个持续的学习和行动过程。组织者可以通过建立社区学习小组、提供在线资源、举办跟进活动等方式，鼓励居民将工作坊中学到的知识和技能应用到实际行动中，同时为他们提供持续的支持和指导。最后，为了提高社区工作坊的影响力和覆盖面，利用社交媒体和社区公告板等渠道进行宣传是非常必要的。通过吸引更多居民的参与，可以进一步扩大工作坊的社会效益，促进更广泛的社区参与和公民行动。

社区工作坊的最终目标是促进居民的积极参与，使他们成为社区发展和改善的推动者。通过提供必要的知识和技能，激发居民的行动意识和能力，社区工作坊有助于构建更加和谐、活跃和可持续发展的社区环境。在这个过程中，每一位居民都能够发现自己的价值和潜力，共同为创造更美好的社区生活贡献力量。

第二，鼓励公民参与科学研究项目，如通过使用智能手机应用收集环境数据。

公民科学项目是一种将科学研究与公众参与相结合的创新途径，它通过鼓励普通公民参与科学实验、数据收集和分析等活动，旨在扩大科学研究的参与度和影响力。这种项目的一个重要方面是利用科技工具，如智能手机应用，来收集环境数据，从而使公众能够直接参与到科学研究中，为科学家提供宝贵的数据资源，同时提升自身的科学素养和环保意识。

公民科学项目的实施，尤其是通过智能手机应用收集环境数据，具有多方面的积极影响。首先，这种方式大幅降低了参与科学研究的门槛，使得无论年龄、职业或教育背景，任何人都可以成为科学研究的一部分。智能手机的普及和应用程序的易用性，使得公众可以轻松地收集和上传数据，比如记录本地的气候变化、追踪野生动物的活动或监测空气和水质等情况。其次，公民科学项目通过让公众参与科学研究，有效提高了社区对科学和环境问题的认识。参与者在实际收集数据的过程中，能够更直观地了解环境变化和科学研究的重要性，从而增强他们的环保意识和科学素养。这种亲身体验的学习过程，比传统的教育方式更能激发公众的兴趣和参与感。再次，公民科学项目还有助于建立科学家与公众之间的桥梁。通过参与科学研究，公众可以更直接地了解科学家的工作，科学家也可以利用公众收集的数据开展更广泛的研究，这种双向互动有助于提高科学研究的透明度和公众对科学研究的信任度。最后，公民科学项目也面临着数据质量、参与者培训和隐私保护等挑战。为了确保收集的数据准确可靠，项目组织者需要提供明确的指导和培训，确保参与者能够正确使用应用程序并按照科学方法收集数据。同时，保护参与者的个人信息和隐私也是非常重要的。

总之，公民科学项目通过鼓励公众参与科学研究，尤其是利用智能手机应用收集环境数据，不仅为科学研究提供了宝贵的数据支持，还促进了公众的科学素养和环保意识的提升。这种项目展现了科学研究与社区参与相结合的巨大潜力，对于推动科学进步和应对环境挑战具有重要意义。

第三，启动针对特定问题的倡议和运动，鼓励公众签名、参与和推广。

倡议和运动是社区参与和公民行动的重要形式，它们通常针对特定的社会、环境或政治问题，旨在通过公众的参与和声援来推动变革或影响决策。这些活动通过组织签名活动、公共集会、社交媒体宣传等手段，激励公众参与进来，共同为实现某一目标或改变而努力。在这个过程中，倡议和运动不仅能够提高公众对某一问题的认识，还能够促进社会对话和政策变革。

成功的倡议和运动往往需要明确的目标、有效的策略和广泛的公众支持。首先，明确的目标是动员公众参与的基础。这意味着倡议和运动需要围绕一个具体、可衡量且现实可达的目标展开，这样参与者才能清晰地了解他们的努力方向和预期成果。其次，有效的策略是实现目标的关键。这包括选择合适的传播渠道、构建合作伙伴关系、策划事件和活动等，以最大化影响力和参与度。最后，广泛的公众支持是倡议和运动成功的决定性因素。通过教育和宣传，组织者可以提高公众对问题的认识，激发他们的参与热情，从而形成强大的社会力量。

在数字化时代，社交媒体和在线平台成为倡议和运动的有力工具。它们不仅能够帮助信息迅速传播，还能够促进公众之间的互动和讨论，增加参与度。例如，通过在线签名活动、社交媒体挑战、视频分享等方式，倡议和运动可以吸引更多人的注意和支持，从而对决策者施加压力，推动政策或行为的变革。

然而，倡议和运动也面临着挑战，譬如怎样保持公众的长期关注和参与、如何应对可能的反对声音、如何确保活动的正当性和合法性等。这就要求组织者在策划和实施过程中，需要具备灵活性和创新性，同时也需要对参与者进行教育和引导，确保活动的正面影响。

总之，倡议和运动通过动员公众参与，为解决特定社会问题提供了一种有效的途径。它们不仅能够促进公众意识的提高和社会对话的发展，还能够对政策制定和社会变革产生实质性的影响。在这个过程中，每一位公民都有机会成为变革的一部分，为创建更公正、更可持续的社会贡献力量。

4. 政策倡导和合作

第一，组织政策制定者、专家和公众之间的对话，以提升公众对政策过程的理解和参与。

政策对话是一种重要的政策倡导和合作方式，它旨在组织政策制定者、专家学者以及公众之间的交流和讨论，通过这种对话机制，不仅可以提升公众对政策制定过程的理解和参与，还能够促进更加透明和民主的政策决策过程。在当前社会，随着信息技术的发展和公民意识的提高，政策对话成为了连接政府与民众、构建共识的重要桥梁。

政策对话的成功举办，首先依赖于开放和包容的对话平台。这意味着所有相关方，无论是政策制定者、专家学者还是普通公众，都应该有机会参与到对话中来，分享他们的观点和建议。为了实现这一点，组织者需要确保对话的形式多样化，比如举办研讨会、论坛、圆桌会议等，同时也可以利用在线平台和社交媒体，让无法亲临现场的人也能参与进来。其次，政策对话需要确保信息的透明和准确。这要求组织者在对话开始之前，就向所有参与者提供关于讨论议题的背景资料、相关数据和研究报告等，以确保每个人都能在充分了解情况的基础上参与讨论。同时，对话过程中的信息交流也应该保持开放和透明，确保每个人的声音都能被听到和尊重。再次，政策对话的一个重要目标是促进政策制定过程的民主化和合理化。通过直接听取公众的意见和需求，政策制定者可以更准确地把握社会的真实情况和公众的期望，从而制定出更加符合公众利益的政策。同时，公众在对话过程中对政策制定过程的了解也会增加，这不仅有助于提高他们对政策的支持度，还能够激发更多的公民参与和贡献。最后，政策对话也面临着挑战，比如如何确保对话的持续性和深入性、如何平衡不同利益群体的声音、如何将对话成果转化为具体的政策建议等。这就要求组织者在对话的策划和实施过程中，需要具备高度的专业性和策略性，同时也需要政策制定者对于对话成果的认真考虑和积极响应。

总之，政策对话作为政策倡导和合作的一种形式，通过组织政策制定者、专家和公众之间的交流和讨论，不仅能够提升公众对政策过程的理解和参与，还能够促进政策的民主化和合理化。在这个过程中，每一个参与者都是重要的，他们的声音和贡献都将对政策制定和社会发展产生积极影响。

第二，促进政府、非政府组织、企业和学术界之间的合作，共同推进公众意识提升计划。

跨部门合作是实现公众意识提升、社会发展和政策变革的重要途径。通过促进政府、非政府组织（NGO）、企业和学术界之间的合作，可以汇聚各方的资源、知识和专长，共同推进公众意识提升计划，解决复杂的社会问题。这种合作模式不仅能够加强各方的互动，还能够提高项目的效率和影响力，创造互惠互利的局面。

政府作为社会治理的主体，拥有制定和实施政策的权力，能够提供必要的政策支持和资源分配。非政府组织因其灵活性和对社会问题的敏感性，常常在公众意识提升和社会倡导方面发挥关键作用。企业作为经济活动的主体，不仅能够提供资金支持，还能通过其品牌和渠道帮助扩大项目的影响力。学术界则能够提供理论支持和研究成果，为公众意识提升计划提供科学依据和创新思路。

跨部门合作的成功关键在于明确共同的目标、建立有效的沟通机制和确保各方利益的平衡。首先，合作各方需要就公众意识提升计划的目标和预期成果达成共识，这有助于指导项目的实施和评估。其次，建立起一个有效的沟通和协调机制是保障合作顺利进行的基础，这可以通过定期会议、工作小组或联络人等方式实现。最后，确保各方利益的平衡对于维持长期合作关系至关重要，这要求在项目设计和实施过程中充分考虑和尊重各方的利益和需求。

跨部门合作在推进公众意识提升计划中的应用可以非常广泛，例如在环境保护、公共卫生、教育改革等领域。通过这种合作，可以整合资源开展大规模的宣传教育活动，发起社会倡议或运动，促进政策制定和改革，从而有效提高公众的意识和参与度。然而，跨部门合作也面临着挑战，如合作机制的建立、利益冲突的调解和合作效率的提高等。这要求参与方具备开放的心态、有效的沟通能力和强烈的合作意愿，通过共同努力克服困难，实现合作的最大化成效。

总之，跨部门合作为促进政府、非政府组织、企业和学术界之间的互动提供了一种有效途径，通过共同推进公众意识提升计划，可以更好地应对社会挑战，推动社会进步和发展。这种合作模式的成功实践，对于构建和谐社会、实现可持续发展具有重要意义。

第三，开展国际交流，与国际组织合作，分享成功案例和学习经验，提升全球公众意识。

国际交流在政策倡导和合作中扮演着至关重要的角色。通过与国际组织的合作，分享成功案例和学习经验，不仅可以提升全球公众意识，还能够促进国际社会共同面对和解决全球性问题。在当前全球化的背景下，诸如气候变化、公共卫生、教育不平等等问题都不再是某一个国家独立面对的挑战，而是需要全球共同努力的课题。因此，国际交流成为推动全球合作，实现共同发展的关键途径。

国际交流首先需要建立在开放和尊重的基础之上。这意味着各国和国际组织之间应该保持对话和交流的渠道畅通，愿意分享各自的政策经验、成功案例以及面临的挑战。通过这种互相学习和借鉴，不仅可以避免重复走弯路，还能够借助他国的成功经验，快速实现自身的发展和进步。其次，国际交流还需要强调合作和共赢的原则。在全球化的今天，各国的利益已经紧密相连，任何单边主义和保护主义的做法都是短视且有害的。通过与国际组织的合作，共同开展研究项目、资助计划或公共意识提升活动，可以更有效地利用有限的资源，实现更大的影响力和覆盖范围。再次，国际交流的实践形式多样，可以包括但不限于国际会议、研讨会、工作坊、联合研究项目等。这些活动不仅为各国提供了面对面交流和学习的机会，还能够促进跨文化的理解和尊重，增强各国人民之间的友谊和信任。最后，国际交流也面临着不少挑战，包括语言和文化差异、政治和意识形态的分歧、资源分配的不均等。要克服这些挑战，就需要各方展现出更大的耐心、智慧和勇气，以开放的心态寻找共同点，以创新的思维寻求解决方案。

总之，国际交流在提升全球公众意识、促进国际合作和共同发展方面发挥着不可替代的作用。通过与国际组织的合作，分享成功案例和学习经验，各国可以更好地应对全球性挑战，共同推动建设一个更加公正、和平、繁荣的世界。在这个过程中，每个国家、每个组织乃至每个个人，都有机会为促进全球公共利益作出贡献。

5. 创新与技术的应用

第一，重视数字工具及其应用，开发教育游戏、模拟器和应用，使学习变得更加互动和有趣。

在当今这个快速发展的数字时代，创新与技术的应用已经成为推动教育进步的重要力量。数字工具和应用的开发，尤其是教育游戏、模拟器和应用的创新，正在彻底改变传统的学习方式，使学习过程变得更加互动和有趣。

教育游戏的开发，是利用游戏化的元素和设计思维来增强学习体验的一种方式。通过将学习内容融入游戏情境中，学生可以在玩乐的同时学习新知识。这种方式不仅能够吸引学生的注意力，还能够激发他们的学习兴趣，从而提高学习效率。例如，历史教育游戏可以让学生身临其境地体验历史事件，科学教育游戏则可以通过虚拟实验室让学生探索科学原理。

模拟器的应用，则是通过模拟现实世界的场景和操作，为学生提供了一个安全的实践平台。在医学教育中，通过高度仿真的手术模拟器，学生可以在没有风险的情况下练习手术技巧。在驾驶教育中，驾驶模拟器则能够帮助学生熟悉驾驶操作和应对各种道路情况，大大提高了学习的效率和安全性。

此外，各种专业领域的教育应用程序也在不断涌现，这些应用程序通常具备丰富的教学资源和互动功能。通过智能算法，这些应用能够根据学生的学习进度和能力，提供个性化的学习建议和辅导，从而实现精准教学。例如，语言学习应用可以通过语音识别技术，帮助学生纠正发音；数学学习应用则可以提供海量的练习题和即时反馈，帮助学生掌握数学概念和解题技巧。

总之，数字工具和应用的开发，正日益成为教育领域创新的重要方向。通过这些工具和应用，学习变得更加灵活、互动和有趣，极大地提高了学习的效率和质量。未来，随着技术的不断进步和应用的深入，我们有理由相信，教育的面貌将因技术的力量而发生更加深刻的变革。

第二，将虚拟现实与增强现实相结合，利用 VR/AR 技术提供沉浸式学习体验，如模拟气候变化的影响。

随着科技的飞速发展，虚拟现实（VR）和增强现实（AR）技术在教育领域的应用日趋广泛，为传统教育模式带来了革命性的变革。通过利用 VR/AR 技术，教育者能够提供沉浸式学习体验，极大地增强学习的互动性和实践性，使抽象的学习内容变得直观和生动。

VR 技术通过创建一个全虚拟的环境，让学生能够身临其境地体验到学习内容。例如，在环境科学教育中，通过 VR 技术模拟气候变化的影响，学生可以直观地看到冰川融化、海平面上升等现象，亲身体验气候变化对地球的影响。这种沉浸式的体验不仅能够帮助学生更好地理解气候变化的严重性，还能激发他们对环境保护的责任感。

与 VR 不同，AR 技术通过在现实世界中叠加虚拟信息，为用户提供增强的视觉体验。在教育领域，AR 技术可以使学生在真实的环境下与虚拟对象互动，从而获得更加丰富的学习体验。例如，在生物学教育中，学生可以使用 AR 技术观察虚拟的动植物细胞结构，甚至进行虚拟的解剖实验，这些都是传统教育难以实现的。

VR/AR 技术的应用，不仅限于科学教育，它还能够在历史、艺术、语言等多个领域发挥重要作用。通过 VR 技术，学生可以穿越回古代，亲眼见证历史事件；通过 AR 技术，学生可以在现实世界中看到艺术作品的三维展示，甚至与之互动。这些体验不仅极大地提高了学习的趣味性，还帮助学生建立起更为深刻的知识理解。

　　然而，虽然 VR/AR 技术在教育领域拥有巨大的潜力，但其普及和应用仍面临一些挑战，包括高昂的设备成本、技术开发的复杂性以及用户体验的优化等。因此，未来的发展需要教育者、技术开发者和政策制定者之间的紧密合作，通过不断的技术创新和教育实践，克服这些挑战，将 VR/AR 技术的潜力转化为实际的教育成果。

　　总之，VR/AR 技术为教育领域带来了前所未有的机遇，通过提供沉浸式学习体验，它能够极大地提升学习的效率和质量。随着技术的进步和应用的深入，未来的教育将会更加生动、互动和富有创造力。

　　第三，利用大数据和人工智能分析公众的关注点和行为模式，定制更有效的意识提升策略。

　　在当前信息化快速发展的时代，大数据和人工智能（AI）技术的应用已经渗透到各个领域，成为推动社会进步和创新的关键力量。特别是在提升公众意识和行为改变方面，这些技术的应用展现了巨大的潜力和价值。通过利用大数据分析公众的关注点和行为模式，结合人工智能技术的强大处理能力，可以定制更有效的意识提升策略，以实现更加精准和高效的社会影响。

　　大数据技术能够处理和分析海量的数据信息，从中提取有价值的洞察和模式。在公众意识提升领域，通过分析社交媒体数据、搜索引擎查询记录、在线行为日志等数据源，可以深入了解公众的关注焦点、兴趣偏好、信息获取渠道等特征。这些信息对于理解公众的认知和行为模式具有重要意义，为制定有效的宣传和教育策略提供了科学的依据。

　　人工智能技术，尤其是机器学习和自然语言处理技术，进一步增强了对大数据的分析能力。AI 不仅可以自动识别和分类大量的数据信息，还能通过学习算法不断优化数据分析模型，预测公众的行为趋势和反应。这意味着，基于 AI 技术的意识提升策略可以实现动态调整和优化，更加灵活地应对公众意识和行为的变化。

利用大数据和人工智能技术，可以定制个性化的宣传内容和交互方式，提高信息传播的效果。例如，通过分析个人的在线行为和兴趣偏好，AI 系统可以推送最相关和吸引人的内容，提高用户的参与度和响应率。此外，AI 技术还可以在实时监测公众反馈的基础上，自动调整传播策略，确保信息传递的及时性和有效性。

然而，大数据和人工智能在提升公众意识方面的应用也面临着伦理和隐私保护等挑战。如何在挖掘和利用数据信息的同时，确保个人隐私不被侵犯，是必须认真考虑的问题。此外，AI 系统的决策透明度和可解释性也是提升公众信任和接受度的关键因素。

6. 进一步提升公众的 AI 伦理意识

在当今社会，提升公众意识的重要性不容忽视。随着全球化的加深和社会问题的复杂化，公众意识的提升成为推动社会进步、促进公民参与和实现可持续发展的关键。它不仅关系到社会治理的有效性，也影响着每个个体的生活质量和福祉。因此，通过多元化策略综合应用，有效提升公众意识，已成为当代社会发展的重要任务。

教育是提升公众意识的基石。通过形式多样的教育活动，不仅可以传授知识，还能够培养公民的批判性思维和独立判断能力，使其能够更好地理解社会现象、参与社会活动。媒体作为信息传播的重要工具，其在提升公众意识方面的作用不可小觑。通过新闻报道、专题讨论等形式，媒体可以帮助公众了解国内外大事，引发公众对重要社会问题的关注和讨论。

社区参与是提升公众意识的有效途径。通过鼓励公民参与社区活动、志愿服务等，不仅可以增强社区凝聚力，还能够提高公众对社区和社会问题的认识和参与度。政策倡导则是通过组织政策制定者、专家和公众之间的对话和合作，提升公众对政策过程的理解和参与，促进更加公平和有效的政策制定。

技术创新也为提升公众意识开辟了新的途径。随着互联网和社交媒体的发展，信息传播的速度和范围大大增加，为公众提供了更多获取信息和参与社会讨论的平台。同时，数字技术的应用也使得教育和培训更加便捷和高效，为提升公众意识提供了强大的技术支持。

总之，提升公众伦理意识在当前社会中具有重要意义。通过教育、媒体、社区参与、政策倡导和技术创新等多元化策略的综合应用，可以有效地提升公众意识，促进社会的和谐发展和进步。这不仅需要政府、非政府组织、企业和社会各界的共同努力，也需要每一个公民的积极参与和贡献。

第十三章　未来挑战与机遇

人工智能伦理的发展正处于一个关键时刻，既面临挑战也蕴含机遇。随着 AI 技术的快速演进，我们必须持续地审视和更新现有的伦理框架，以确保 AI 的发展和应用能够充分尊重并促进人类的价值和权利。这要求我们在确保 AI 技术为社会带来最大利益的同时，也要防止可能的负面影响。

为了实现这一目标，既需要不同国家和地区的人们共同努力，加强全球合作，通过国际对话和协议，制定统一的 AI 伦理标准和准则；还需要增进跨学科研究，技术开发者、伦理学家、法律专家和社会科学家等多方面的专家要共同探讨和解决 AI 伦理问题，以确保 AI 技术的发展能够综合考虑技术、社会、伦理和法律等多方面的因素；更需要推动持续的伦理教育，从学校教育到职业培训，应普及 AI 伦理的知识和意识，培养所有人对 AI 技术潜在影响的理解和批判性思考能力。通过这些综合性的努力，不仅有助于提升公众对 AI 技术的认知，也为促进负责任的 AI 使用和开发奠定基础，从而共同塑造一个更加公正、安全和包容的 AI 未来。这个未来将是所有人共同参与和贡献的结果，一个在尊重人类价值和权利的基础上，最大限度地发挥 AI 技术社会利益的未来。

一、人工智能伦理的未来发展趋势

近年来，人工智能技术及其应用呈现出日新月异的发展趋势，以生成式人工智能为代表的新一代人工智能的问世，正在重塑和改变人工智能的发展轨迹。未来不可估量，人类需要自省。我们应以开放的姿态审视人工智能带来的诸多改变，理性应对其可能带来的新课题和新风险。

1. AI 时代数据隐私与安全的加强

随着人工智能技术的迅猛发展和广泛应用，数据隐私与安全问题逐渐成为全球范围内人们高度关注的热点问题。这不仅仅是因为数据本身的敏感性和重要性，更是因为数据的处理和使用方式直接关系到个人隐私和社会安全的保护。

在未来，随着技术的不断进步和应用领域的扩大，数据隐私与安全将成为 AI 领域发展的核心议题之一，其重要性不容忽视，它将深刻影响到人工智能技术的发展方向和应用模式。这一议题的探讨和研究将涉及多个层面，包括但不限于法律法规的制定和完善、技术手段的创新和应用、伦理规范的建立和遵循等。

（1）法律法规的加强。从法律层面来看，各国和地区需要制定更为严格和细致的法律法规，以保护数据隐私和安全，同时也需要国际的合作，形成统一或兼容的标准和规范。

一是保障全球数据保护法律的统一与升级。随着人工智能技术的快速发展和全球数据流动的加速，预计未来将出现更多国际合作的机会和需求，以推动全球范围内数据保护法律的统一。这一进程不仅涉及不同国家和地区之间的合作，也包括跨国公司和国际组织在内的多方参与，旨在建立一个共同的法律框架，以便更有效地管理和保护全球范围内的数据流动和使用。同时，考虑到人工智能技术的不断进步和应用带来的新挑战，现有的数据保护法律亦需进行相应的升级和完善。这包括但不限于加强对数据收集、处理和存储过程的监管，确保数据使用的透明度，以及加大对违法行为的惩处力度等。通过对法律法规的统一与升级，可以更好地应对 AI 技术发展过程中出现的新问题和挑战，确保个人隐私和数据安全得到有效保护，同时也为 AI 技术的健康发展提供法律保障。

二是注重细化法律条款。鉴于个人隐私保护的重要性不断上升，未来的法律法规将朝着更加细化和具体化的方向发展。这意味着将不再采用一刀切的方式来规范数据保护，而是根据不同类型的数据（如个人身份信息、财务信息、健康信息等）以及数据处理在不同场景下的具体情况（如在线交易、社交媒体使用、医疗服务等）提出更为精准和具体的法律要求。例如，对于涉及个人敏感信息的数据处理，法律将要求实施更高级别的保护措施，包括加密存储、限制访问权限等。同时，对于公共数据的处理，虽然可能不需要如敏感信息那样严格的保护措施，但仍需确保数据使用的透明度和正当性，防止数据被滥用。

三是制定严格的法律执行与监管体系。为了确保数据保护法律法规的有效性，未来将更加重视对数据处理活动的监管力度，并对那些违反数据保护法律的个人或机构实施更加严格的处罚措施。这意味着，监管机构将采取更为积极主动的态度，利用先进的技术手段和方法，对数据处理活动进行全面的监控和审查，确保所有数据处理行为都在法律允许的范围内进行。具体而言，监管机构将加大对数据处理流程的审查力度，包括数据的收集、存储、使用、传输和销毁等各个环节。一旦发现任何违反数据保护规定的行为，将立即采取措施进行干预，阻止违法行为的继续发生。同时，对于违法行为，将不再仅仅是象征性的警告或小额罚款，而是将根据违法行为的严重程度，实施包括但不限于重金罚款、业务暂停、牌照吊销等严厉的处罚措施，以此来发挥足够的威慑效果。

（2）技术进步与应用。在技术层面上，需要不断研发和应用新技术，促进技术进步与应用，如加密技术、匿名处理技术等，以提高数据的安全性和隐私保护水平。概言之，需要加快推进以下三方面技术的创新与应用。

一是加快加密技术的创新与应用。随着网络安全威胁的日益增加，传统的加密技术已经逐渐不能满足当前对数据保护的高标准需求。因此，采用更先进的加密技术，如同态加密和量子加密等，成为保护数据安全的重要趋势。同态加密技术允许在加密数据上直接进行计算，而计算结果仍然保持加密状态，这意味着数据处理过程中的信息不会暴露，从而极大提升了数据处理的安全性。量子加密技术则利用量子力学的原理，提供了理论上无法被破解的安全通信方式，即便是面对量子计算机的强大计算能力，量子加密技术也能保证数据传输的安全。

二是加快匿名化和去标识化技术的发展与应用。在当前的数字化时代，个人数据的收集和分析成为常态，这也带来了个人隐私保护的重大挑战。为了有效降低在数据处理和分析过程中个人身份信息泄漏的风险，匿名化和去标识化技术应运而生，并且正在不断发展和完善。匿名化技术通过删除或替换数据集中能够直接识别个人身份的信息（如姓名、身份证号等）来保护个人隐私，而去标识化技术则进一步通过对数据进行处理，确保即便在有其他数据源的情况下，也难以将数据与特定个人相关联。这些技术的应用，使得数据在保留其对研究或商业分析有价值的信息的同时，最大限度地减少了个人隐私的泄漏风险。例如，在医疗研究领域，通过对患者数据进行去标识化处理，研究人员可以在不泄漏患者个人信息的前提下，分析疾病模式和治疗效果。在商业数据分析中，企业可以通过匿名化处理客户数据，来进行市场趋势分析和消费者行为研究，而不会侵犯消费者的隐私。

三是加快安全的 AI 设计。随着人工智能技术的广泛应用，安全和隐私问题成为不可忽视的挑战。为了应对这一挑战，安全的 AI 设计理念应运而生，强调在 AI 系统的设计和开发阶段就将数据安全和隐私保护纳入核心考虑因素之中，从而实现从源头上的安全保障。这种设计理念要求开发者在 AI 系统的构建过程中，充分考虑到数据处理的各个环节可能存在的安全隐患和隐私泄漏风险，并采取相应的预防措施。具体来说，安全的 AI 设计不仅包括使用加密技术保护数据的传输和存储过程，还涉及在算法设计中引入隐私保护机制，比如差分隐私技术，以确保即使在数据分析和处理过程中，个人信息也不会被泄漏。此外，这种设计理念还要求在 AI 系统的开发过程中进行持续的安全性评估和隐私影响评估，及时发现并解决安全漏洞和隐私风险。

（3）公众意识的提升。在主体自觉性方面，需要强化公众意识的提升，使人们认识到人工智能既可能造福人类，也可能损害自身安全。对此，可以从以下两方面着手推进。

一是增强公众的隐私保护意识。在数字化时代，个人数据的安全和隐私保护成了一个日益重要的议题。为了应对这一挑战，不仅需要政府和企业采取措施，公众自身的隐私保护意识也显得至关重要。通过各种教育和宣传活动，可以有效提高公众对于个人数据隐私权的认识和理解，从而激励他们采取主动行动来保护自己的数据安全。具体来说，这些教育和宣传活动可以包括但不限于：在线课程、研讨会、公共讲座、社交媒体宣传等多种形式，内容涵盖数据隐私的基本概念、个人信息保护的重要性、常见的数据安全威胁以及如何识别和防范这些威胁等。通过这些活动，公众不仅能够了解到数据保护的最新法律法规和政策动态，还能学到实用的个人数据保护技巧，如使用复杂密码、定期更换密码、开启双因素认证、谨慎分享个人信息等。

二是实施透明的数据处理机制。在当今的信息时代，数据的收集、存储和使用变得越来越普遍，这不仅涉及企业和机构的运营，也直接关系到个人的隐私权益。因此，企业和机构应当承担起社会责任，建立并提供一个透明的数据处理机制，确保用户能够清晰地了解到自己的数据如何被收集、存储和使用，以及在这个过程中他们可以如何行使自己的隐私权。具体而言，这个透明的数据处理机制应该包括但不限于：明确告知用户哪些个人数据将被收集，收集这些数据的目的是什么，这些数据将如何被存储和处理，以及这些数据将被保留多久。此外，企业和机构还应该明确告知用户他们拥有哪些权利，比如访问权、更正权、删除权等，以及如何行使这些权利来管理自己的个人数据。

（4）伦理指导原则的制定。在伦理层面，需要制定严格的伦理指导原则，建立健全的伦理规范体系，引导 AI 技术的开发和应用方向，确保技术进步不会侵犯个人隐私权益，同时也保护社会公共利益。具体措施包括以下两点。

一是制定切实可行的 AI 伦理指导原则。在人工智能技术迅速发展的当下，数据隐私和安全问题日益凸显，成为社会、企业乃至个人关注的焦点。为了确保 AI 技术的健康发展，同时保护个人隐私和安全不受侵犯，迫切需要制定一套全面的 AI 伦理指导原则。这套指导原则应当围绕数据隐私和安全的核心问题，为 AI 技术的研发、应用及其监管提供明确的道德和伦理框架，确保技术进步不以牺牲个人隐私和安全为代价。具体来说，这套 AI 伦理指导原则应该包括以下几个方面：首先，强调对个人数据的尊重，确保在 AI 系统的设计、开发和部署过程中充分考虑和保护个人隐私权；其次，要求 AI 系统的透明度和可解释性，保证用户能够理解 AI 系统如何处理个人数据，以及基于何种逻辑作出决策；再次，强调公平性和无偏见，避免 AI 系统在处理数据时产生歧视性结果，损害个人或群体的利益；最后，提倡责任和问责制，确保在 AI 系统出现问题时，可以追溯责任并采取相应措施。

二是深化与扩展跨界合作。在当前的数字化时代，数据隐私和安全问题已经成为一个跨学科、跨领域的复杂挑战，它不仅仅涉及技术层面的问题，同时也牵扯到法律、伦理学等多个领域。因此，为了更有效地探讨和解决这些问题，需要促进不同领域之间的合作，将技术、法律、伦理学等领域的专家聚集在一起，共同参与到问题的探讨和解决过程中来。具体而言，这种跨界合作可以通过组织研讨会、工作坊、圆桌讨论会等形式来实现，这些活动不仅为来自不同背景的专家提供了一个交流和碰撞思想的平台，也有助于从多个角度深入分析数据隐私和安全问题，寻找综合性的解决方案。例如，技术专家可以分享最新的数据保护技术和方法，法律专家可以解读相关的法律法规以及它们在实际操作中的应用，而伦理学专家则可以提供关于数据使用的道德指导和建议。

2. 算法透明度与可解释性的提升

在当今快速发展的人工智能技术领域，算法的透明度和可解释性已经被普遍认为是确保技术健康和可持续发展的关键因素。这是因为，随着 AI 技术在各个行业的广泛应用，如自动化决策、个性化推荐、医疗诊断等，人们越来越关注这些技术背后的决策机制，特别是它们如何处理和分析大量的个人数据，以及这些决策过程是否公平、透明和可被理解。因此，提升算法的透明度和可解释性，不仅有助于增强用户对 AI 系统的信任，也是推动技术伦理和负责任的 AI 使用的重要步骤。

（1）研究方向的发展。一是可解释性技术的创新与发展。随着人工智能技术的快速进步和广泛应用，其算法的可解释性变得尤为重要。可解释性技术的核心目标是开发新的方法和技术，以提高 AI 算法的透明度和可理解性，从而使非专业人士也能够清楚地理解 AI 决策的逻辑和基础。这不仅有助于增强用户对 AI 系统的信任，还能够确保 AI 的决策过程是公正、透明和可验证的，进而促进 AI 技术的健康发展和社会接受度。为了实现这一目标，研究人员和开发者正在探索和创新一系列的可解释性技术。这些技术包括但不限于：开发更加直观的可视化工具，通过图形和图像直观展示 AI 算法的工作原理和决策过程；设计和实施更加透明的模型，如决策树和规则集，这些模型天生具有较高的可解释性；以及利用后解释技术，对已有的复杂模型（如深度学习网络）进行分析，提取和解释其决策依据。

二是跨学科研究的深化与扩展。在人工智能领域，为了设计出既高效又易于理解的解释模型，仅依赖于计算机科学和数据分析的研究是不够的。因此，跨学科研究变得至关重要。这种研究方法涉及将心理学、认知科学等人文和社会科学领域的知识与技术领域的研究相结合，目的是深入探索人类如何处理信息、理解复杂系统的决策过程以及如何作出决策。通过这种跨学科的合作，研究人员能够获得关于人类认知过程的宝贵洞察，这些洞察有助于设计出更加直观、更符合人类直觉的 AI 解释模型。具体来说，心理学可以提供关于人类如何感知、记忆和处理信息的深入理解，而认知科学则专注于理解人类的思维过程和如何通过各种认知功能进行决策。将这些领域的研究成果应用到 AI 解释模型的设计中，可以帮助开发者创建出更加贴近人类思维方式的解释方法，使非专业用户能够更容易地理解 AI 系统的决策逻辑。

（2）技术实现与应用。一是充分认识透明的算法设计的重要性与实践性。在人工智能系统的设计与开发阶段，将透明度和可解释性作为核心原则至关重要。这意味着，从最初的概念化到最终的实施过程中，开发者需要确保算法的每一个决策步骤都能够被清晰地记录和追踪。通过这种方式，AI 系统不仅能够为用户提供理解其决策逻辑的途径，还能够在出现问题时，帮助开发者快速定位和解决问题。

实现透明的算法设计，首先需要开发者在编码过程中采用清晰、标准化的编程实践。这包括使用易于理解的变量名、保持代码的简洁性，以及广泛使用注释来说明代码段的目的和功能。其次，采用模块化的设计方法，将复杂的算法流程拆分成小的、可管理的部分，也有助于提高整体的透明度和可维护性。再次，透明的算法设计还需要引入专门的日志记录机制。这种机制能够在算法执行过程中自动记录关键的决策点、使用的数据集，以及最终的决策结果。这样的详细记录不仅对于后期的审核和验证过程至关重要，也为算法性能的优化提供了依据。最后，开发者可以利用可视化工具来展示算法的工作流程和决策逻辑。通过图形化的表示，非技术背景的用户和利益相关者可以更直观地理解算法是如何进行数据处理和决策的，从而增强了算法的透明度。

二是打造用户友好的解释界面。为了让非专业用户也能够轻松理解复杂的算法决策过程，开发直观且易于理解的用户界面变得尤为重要。这种用户界面的设计旨在通过图形化、文字化等多种形式，将 AI 系统背后复杂的数据分析和决策逻辑以用户能够轻松消化的方式呈现出来。通过这样的设计，用户不仅可以快速把握 AI 如何作出特定的决策，还能在一定程度上理解决策背后的原理和依据，显著提高用户对 AI 系统的理解度和信任度。

（3）政策与规范的制定。一是制定透明度和可解释性标准。政府和国际组织制定相关标准，明确 AI 系统在透明度和可解释性方面的最低要求。二是设立监管机构。建立专门的监管机构，负责评估 AI 系统的透明度和可解释性，确保其符合法律法规和伦理标准。

（4）教育与培训。一是普及公众教育。通过公开课程、研讨会等形式，提高公众对 AI 透明度和可解释性的认识，减少对 AI 技术的恐惧和误解。二是注重开发者培训。为 AI 开发者提供关于如何提高算法透明度和可解释性的培训，将这些原则融入 AI 系统的设计和开发过程中。

（5）社会影响与伦理考量。一是增强公众信任。通过提高 AI 系统的透明度和可解释性，增强公众对 AI 技术的信任，促进其更广泛的社会接受和应用。二是明确伦理责任。在 AI 决策过程中明确人类的伦理责任，确保在出现问题时能够追溯并承担相应的责任。通过上述措施的实施，未来的 AI 系统将更加透明和可解释，有助于消除公众对于 AI 的恐惧和误解，同时在 AI 系统出现错误时能够迅速定位并解决问题，促进 AI 技术的健康和可持续发展。

3. 公平性与去偏见的努力

在人工智能的发展过程中，确保 AI 系统的公平性和消除偏见是一个重要的挑战。为了应对这一挑战，未来的 AI 研发将采取一系列措施，以确保 AI 系统能在各种应用场景中作出无偏见的决策。

（1）数据多样性与包容性。一是构建多元化数据集。确保数据集反映社会的多样性，包括性别、种族、年龄等多个维度，减少数据来源的偏见。二是提高数据采集的包容性。采用多样化的数据来源，避免因数据采集范围过窄而引入偏见。

（2）公正的算法设计。一是设计无偏见的算法。开发新的算法和模型，能够自动检测并纠正训练过程中的偏见。二是提高算法透明度。提高算法决策过程的透明度，使得算法的决策逻辑和过程对用户和监管机构可见、可理解。

（3）持续的偏见监测与评估。一是实施动态监测机制。建立偏见监测系统，持续跟踪 AI 系统的决策过程，及时发现并纠正偏见。二是定期进行公平性评估。通过内部审核和第三方审计，定期评估 AI 系统的决策是否存在偏见，确保公平性标准得到遵守。

（4）法律法规与伦理指导。一是制定和实施相关法律法规。通过立法和政策指导，为 AI 的公平性和去偏见设立明确的标准和要求。二是加强伦理指导和培训。强化 AI 开发者和使用者的伦理意识，通过培训和教育提升他们对公平性和偏见问题的认识。

（5）社会参与和多方协作。一是鼓励社会各界参与。邀请来自不同背景的人员参与 AI 系统的设计、开发和评估过程，确保多元视角得到体现。二是倡导跨领域合作。促进不同领域（如社会学、心理学、法学等）专家与 AI 技术人员的合作，共同探索解决偏见的方法。

（6）用户教育与意识提升。一是提升用户对偏见的认识。通过教育和宣传活动，提高公众对 AI 偏见可能带来的影响的认识。二是开放反馈渠道。为用户提供反馈 AI 系统偏见的渠道，鼓励用户参与到 AI 公平性的监督中来。

通过上述措施的实施，未来的 AI 研发工作将更加注重公平性和去偏见的努力，确保 AI 系统在各种应用中能够作出无偏见的决策，从而促进 AI 技术的健康发展和广泛应用。

4. 责任归属与伦理问责

随着人工智能技术的快速发展和应用扩展到医疗、交通、法律等关键领域，确定 AI 决策的责任归属和建立有效的伦理问责机制成为迫切需要解决的问题。

（1）确定责任归属的原则。一是明确责任主体。明确 AI 决策中各方的责任主体，包括 AI 开发者、使用者、提供数据的实体等。二是制定分级责任制度。根据 AI 系统的决策复杂性和影响范围，建立分级责任制度。依据主动权的大小和利益享有的多少原则区分不同级别的责任归属。

（2）法律框架的建立与完善。一是制定专门的 AI 法律。制定和完善针对 AI 的法律框架，明确 AI 技术的使用、监管和责任追究等方面的法律规定。二是国际协调与合作。鉴于 AI 的跨国界特性，加强国际协调和合作，建立统一或兼容的法律标准和责任归属原则。

（3）伦理问责机制的建立。一是完善伦理审查体系。建立 AI 项目的伦理审查体系，确保 AI 研发和应用过程符合伦理标准。二是完善责任追究机制。建立明确的责任追究机制，对于因 AI 决策引发的问题能够追溯责任并进行相应的问责。

（4）透明度与可解释性的提升。一是提高决策透明度。提高 AI 系统的决策透明度，确保其决策过程和依据可以被理解和审查。二是研发可解释性技术。鼓励研发和应用可解释性技术，使非专业人士也能理解 AI 的决策逻辑。

（5）社会伦理教育与培训。一是强化 AI 伦理教育。在 AI 相关的教育和培训中加强伦理教育，提升开发者和使用者的伦理意识。二是促进公众参与和教育。通过公开讨论、咨询和教育活动，提高公众对 AI 伦理和责任问题的认识。

（6）技术与伦理的协同发展。一是技术创新与伦理考量并重。在 AI 技术的研发和应用过程中，同时考虑技术创新和伦理责任，确保技术进步不会牺牲伦理标准。二是跨学科研究。鼓励计算机科学、法律、伦理学等多学科领域的专家合作，共同研究和解决 AI 责任归属和伦理问责问题。

5. 人机协作的新模式

随着人工智能技术的不断进步，我们正迎来一个新时代，其中 AI 将不再仅仅是工具或服务的提供者，而是成为人类的合作伙伴，与人类在工作、学习和日常生活中共同协作。这种新的人机协作模式预示着对工作场所、教育体系乃至我们的日常生活的重大变革，要求我们重新审视人与机器之间的关系，并思考如何在保持人类价值和尊严的同时，最大化利用 AI 的潜力。

（1）重塑工作场所。一是培育协作增强的职业角色。探讨 AI 如何与人类员工共同完成任务，提高工作效率和创新能力。二是拓展新的工作模式。分析 AI 如何引入远程工作、灵活工时等新的工作模式，以及这些模式对员工和管理层的影响。三是鼓励技能转变与培训。讨论因 AI 引入而导致的技能需求变化，以及如何通过培训和教育帮助员工适应这一转变。

（2）改革教育体系。一是注重个性化学习。探索 AI 如何为学生提供个性化学习方案，根据他们的学习速度和兴趣调整教学内容和方法。二是转变教师角色。分析 AI 在教育中的应用如何改变教师的角色，从知识传递者转变为学习引导者和辅导员。三是推广终身学习。讨论 AI 如何促进终身学习的文化，支持人们在整个职业生涯中不断学习和成长。

（3）日常生活的变革。一是智能家居与生活便利性。探讨 AI 在家庭管理、健康监护和日常任务自动化中的作用，以及这些变革对家庭生活的影响。二是社会互动与休闲。分析 AI 如何改变人们的社会互动方式和休闲活动，包括虚拟现实、增强现实和社交机器人的应用。

（4）重新思考人机关系。一是伦理和价值观。讨论在人机协作中如何保持人类的伦理标准和价值观，确保 AI 的应用不会侵犯人权或个人尊严。二是权力与控制。分析人类如何保持对 AI 技术的控制和监督，确保 AI 的发展和应用符合人类的利益和目标。三是适应性与接受度。探讨如何提高社会对新型人机协作模式的适应性和接受度，包括消除对 AI 的恐惧和误解。

（5）最大化 AI 的潜力。一是创新与创造力。讨论 AI 如何激发人类的创新和创造力，而不是替代人类的思考和创造过程。二是解决社会问题。分析 AI 在解决全球性挑战（如气候变化、贫困和疾病）中的潜力，以及如何有效利用 AI 为社会带来积极变化。三是促进包容性和多样性。探讨 AI 如何帮助打破社会壁垒，促进更加包容和多样化的社会。

6. 全球性伦理标准与合作

随着人工智能技术的快速发展和全球化应用，AI 技术所带来的伦理挑战也变得越来越复杂，尤其是跨国界的伦理问题。因此，建立一套全球性的 AI 伦理标准，以及促进国际在 AI 伦理实践上的交流与合作，变得尤为重要。这不仅有助于确保 AI 技术的健康、平衡和可持续发展，也是推动全球共同进步的关键。

（1）建立全球性 AI 伦理标准。一是形成共识。探讨如何在全球范围内形成关于 AI 伦理的共识，包括隐私保护、数据安全、公平性、透明度和责任归属等核心原则。二是制定标准。讨论全球性 AI 伦理标准的制定过程，需要哪些国际组织和利益相关方的参与，以及如何平衡不同国家和地区的利益和文化差异。

（2）促进国际的交流与合作。一是知识共享。分析如何通过国际会议、研讨会和在线平台等方式，促进 AI 伦理研究和最佳实践的全球性分享。二是合作项目。探讨建立跨国界的 AI 伦理研究和应用项目，通过合作解决全球性挑战，如环境保护、疾病防治和灾害响应等。

（3）确保 AI 技术的健康、平衡和可持续发展。一是监管框架。讨论如何建立有效的国际监管框架，监督 AI 技术的研发和应用，防止滥用并确保伦理标准得到遵守。二是技术评估与审计。分析如何实施跨国界的 AI 技术评估和伦理审计机制，确保 AI 应用的安全性和公正性。三是可持续发展。探讨 AI 技术如何贡献于全球可持续发展目标，包括促进经济增长、改善社会福祉和保护环境等。

（4）应对全球性挑战。一是全球伦理挑战。分析 AI 技术全球化应用中可能遇到的伦理挑战，如数据偏见、算法歧视和数字鸿沟等。二是跨文化伦理观。讨论如何在全球性 AI 伦理标准中融入多元文化视角，尊重不同文化背景下的伦理观和价值取向。

（5）推动全球共同进步。一是全球治理。探讨全球性 AI 伦理标准和合作如何促进全球治理体系的完善，包括国际法律、政策和协议的更新。二是技术与伦理的协调发展。分析如何确保技术发展与伦理标准的同步进步，避免技术超前于伦理和法律的制约。

通过上述措施，全球社会可以共同努力，不仅为 AI 技术的发展建立坚实的伦理基础，也为解决全球性挑战提供 AI 技术的强大支持，从而实现全人类的共同福祉和可持续发展。

二、面临的新挑战与解决方案

在人工智能的快速发展浪潮中，伦理实践和前瞻性思考尤其关键。AI 技术的广泛应用引发了多项挑战，包括数据隐私泄漏风险、算法偏见问题、自动化对就业市场的冲击，以及 AI 决策过程的不透明性。这些挑战不仅考验着我们的技术创新能力，也挑战着我们的伦理标准和社会责任感。

为应对这些挑战，我们需要采取多方面的解决策略。首先，加强数据保护措施，采用先进的加密和匿名化技术，确保个人信息安全；其次，通过引入多样化的数据集和算法审计，有效减少算法偏见；再次，面对自动化带来的就业挑战，政府和企业需共同努力，为劳动力提供再教育和职业培训，以促进劳动市场的平稳过渡；最后，推进可解释 AI 技术的发展，提高 AI 决策的透明度和可理解性，增强公众对 AI 技术的信任。我们首先要解决面临的新挑战与解决方案。

1. 新挑战

（1）数据隐私和安全的威胁。在人工智能领域的飞速发展中，数据隐私和安全的威胁日益成为关注的焦点。AI 技术的核心之一是数据的收集、分析与应用，这涉及大量个人信息，从而使得数据隐私和安全问题尤为突出。不妥当的数据处理不仅可能导致个人信息泄漏，更有可能使这些信息被滥用，给个人隐私带来严重威胁，甚至影响到社会的稳定和安全。

为应对这一挑战，我们需要从技术和法律两个层面入手。技术层面上，加强数据加密技术的应用是保护数据安全的重要手段。通过采用先进的加密算法，可以有效防止数据在传输和存储过程中被非法访问和窃取。此外，匿名化处理技术也是保护个人隐私的有效手段之一。通过对个人数据进行匿名化处理，即使数据被泄漏，也难以追溯到具体的个人，从而保护了用户的隐私。

法律层面上，制定和完善数据保护法规是保障数据隐私和安全的关键。这包括对数据的收集、使用、存储和传输等各个环节进行明确的法律规范，确保所有操作都在法律框架内进行。同时，应建立健全的监管机制，加强对数据处理活动的监督和审查，对违反数据保护规定的行为进行严格的处罚，以此来提高数据处理的透明度和安全性。

此外，提高公众的数据安全意识也是非常重要的。只有当公众对自身数据的重要性有足够认识，才能在日常生活中采取有效措施保护自己的信息安全，比如通过设置复杂密码、定期更换密码、谨慎分享个人信息等方式，减少数据泄漏的风险。

（2）算法偏见及其解决方案。首先，算法偏见的来源。算法偏见是人工智能领域面临的一个重要问题，主要来源于两个方面：输入数据的偏差和开发过程中的主观性。首先，输入数据的偏差是指训练 AI 系统所用数据集中存在的偏差或不平衡，这种偏差会导致 AI 系统学习并复制这些偏见，从而在决策或预测时表现出偏差。例如，如果一个人脸识别系统主要使用某一种族的人脸数据进行训练，那么它在识别其他种族人脸时可能会出现准确率下降的问题。其次，开发过程中的主观性指的是开发者在设计和实现 AI 算法过程中可能无意中引入的偏见。由于开发者的背景、经验和观点各不相同，这些因素可能会影响到算法的设计决策，从而在 AI 系统的输出中体现出某种偏见。因此，为了减少算法偏见，需要在数据收集、算法设计和测试阶段采取措施，确保 AI 系统的公平性、透明性和可解释性。

　　其次，算法偏见的影响。算法偏见的存在不仅损害了人工智能系统的公正性和可靠性，而且有可能加剧社会的不平等。当 AI 系统在招聘、信贷审批、司法判决等关键领域被应用时，算法偏见可能导致特定群体受到不公平对待。例如，如果一个招聘算法因训练数据的偏差而倾向于推荐某一性别或种族的候选人，那么它将对其他群体构成不公平的歧视，从而加深社会的性别或种族不平等。此外，算法偏见还可能影响 AI 系统的可靠性，因为偏见导致的错误决策或预测会降低用户对 AI 系统的信任，进而影响 AI 技术的广泛接受和应用。因此，识别和纠正算法偏见是确保 AI 技术能够公正、公平地服务于所有人的关键，这不仅涉及技术层面的改进，还需要法律、伦理和社会政策的支持。

　　再次，算法偏见的解决方案。从技术层面看，主要可以从两个方面着手来解决算法偏见问题。一方面，使用广泛和多元的数据集进行 AI 训练。为了应对并减少算法偏见，一个至关重要的策略是使用广泛和多元化的数据集进行人工智能训练。这种方法的核心思想是通过确保训练数据涵盖尽可能多的背景、特征和情境来避免偏见，从而使 AI 系统能够更加公正地服务于所有人。例如，一个面向全球用户的语音识别系统，其训练数据应包含不同地区、性别、年龄段以及具有各种口音的人的语音样本。这样，系统才能更准确地理解和处理多样化的语音输入，避免因数据偏差而导致的识别准确率下降。多元化的数据集不仅提高了 AI 系统的普适性和准确性，还有助于增强其抗偏性能。通过分析和学习多样化的数据，AI 系统能够识别并减少潜在的偏见，从而提高决策的公正性。

　　此外，采用多元化数据集还能促进 AI 技术的创新和发展，因为面对更广泛的应用场景和需求，AI 系统需要不断优化和调整，以适应多变的环境。因此，使用广泛和多元化的数据集进行 AI 训练是提高 AI 系统公正性、可靠性及其社会接受度的关键步骤。多元化的数据集能够确保 AI 系统在学习过程中接触到更广泛、更全面的信息，从而提高其决策的准确性和公平性。这不仅增强了 AI 系统在多样化环境下的适应能力，还有助于避免因数据单一而产生的偏见。这不仅是技术开发者的责任，也需要政策制定者、行业标准机构以及社会各界的共同努力，以确保 AI 技术的健康、公正和可持续发展。

另一方面，确保数据全面性和多样性，减少因数据单一导致的偏见。确保数据的全面性和多样性是减少人工智能系统中因数据单一导致的偏见的关键措施。数据的全面性要求在收集数据时覆盖尽可能多的变量和情境，以反映现实世界的复杂性和多样性。多样性则强调在数据集中包含来自不同背景、具有不同特征的个体，如不同的性别、年龄、种族、文化和地理位置等。这样，AI 系统在训练过程中能够学习到更加丰富和广泛的信息，从而在处理实际问题时，能够作出更加准确和公平的判断。例如，在开发一个用于简历筛选的 AI 系统时，如果训练数据主要来自某一特定群体的简历，那么该系统可能会对其他群体的候选人产生偏见。为了避免这种情况，开发者需要确保训练数据集包含来自不同教育背景、工作经验和文化背景的候选人简历。通过这种方式，AI 系统能够更公正地评估所有候选人，减少偏见。此外，确保数据全面性和多样性还需要持续地努力和更新，因为社会和技术的发展会不断带来新的变量和情境。因此，开发者和研究人员需要定期审查和更新数据集，以确保 AI 系统的决策反映最新的社会多样性和复杂性，从而提高 AI 系统的公正性和可靠性。

最后，引入算法审计机制来解决算法偏见问题，这是确保人工智能系统公正性、透明性和可靠性的关键措施之一。随着 AI 技术在社会中的应用越来越广泛，引入算法审计机制变得尤为重要。算法审计机制的引入为 AI 系统提供了一种自我检查和优化的机制。通过定期的内部或外部审计，可以及时发现并纠正可能的偏见，确保 AI 系统的决策过程更加透明和公正。这种持续的改进过程对于提升用户对 AI 系统的信任至关重要。它不仅是确保 AI 应用公正性的技术需求，也是对社会责任的重要体现，有助于推动 AI 技术的健康发展和社会的可持续进步。算法审计是一个包括评估、检验和验证 AI 系统决策过程中是否存在偏见或不公正行为的综合过程。这一机制的目的是识别和纠正可能导致不公平结果的算法偏见，确保 AI 系统的输出符合道德和法律标准。算法审计可以由内部团队或独立第三方执行，涵盖数据集的多样性和代表性、算法的决策逻辑，以及最终决策的影响等多个方面。通过全面的审计过程，可以揭示隐藏在数据处理和算法设计中的潜在偏见，从而采取必要的修改和优化措施。此外，算法审计还有助于提高 AI 系统的透明度和用户信任。通过公开审计结果和采取的改进措施，开发者可以向用户展示他们对于构建公正、透明 AI 系统的承诺，从而增强公众对 AI 技术的信心。

引入算法审计机制的重要性还在于，通过第三方评估识别和纠正偏见，提高算法的公正性和透明度。第三方评估的实施为 AI 系统的公正性和透明度提供了额外的保障。独立第三方的客观评估可以揭示开发团队可能忽视的问题，提出宝贵的改进建议，从而促进 AI 系统的不断完善。通过第三方评估来识别和纠正人工智能算法中的偏见，是提高算法公正性和透明度的有效方法。第三方评估机构通常具有独立性和专业性，能够客观地审查和分析 AI 系统，从而确保评估过程的公正和全面。这种独立的评估过程可以揭示那些可能被原开发团队忽视的偏见和问题，因为开发团队可能会受到自身知识、文化背景和技术偏好的限制。

第三方评估的过程包括，但不限于审查训练数据集的代表性和多样性、分析算法决策逻辑的公平性、测试算法输出的偏差情况，以及评估算法在实际应用中的表现。通过这些细致入微的检查，评估机构能够识别出导致偏见的具体因素，并提出改进建议。此外，第三方评估还有助于提高算法的透明度，因为评估结果和建议通常会被公之于众，让社会各界都能了解 AI 系统的公正性和可靠性。这种透明度不仅可以增强公众对 AI 技术的信任，还可以促进行业内的最佳实践分享，推动整个 AI 领域朝着更加公正和透明的方向发展。总之，通过第三方评估来识别和纠正偏见，不仅可以提高单个 AI 系统的公正性和透明度，还对整个 AI 行业的健康发展具有重要意义。

通过采取上述措施，如使用多元化数据集、引入算法审计机制，以及通过第三方评估识别和纠正偏见，对于减少算法偏见和促进人工智能技术的健康发展具有重大意义。确保 AI 系统更加公正可靠，有助于构建更加平等的社会。通过采取措施确保人工智能系统的公正性和可靠性，我们能够为构建一个更加平等的社会打下坚实的基础。当 AI 系统在设计和实施过程中充分考虑到多元化的数据集、通过算法审计机制，并接受第三方评估以识别和纠正偏见时，它们能够更公正地服务于所有用户，不论其背景、性别、种族或社会经济地位如何。这种公正性不仅体现在日常应用中，如更准确的语音识别、更公平的招聘流程和更客观的信贷审批等，还能够在更广泛的层面上促进平等。例如，公正的 AI 系统可以帮助减少医疗保健中的不平等，通过提供基于公平数据集的诊断支持，确保所有患者都能获得适当的关注和治疗。在教育领域，公正的 AI 技术可以提供个性化学习计划，帮助来自不同背景的学生获得成功，减少教育成果的差异。此外，确保 AI 系统的公正性和可靠性还有助于增强公众对这些技术的信任。当人们相信 AI 系统是以公正和透明的方式运作时，他们更有可能接受并利用这些技术，从而推动技术的广泛应用和社会进步。

（3）自动化带来的就业问题。首先，从问题溯因看，AI 和机器人技术的快速发展与应用可能导致某些传统岗位的消失。随着人工智能和机器人技术的快速发展与广泛应用，人们正面临一个重要的转折点，其中一个显著的趋势是某些传统岗位可能会逐渐消失。这一现象主要是由于 AI 和机器人技术在执行任务时展现出的高效率、低成本和较小的错误率。特别是在制造业、物流、数据录入和基本的客户服务等领域，机器人和自动化系统能够不间断地工作，不受疲劳影响，且一次性投资后的长期运营成本相对较低。例如，自动化生产线上的机器人可以 24 小时不停地进行汽车组装，而无需休息，这显著提高了生产效率，减少了人为错误，但同时也减少了对传统装配工人的需求。同样，在客户服务领域，AI 驱动的聊天机器人能够处理大量的客户咨询，解决标准问题，从而减少了对人类客服代表的需求。这种变化对劳动市场产生了深远的影响，一方面，它推动了生产力的提高和服务质量的改进；另一方面，它也引起了对就业安全、技能培训和劳动力转型的广泛关注。为了应对这一挑战，需要政府、企业和教育机构共同努力，通过提供再培训和技能提升计划，帮助受影响的工人转移到新的岗位，确保他们能够在快速变化的经济环境中找到属于自己的位置。此外，还需探索新的就业机会和职业路径，以适应由 AI 和机器人技术驱动的新经济格局。

这种技术进步引发的就业问题可能会导致社会不安和经济不稳定。技术进步，尤其是人工智能和机器人技术的快速发展，虽然为社会带来了前所未有的便利和效率，但同时也引发了就业问题，这些问题有可能导致社会不安和经济不稳定。当机器和智能系统开始取代传统的人力岗位时，未能及时适应新技术要求的工人可能会面临失业的风险。这种情况在低技能和重复性高的工作中尤为明显，如制造业、客服和数据处理等领域。一方面，失业率的上升不仅影响个体和家庭的经济状况，减少消费能力，还可能引发更广泛的社会问题，包括贫困、不平等和社会福利负担的增加。随着越来越多的人寻求有限的就业机会，劳动市场的竞争将变得更加激烈，这可能加剧社会阶层间的紧张关系。另一方面，经济不稳定则体现在技术进步改变了就业结构，导致某些行业的萎缩而新兴行业尚未完全成熟，从而影响经济增长的连续性和稳定性。同时，技能和收入差距的扩大可能会削弱中产阶级，进而影响到消费和投资，这对经济健康发展至关重要。

因此，为了缓解这种技术进步可能带来的社会不安和经济不稳定，需要政府、企业和教育机构共同努力，通过政策制定、教育改革和社会保障体系的完善，来促进劳动力的平稳转型和经济的可持续增长。这包括提供再教育和培训项目，鼓励创新和创业，以及实施积极的就业政策，以帮助人们适应新的经济环境，确保社会的长期稳定和繁荣。

其次，针对技术进步引发的就业问题，需要寻求可行的解决方案。具体可概括为以下五个方案。

一是政府和企业应加大投资于教育和职业培训项目。为了应对自动化和人工智能技术带来的劳动市场变革，政府和企业必须采取积极措施，加大投资于教育和职业培训项目。这种投资不仅是对个人未来的投资，也是对社会经济持续发展的投资。通过提供广泛的教育资源和培训机会，可以帮助劳动力适应新兴技术的需求，促进他们的技能升级和职业转型。例如，政府应该制定和实施长远的教育政策，重点支持 STEM（科学、技术、工程和数学）领域的教育，加强软技能的培养，如批判性思维、创新能力和人际交往能力。此外，政府可以提供税收减免、补贴和资金支持等激励措施，鼓励企业和私人机构参与到职业培训和继续教育项目的开发与实施中。对于企业而言，加大对员工培训的投资，是确保企业长期竞争力的关键。企业可以通过建立内部培训学院、与教育机构合作开设定制课程、为员工提供在线学习资源等方式，支持员工学习新技能和提升现有技能。这不仅有助于员工的个人发展，也能增强企业的创新能力和适应市场变化的能力。

二是帮助劳动力适应新的工作环境，转型和升级技能以适应自动化时代。在自动化和人工智能技术不断进步的时代，劳动市场面临前所未有的变革。这种变革的核心目标是帮助劳动力适应新的工作环境，通过转型和升级技能以适应自动化时代的需求。实现这一目标的关键在于综合施策，涉及教育体系的改革、持续的职业培训以及政策支持。其一，教育体系需要与时俱进，重点培养创新思维、解决问题的能力以及技术技能，这些都是自动化时代特别重要的素质。这意味着从基础教育到高等教育，课程内容需要更新，以反映技术进步和市场需求的变化。其二，为了帮助现有劳动力适应新环境，提供持续的职业培训至关重要。这包括在线学习平台、工作坊和短期课程等，旨在提高人们的技术技能，如编程、数据分析和人工智能应用等，同时也培养软技能，比如团队合作和领导力。其三，政府和企业需要合作，通过政策和激励措施支持劳动力的转型。这可能包括税收优惠、补贴培训费用和创建创新基金等，以鼓励个人和企业投资于技能提升和终身学习。

　　三是开发和实施新的经济模式（如共享经济①），以创造新的就业机会。在自动化和人工智能技术不断进步的当下，开发和实施新的经济模式，如共享经济，成为创造新就业机会、应对传统就业机会减少的有效途径。共享经济是一种创新的商业模式，它允许个人通过平台共享资源，如住宿、交通、技能和服务，从而获得收入。这种模式不仅为消费者提供了更多的选择和便利，也为从业者创造了灵活的工作机会。我们看到，共享经济的崛起体现了经济活动由传统的所有权向共享使用权转变的趋势。它促进了资源的高效利用，减少了浪费，同时也激发了创新和创业精神。对于劳动力而言，共享经济提供了从严格的每天早上9点上班到下午5点下班工作模式中解放出来的机会，允许个体根据自己的能力、兴趣和时间安排灵活地工作。为了最大化共享经济的潜力，政府和企业应共同努力，制定合理的政策和法规来支持和规范这一新兴领域。这包括确保平台工作者的权益、提供税收和社会保障指导，以及鼓励创新和竞争。同时，教育和培训体系也需要适应这一变化，为个人提供必要的技能培训，如数字技能、创业技能和自我管理能力，以帮助他们在共享经济中成功。

　　四是探索和实施新的社会福利体系，如基本收入保障。随着自动化和人工智能技术的快速发展，一些工作岗位的消失可能导致传统的社会福利体系面临挑战。因此，探索和实施新的社会福利体系，如基本收入保障，成为支持经济转型和保障公民福利的重要策略。基本收入保障是一种全民福利制度，向所有公民无条件地提供定期的现金支付，旨在保证每个人都能满足基本生活需求，无论他们是否就业。实施基本收入保障的主要理由包括减轻自动化带来的就业冲击、缓解收入不平等、提高社会福利，并激励人们在不担心基本生存的前提下追求更有意义的工作或教育。此外，基本收入保障还能减少现有社会福利体系的复杂性和管理成本，因为它不需要复杂的资格审查过程。然而，基本收入保障的实

---

① 共享经济是指拥有闲置资源的机构或个人，将资源使用权有偿让渡给他人，让渡者获取回报，分享者通过分享他人的闲置资源创造价值。

施也面临诸多挑战，包括资金来源、潜在的劳动市场影响以及社会公众的接受度等。因此，在全面推行之前，需要通过试点项目来评估其可行性、影响和最佳实施方式。同时，政府、企业和民间组织需共同参与，通过税收政策、公共服务改革等手段，为基本收入保障的成功实施提供支持。

五是缓解技术转型期间的社会不稳定因素和经济压力。在技术迅速转型的时代背景下，社会面临的不稳定因素和经济压力日益增加。这种转型，尤其是自动化和人工智能的广泛应用，虽然极大提高了生产效率和创新能力，但同时也对传统就业市场和经济结构造成了深刻影响。工人因技能不匹配面临失业的风险，收入差距扩大，进而加剧社会不平等和不安全感。因此，采取有效措施缓解这一过渡期的社会不稳定因素和经济压力变得尤为重要。为应对这一挑战，政府和社会各界需共同努力，通过一系列综合策略来减轻转型带来的负面影响。这包括投资于教育和终身学习体系，确保劳动力具备未来市场所需的技能；推广和实施灵活的社会福利制度，如基本收入保障，以提供经济安全网；加强社会对话和合作，以确保技术进步的利益公平分配；以及鼓励创新和创业，创造新的就业和增长机会。

最后，上述措施的实施具有重要意义，具体体现在两个方面。一是可以减轻自动化和技术进步对就业市场的冲击。在当前自动化和技术进步快速发展的背景下，劳动市场面临前所未有的变革。这些变革虽然带来生产效率和创新的提升，但同时也对传统就业模式和就业市场造成了冲击，特别是在低技能劳动力中。为了应对这一挑战，采取一系列措施至关重要，其实施意义在于能够有效减轻自动化和技术进步对就业市场的负面影响。例如，通过加大对教育和职业培训的投资，可以提升劳动力的技能水平，使之更好地适应新的技术要求，从而减少因技能不匹配而导致的失业风险。又如，推动和实施新的经济模式，可以创造新的就业机会，为劳动市场注入新的活力。再如，探索和实施新的社会福利体系，可以为受自动化影响的工人提供经济安全网，减轻他们的经济压力。通过这些综合措施，不仅可以缓解自动化和技术进步对就业市场的直接冲击，还可以促进劳动力的再培训和再就业，提高整体就业质量，从而促进社会经济的平稳过渡和可持续发展。这种前瞻性的策略对于构建一个更加包容、动态和创新的未来劳动市场具有重要意义。

二是能够帮助社会平稳过渡到更高效、更自动化的未来，同时确保经济增长和社会稳定。在全球经济快速发展的今天，自动化和高效的技术革新正在重塑我们的工作和生活方式。这一转变虽然承载着生产效率的大幅提升和经济增长的新机遇，但同时也带来了对社会稳定的潜在挑战。因此，采取适当的措施帮助社会平稳过渡到这个更高效、更自动化的未来变得至关重要。例如，通过实施包括教育改革、职业培训、新经济模式的推广以及新社会福利体系的建立等措施，可以有效地缓解技术进步可能带来的就业冲击，减少社会不安定因素。这些措施能够确保所有社会成员，特别是低技能和易受影响的群体，都能在新的经济环境中找到适合自己的位置，从而减少社会分裂和不满情绪。又如，通过促进技能升级和终身学习，可以提高劳动力的适应性和竞争力，为经济增长注入新的动力。新经济模式的推广不仅创造了新的就业机会，也为经济增长开辟了新渠道。此外，新的社会福利体系，如基本收入保障，可以为经济转型期间的个体提供安全网，保障基本生活需求，从而维护社会稳定。

（4）AI 决策的透明度和可解释性。AI 技术的快速发展为各行各业带来了颠覆性的变革，但其决策过程的不透明性也引发了广泛的关注和讨论。AI 系统往往被视为一个"黑箱"，其内部如何处理数据和作出决策对于大多数用户来说是难以理解的。这种缺乏透明度和可解释性不仅限制了 AI 的应用范围，也削弱了用户对 AI 决策的信任。

为了克服这一挑战，可解释 AI（XAI）技术的发展和应用成为关键。XAI 旨在使 AI 的决策过程更加透明，让用户能够理解 AI 如何工作，以及它是如何作出特定决策的。通过提供易于理解的决策解释，XAI 有助于建立用户对 AI 系统的信任，从而促进 AI 技术的广泛接受和应用。

此外，建立标准化的解释框架，也是提升 AI 决策透明度和可解释性的重要措施。这样的框架应当包含明确的准则和方法，指导如何有效地解释 AI 系统的决策逻辑。这不仅有助于开发者设计和实施更加用户友好的 AI 系统，也使监管机构能够更好地评估和监督 AI 应用，确保其公正、合理且符合伦理标准。

2. 机遇

（1）促进社会公正。在当前的社会背景下，促进社会公正已成为全球范围内追求的一个重要目标。随着人工智能技术的快速发展和广泛应用，人们有了一个前所未有的机遇——通过设计和实施无偏见的 AI 系统，有机会纠正长期存在的社会偏见，从而促进形成一个更加公平和包容的社会环境。

首先，要认识到社会偏见的根源往往深植于历史、文化和制度之中，这些偏见可能以性别、种族、宗教、经济地位等多种形式存在，影响人们的生活和工作。例如，在招聘过程中，候选人可能因为性别或种族而受到不公平的对待；在金融服务中，低收入群体可能难以获得贷款等服务。这些偏见不仅限制了个体的发展，也阻碍了社会的整体进步。

AI 技术，特别是机器学习和深度学习，提供了一种可能性，通过算法分析大量数据，发现并纠正这些偏见。例如，通过设计无偏见的招聘算法，AI 可以根据候选人的能力和经验进行评估，而不是他们的性别、种族或背景。在金融服务领域，AI 也可以帮助识别和消除对某些群体的不公平待遇，确保每个人都有平等的机会获得所需服务。

然而，要实现这一目标，我们需要面对一个重要的挑战：AI 系统本身的偏见问题。由于 AI 系统的学习是基于大量数据，如果这些数据本身就存在偏见，那么 AI 系统也可能复制甚至放大这些偏见。因此，设计和实施无偏见的 AI 系统需要我们在数据收集、算法设计和实施过程中采取积极措施，确保公平性和透明度。

具体而言，这包括使用多样化和代表性的数据集来训练 AI 模型，以确保系统能够公平地代表和服务于所有群体。此外，开发者和研究者需要不断检测和调整 AI 算法，以识别和消除潜在的偏见。同时，政策制定者和监管机构也应该出台相应的指导原则和标准，确保 AI 技术的发展和应用能够促进社会公正。

（2）提升效率和创新。人工智能技术的发展和应用，正在全球范围内引发一场革命。这场革命不仅仅体现在提升效率上，更重要的是，它为创新提供了无限可能性，特别是在医疗、环境保护、教育等关键领域。AI 技术通过自动化执行大量任务，不仅提高了工作和生活的效率，更重要的是，它释放了人类的创造力，使人们能够专注于更加复杂和创新性的工作。

在医疗领域，AI 技术的应用已经开始带来变革。通过深度学习和大数据分析，AI 能够帮助医生更准确地诊断疾病，甚至在某些情况下，AI 的诊断准确率已经超过了经验丰富的医生。此外，AI 还能够在药物研发过程中发挥重要作用，通过分析大量的化合物和生物数据，快速识别出可能的药物候选分子，大大缩短药物研发的时间和成本。这些创新不仅能够提高医疗服务的质量和效率，更重要的是，它们有可能挽救更多人的生命。

在环境保护方面，AI 技术也展现出了巨大的潜力。通过卫星图像分析和环境数据监测，AI 能够帮助科学家更准确地了解气候变化的趋势，预测极端天气事件，以及监测森林砍伐等环境破坏行为。此外，AI 还可以优化能源使用，通过智能调度和管理，提高能源效率，减少浪费，从而帮助减轻环境压力。

教育领域也正在经历由 AI 技术驱动的变革。通过个性化学习系统，AI 能够根据每个学生的学习能力和进度提供定制化的教学内容，帮助学生更有效地学习。此外，AI 还可以通过分析学生的学习行为和成绩，为教师提供反馈，帮助他们更好地理解学生的需求，从而改进教学方法。

（3）改善生活质量。人工智能技术的快速发展和广泛应用，正在逐步改变人们的生活方式，提高人们的生活质量。AI 技术在健康诊断、个性化教育、智能家居等方面的应用，不仅使生活更加便利和舒适，而且在很大程度上增强了我们对健康、学习和生活环境的控制能力。

在健康诊断方面，AI 技术的应用已经取得了显著的进展。通过深度学习和数据分析，AI 能够帮助医生在早期诊断疾病，如癌症、糖尿病等，从而大大提高治疗的成功率。AI 系统能够分析大量的医疗影像数据，识别出微小的变化，这些变化往往肉眼难以察觉，但对疾病的早期诊断至关重要。此外，AI 还能够根据个人的健康数据提供个性化的健康建议和治疗方案，使得医疗服务更加精准和有效。

在个性化教育领域，AI 技术的应用也在不断拓展。通过智能学习系统，AI 能够根据学生的学习习惯和掌握情况，提供定制化的学习内容和教学策略。这种个性化的学习方式，不仅能够提高学习效率，还能激发学生的学习兴趣，让学习变得更加有趣和有效。此外，AI 还可以通过分析学生的学习数据，为教师提供反馈，帮助他们更好地理解学生的需求，优化教学方法。

智能家居是 AI 技术改善生活质量的另一个重要方面。通过语音识别、物联网（IoT）技术等，AI 能够实现家居设备的智能控制，如智能灯光、温度调节、安全监控等，使得家庭生活更加便利和安全。此外，智能家居系统还能够学习用户的生活习惯，自动调整家居环境，提供更加舒适和健康的生活空间。

（4）解决全球性问题。人工智能技术的发展和应用，为解决全球性问题提供了新的视角和工具，特别是在气候变化监测、灾害预警、疾病防控等领域，AI 技术的作用日益凸显。通过高效的数据分析能力和模式识别，AI 不仅能帮助我们更好地理解这些全球性问题，还能提供更有效的解决方案。

在气候变化监测方面，AI 技术通过分析大量的卫星图像和环境数据，能够帮助科学家更准确地监测全球气候变化的趋势，如海平面上升、极地冰盖融化等。此外，AI 还能够预测未来气候变化的可能性，为政策制定和环境保护提供科学依据。通过这些高精度的数据和分析，人们能够更好地理解气候变化对生态系统和人类社会的影响，从而采取更有效的应对措施。

在灾害预警方面，AI 技术能够通过分析气象数据、地质数据等，提前预测自然灾害的发生，如地震、洪水、台风等。这种预警能力不仅能够减少人员伤亡，还能减轻经济损失。例如，通过 AI 算法分析地震波形数据，科学家可以在地震发生前几秒到几分钟内发出预警，为人们撤离提供宝贵时间。此外，AI 还能够在灾害发生后快速评估损失，指导救援工作，提高救援效率。

在疾病防控方面，AI 技术通过分析大量的健康数据和疾病传播模式，能够帮助医生和科学家更快地识别疾病暴发，预测疾病传播趋势。例如，在 COVID-19 疫情期间，AI 技术被广泛应用于疫情监测、病毒传播分析、疫苗研发等领域，显著提高了疾病防控的效率。此外，AI 还能够在公共卫生决策、疾病预防策略制定等方面提供有力支持。

3. 结论

随着人工智能技术的快速发展，人们面临着前所未有的新挑战。这些挑战不仅涉及技术层面，更触及法律、伦理和国际合作等多个领域。为了有效应对这些挑战，我们需要采取一种综合性的解决方案，这包括但不限于以下几个方面。

首先，技术创新是推动 AI 积极发展的关键。人们需要不断探索和发展新技术，以提高 AI 的性能和效率，同时也要注重技术的安全性和可控性，确保 AI 技术的发展能够在可预见的轨道上进行。

其次，法律法规的完善对于规范 AI 的发展至关重要。随着 AI 技术的应用越来越广泛，旧有的法律体系可能已不足以应对新出现的问题。因此，我们需要制定和完善与 AI 相关的法律法规，以保护个人隐私、数据安全，防止 AI 技术被滥用，并确保 AI 技术的发展符合社会的道德标准和价值观。

再者，伦理教育的普及对于提升公众对 AI 伦理问题的认识至关重要。AI 伦理不仅是技术人员需要关注的问题，更是全社会需要共同面对的挑战。通过普及 AI 伦理教育，可以帮助公众理解 AI 技术的潜在影响，培养负责任的 AI 使用和开发态度。

此外，国际合作的加强对于解决跨国界的 AI 问题尤为重要。AI 技术的发展和应用不受国界限制，因此需要国际社会共同努力，制定统一的国际标准和规则，共享 AI 发展的成果，同时共同应对 AI 带来的挑战。

最后，未来的 AI 发展应以人为本，确保技术进步服务于全人类的福祉和可持续发展。这意味着 AI 技术的发展应当以提升人类生活质量为目标，促进社会公正和包容性增长，同时考虑到环境保护和资源的可持续使用。

通过这些多方面的努力，人们可以最大限度地发挥 AI 技术的积极作用，同时避免或减轻其潜在的负面影响。AI 伦理不仅是技术问题，更是社会问题，需要全社会的共同参与和努力。未来的 AI 发展应当坚持以人为本的原则，确保技术进步能够惠及全人类，为实现可持续发展作出贡献。

结　语

在过去的几十年里，人工智能技术经历了从孕育期到飞速发展的转变，现已广泛应用于医疗、教育、金融、交通等多个领域，极大地推动了社会的进步和人类生活方式的变革。然而，随着 AI 技术的深入发展和应用，其伦理问题也日益凸显，成为不可忽视的挑战。从数据隐私泄漏、算法偏见，到自动化带来的就业影响，再到未来可能出现的自主决策 AI 系统，这些问题不仅关乎技术的发展方向，更触及社会公正、个人权利与安全等根本性问题。因此，AI 伦理不仅关乎技术自身的完善与进步，更关乎人们如何构建一个公正、安全、包容的未来社会。在这个过程中，每个人都扮演着重要的角色，共同探索和实践 AI 伦理的最佳路径。

一、人工智能伦理构建的哲学基础

AI 伦理问题的产生不是孤立的，作为人类实践的一种哲学表达，它是智能时代精神的一种反映，代表了人类思想演进过程的一个重要阶段。如果把人工智能伦理的构建放进人类思想史来看，它体现了人类思想的连续性、创造性和飞跃性，对其的研究和探讨离不开哲学的思想支撑。

1. 从哲学方法论角度探讨人工智能伦理

人工智能所衍生的哲学问题复杂而广泛，开辟了诸多哲学层面的新问题和新领域，引发人们进入全方位的哲学思考。其中伦理观上的忧患与乐观并存，需要从哲学高度加以辨析和阐释。

一是从人类社会发展总趋势出发认识人工智能伦理问题。作为第四次工业革命的标志，人工智能正在迈向多智能融合的新阶段，势必引发人类社会发展的深刻变革。如何评估人工智能对经济社会发展的全方位影响，如何看待它在推动人类历史发展中的地位，需要哲学的参与。从哲学角度看，人类社会是不断变化发展的，需要从人们的物质生产活动出发揭示历史发展的动力。历史发展的根本动力是社会基本矛盾，生产力和生产关系、经济基础和上层建筑的矛盾规定并反映了社会基本结构的性质和基本面貌，涉及社会的基本领域，囊括社会结构的主要方面。科学技术作为先进生产力的重要标志，是推动社会文明进步的革命力量，具有"伟大的历史杠杆"作用。人工智能作为科学技术当代发展的重要标志，意味着人类改造自然能力的增强，意味着人们能够创造出更多的物质财富，对社会发展有巨大的推动作用。人工智能是新的生产力要素，其出现和发展符合社会发展规律，符合生产力与生产关系的基本原理，符合人类社会未来发展的总趋势。人工智能应用中出现的某些违背道德原则、破坏公平正义、导致伦理失范等深层次的伦理道德问题，是以往每次技术革新都会出现的"副产品"，我们不能因为这些负面影响，就否认人工智能在人类社会发展总趋势中的巨大推进作用。

二是在人工智能伦理评价中坚持历史尺度和价值尺度的统一。在人类社会发展的任何领域，都存在一个共性问题，即如何实现合规律性与合目的性的统一，或者说如何实现历史尺度与价值尺度的统一。人工智能经过几十年的发展，这一问题亦逐渐显现。一方面，随着智能化水平的提升，人工智能已广泛应用于教育、医疗、护理、家政等领域，并逐渐渗透进伦理文化领域，既丰富了人类伦理的内涵，更重要的是加速了不同伦理观念的融合进程。伦理文化（观念）作为一种精神现象，融会了人类的道德偏好，包含了鲜明的情感、意志、目的等要素，具有深切的价值取向，这便是伦理文化的合目的性方面。具体到人工智能伦理的研究，其中包含有对隐私、偏见、道德情感、道德推理等的深度关切，旨在推动科技与社会的协调发展和共同进步。就此而言，人工智能伦理的研究必须是合目的性的。另一方面，人工智能作为技术发展和社会发展的历史性产物，如果放任其盲目发展，任由其随意使用，甚至纵容机器来作决策，那么 AI 势必成为达摩克利斯之剑，给社会发展带来无法估量的破坏性，这个思路是非常危险的。因此，人工智能伦理在合目的性的基础上不能脱离合规律性。合规律性就是要符合自然规律和社会发展的一般规律，即生产方式内在矛盾运动推动历史进步的规律，体现了人的主体性、自觉能动性，强调要自觉按照规律办事。具体到人工智能伦理，就是要自觉顺应人工智能发展的历史潮流，结合人工智能时代的实践特点，形成新的伦理发展理念，以引导人工智能伦理的健康发展，从而使人工智能真正驶入社会发展规律的正途。

对人工智能伦理的评估需要兼顾历史尺度（或称科学尺度和客体尺度）和价值尺度（或称道德尺度和主体尺度）。笼统地说，人工智能伦理评价的价值尺度，是指作为评价主体的人关于人工智能技术、制度规范、适用范围和社会后果的善恶好坏的评价；人工智能伦理评价的历史尺度，是指作为评价主体的人关于人工智能技术、制度规范、适用范围和社会后果对历史发展客观作用的进步与落后、革命与保守的评价。随着人工智能的未来发展，其历史作用所展示的二重性，成为正确评价其历史作用的两种尺度的客观依据。这种二重性在于，人工智能对人类自身发展起到了积极作用还是消极作用，其对历史进步与发展起到了促进作用还是阻碍作用。

三是以人的全面发展为内核，形成人工智能伦理的人类主体意识。一方面，随着智能社会的到来，开始重塑劳动分工形态，积蓄充分发达的社会生产力，变革传统的社会生产关系。这些某种程度上为人的全面发展储备了充分条件和创造无限可能，助力人们分配更多的时间和精力去享受生活，体验智能互联带来的自由，实现物质层面和精神层面的极大丰富。另一方面，人工智能给人的全面发展带来了复杂性与多样性，将颠覆传统的对人的全面发展的理解。例如，智能机器人对社会生产生活的介入，需要人们重新思考人类作为"单一主体性"的边界，以及人类单一的主体意识的局限，从而引发对智能时代人的全面发展的内涵、面临的新条件、面对的社会样态会发生什么样的变化等问题的思考。这些都需要人工智能伦理对人的全面发展理论进行全方位的、创新性的思考与探索。

2. 以应用伦理学为主体开展人工智能伦理学的理论建设

应用伦理学是伦理学的新兴分支学科，以道德与实践的关系为研究对象。它通过对现实社会伦理问题的反思和探究，提出解决现实社会伦理问题和进行社会治理所应遵循的伦理原则与道德规范。它与元伦理学和规范伦理既有关联也存在差异，学界对于三者之间的关系一直存在争议。尽管如此，应用伦理学的当代发展方兴未艾，正在形成一种跨学科研究趋势。人工智能伦理的核心问题是如何建立针对 AI 的道德规范或者原则以约束其行为，这实际上就是一种应用伦理学。从方法论层面来说，目前需要以应用伦理学为主体开展人工智能伦理学的理论建设。

一是确立"科技向善""伦理先行"的人工智能伦理原则。人工智能的伦理治理需要遵循明确的原则和指导思想。2022 年 3 月 20 日国家发布的《关于加强科技伦理治理的意见》的"总体要求"中提出，要"塑造科技向善的文化理念和保障机制"，遵循"伦理先行"的治理要求。这一理念可以概括为：奉行伦理先行，助力科技向善，更好造福人类。"伦理先行"是人工智能伦理治理的价值理念和价值目标，强调在发展人工智能中要注重源头治理和预防，在反思技术化治理的基础上提出伦理治理要求，将人工智能伦理原则贯穿于技术研发的全过程，促进科技活动与智能伦理的协调发展、良性互动，实现负责任的创新。"伦理先行"的另一层含义是，伦理学理论本身也要实现知识体系的自我更新，以适应社会生活伦理关系的变革，从而有效阐释人工智能与人类社会的伦理关系。"科技向善"秉持"人是技术的尺度"的价值立场，认为把技术规则体系纳入到由法律、伦理所构建的社会规则体系中就是科技向善的过程。针对人工智能伦理的技术化治理带来的非伦理后果，如何提升人工智能伦理的治理水平，推动人工智能伦理治理走向真正的善治，是当前的前沿课题。人工智能伦理治理本身务须内蕴善治的伦理要求，例如在数据与隐私保护、算法歧视、信息茧房等问题上，应该在对科技企业的伦理治理、法律规制与行政监管中，致力通过严格的伦理审查和恰当的监管，促使其及时作出必要的伦理风险调控，将善治自觉内化于日常的科技活动中。总之，"伦理先行""科技向善"作为人工智能伦理治理的实践智慧，从人类的生存和发展出发，立足伦理高地，体现了现实的伦理价值诉求，即科技要造福人类，要带来社会福祉。

二是重视人工智能伦理下的人机关系。有许多科学家从技术本身的发展趋势提出，人工智能有望推进人类社会迈向人机共存的智能增强时代，物理世界、虚拟世界、信息世界将交互并行，"人—物理世界"的二元空间将转变为"人—物理世界—智能机器—虚拟信息世界"的四元空间，从而满足情感感知自动化、实时化、个性化的要求。为此，由人机关系衍生的伦理问题将更加突出。例如，技术专家现阶段正试图使人工智能具备人一样的情感。这就面临如下问题：人作为人工智能的训练者，人本身的道德情感究竟是什么？人是怎么样表达情感的……这些问题至今未有科学的定论，因此至少现在人类是不可能训练出具有人类情感的人工智能机器的。而且，诸如情感、美这类范畴究竟是主观的还是客观的，更多需要哲学上的思考。就此而言，人工智能技术发展的瓶颈问题，其背后恰恰是哲学需要思考的问题，哲学应列于前排。当然，无论从哲学层面还是从技术层面看，人类发展人工智能的脚步已无法停止，人类能做的是要谨慎地建立一个人机和谐、人机共处、人机协作的未来。

三是探究人工智能伦理下发展与生存、个体与类的关系。人工智能为人类带来的欣喜和忧患是空前的，以致关于人工智能的讨论迅速转变成"人工智能是否会取代人类""人类的知识和能力在未来是否还有用"这样的议题。这是典型的人工智能伦理问题，其中涉及两类关系的转变和重塑：一是机器发展与人类生存的关系，一是个体与类的关系。其中，人类个体是最脆弱的因素，因为智能机器的能力体系直接针对的就是人类个体，所要超越的也是人类个体的局限。由此，个体对技术的恐慌情绪被不断放大，加之某些 AI 精英和知识群体的大肆渲染，使人工智能有被神话的趋向。比如，赫拉利就提出，未来的人工智能会导致无用的人类，21 世纪最重要的不是反抗剥削而是反抗无用。近忧就在眼前。

人类与个体、人类与机器的分裂场景正在不断被描画，争论不会休止，关键在于人应该如何自处和自视。人工智能伦理需要为此提供思考路径。例如，对于个体和群体的关系问题，在面临选择保护个人隐私还是公众安全时，是要更重视个人隐私还是更重视公共利益？如何化解隐私与安全的冲突？如何兼顾个人利益和公共利益？这是传统伦理学无法给予完美答案的问题。以美国加州为例，其通过了最严格的隐私保护法，任何在公共场合用摄像头得到的照片都不允许被使用，甚至警察抓罪犯也不能调用。这样的隐私保护法不可能在全球适用，因为其中涉及了不同的文化观、价值观的考量。因此，解决冲突的关键在于如何把握平衡的尺度。

归根到底，机器发展与人类生存、个体与类关系问题的症结在于，以往只有人是主体，只有一种主体，而今天随着人工智能的发展可能会生长出一个新的主体，且它也有独立的思想的能力和行动的能力。对此，人工智能伦理将技术和伦理融会贯通，辨析 AI 的现实局限性和根本局限性，区分人工智能的特殊智能与人类智能的普通智能的界限，张扬人类的自我意识及反省能力，这是 AI 凭借算法能力得出的知识所无法替代的。总之，在人工智能浪潮的巨大挑战下，人工智能伦理学应该主动应战，着力强调培养道德判断能力的重要性，平衡机器发展与人类生存。

二、人工智能伦理实践与数字文明建设

AI 伦理的实践不仅是推动技术发展的必要条件，也是一种社会责任的体现，更是在为一种新的文明形态赋能。近年来，"人工智能时代人类文明向何处去"这一议题已成焦点，人们对人工智能在促进人类文明发展进步中的作用持有不同的观点，"近忧"与"远虑"代表了一种普遍的心态。它要求开发者、使用者和监管者在设计、使用和监管 AI 技术时，都必须考虑到其可能带来的社会伦理和文明走向的影响。这不仅包括保护个人隐私，确保数据安全，避免算法偏见和歧视，还包括考虑 AI 技术对就业、社会结构、文明形态乃至人类未来的影响。为此，全球各地的政府、企业、学术机构和国际组织正致力于制定相应的伦理准则和政策，旨在引导 AI 技术的健康发展，确保技术进步能够惠及全人类，促进人类数字文明进程的发展，而非成为新的社会分裂的源泉。人工智能伦理实践与数字文明的互动关系体现在以下方面。

1. 制定伦理准则，强化人工智能的社会责任

制定伦理准则对于引导 AI 技术向着健康的方向发展至关重要，在实践中将起到指导作用。一方面，能为 AI 的研究、开发和部署提供道德和法律框架，确保技术进步不会牺牲社会福祉和公正；另一方面，能确保 AI 应用在保护个人隐私、数据安全方面的责任，同时避免算法偏见和歧视，保障技术公正性和透明度。遵循明确的伦理准则，可以有效避免技术滥用及其负面影响，减少对人类和社会的潜在风险，从而促进 AI 技术的可持续发展，发挥其对社会的积极贡献，使其成为推动社会进步和增进人类福祉的有益工具。

为了应对 AI 技术的快速发展，制定一套能够动态更新的伦理准则至关重要。这要求建立一种机制，确保这些准则能够及时反映技术进步

和社会变化的最新情况。首先，可以设立一个跨学科的专家委员会，负责定期审查和更新伦理准则，确保它们与当前技术发展水平相匹配，并解决新出现的伦理问题。其次，该机制应该鼓励公众参与，通过征集社会各界的意见和建议来丰富和完善伦理准则。此外，实施灵活的政策和法规，允许在不牺牲核心伦理原则的前提下，对特定情况进行适应性调整。通过这样的动态更新机制，可以确保伦理准则始终保持其相关性和有效性，指导 AI 技术的健康发展，同时保护社会公众的利益。

2. 加强全球合作，规范人工智能伦理标准

在通用伦理准则和伦理标准的规范化过程中，加强全球合作势在必行。由于 AI 技术及其应用跨越国界，全球合作在制定和实施通用伦理标准中至关重要，扮演着关键角色。不同国家和地区在 AI 伦理方面的合作既恰逢机遇，也面临挑战。其机遇在于已具备共同制定全球性伦理标准的条件，以促进技术的健康发展与应用，同时分享最佳实践和经验，加强国际的理解与信任；其面临的挑战包括文化差异导致的价值观和伦理观念不一，政策和法律环境的差异，以及在全球范围内实施和监督伦理准则的复杂性。这迫切要求国际社会加强对话与合作，寻找共同点，克服分歧，共同推动 AI 伦理的全球化进程。

在 AI 技术全球化发展的背景下，建立国际合作机制对于促进伦理准则的全球一致性和执行至关重要。通过国际组织和跨国界的合作平台，各国可以共同讨论、制定和推广一套共识的 AI 伦理准则。这不仅有助于解决跨境技术应用中的伦理问题，还能促进不同文化和法律体系间的理解和尊重。此外，国际合作机制还可以为 AI 技术的安全、透明和公平使用设立标准，通过共享最佳实践、研究成果和政策经验，加强监管能力和执行力。通过这种方式，可以确保 AI 技术的发展既符合伦理标准，又能够在全球范围内带来积极的影响。总之，一方面，这样的国际合作不仅有助于形成全球统一的伦理和监管框架，还能促进全球范围内的技术创新和社会福祉。另一方面，这种合作可以确保不同国家和

地区在 AI 发展中能够遵循一致的伦理准则，促进国际的技术交流与理解，防止伦理标准的地区差异导致的潜在冲突。通过全球合作，可以更有效地应对 AI 技术带来的全球性挑战，共同推动 AI 技术的健康发展，实现全人类的共同福祉。

3. 促进伦理实践，保障技术与伦理的协同进步

智能技术赋能伦理实践，伦理实践推进技术创新，两者互相促进、互为条件。一方面，技术创新通过增强算法的透明度和可解释性，促进了伦理实践的进步。这种进步不仅提高了 AI 系统的可信度，还使得用户能够更好地理解和信任这些系统的决策过程。通过技术手段提升透明度，可以确保 AI 应用在遵循伦理标准的同时，也增强了公众对 AI 技术的接受度。此外，可解释的 AI 有助于识别和纠正潜在的偏见，确保 AI 决策的公正性，从而在技术创新与伦理实践之间建立起协同进步的关系。另一方面，伦理实践必须融入 AI 技术的设计和开发过程中，这是确保技术创新同时增进社会福祉的关键。将伦理原则嵌入到 AI 系统的早期设计阶段，可以预防潜在的道德风险和负面影响，确保技术发展不仅遵循技术标准，而且符合社会伦理和价值观。这种做法有助于构建用户信任，提高技术接受度，并促进更广泛的社会接纳。通过在设计之初考虑伦理，AI 技术能够更好地服务于人类，推动技术与社会的共同进步。

总之，推动伦理技术创新意味着利用技术本身来解决伦理挑战，特别是通过开发更安全、更公平的算法来实现。这要求科技界不仅关注技术的功能性和效率，还要将伦理考量纳入技术设计和开发的每一个环节。例如，可以通过采用透明的算法设计，让用户和监管机构能够更容易地理解和评估 AI 系统的决策过程。同时，利用人工智能和机器学习的能力，开发新的工具和方法来识别和纠正偏见，确保算法的公平性。此外，通过建立伦理审查机制，评估新技术可能带来的社会影响，确保技术创新同时符合伦理标准。通过这些努力，可以促进技术的健康发

展，确保技术进步为社会带来的是正面而非负面的影响。

4. 扩大伦理教育范围，培育智能伦理意识

伦理教育在培养技术开发者、政策制定者和公众的责任感和伦理意识中起着至关重要的作用。它帮助各方理解 AI 技术的潜在影响，认识到在设计、使用和监管 AI 时需要遵循的伦理原则。伦理教育促进了对技术伦理问题的深入思考，增强了处理复杂道德困境的能力。通过教育，各利益相关者能够更加明智地作出决策，以确保技术发展既促进创新，又符合社会伦理标准，促进了一个更加负责任和有道德意识的技术社会的形成。

伦理教育的现状显示，虽然越来越多的教育机构和组织开始重视并纳入伦理课程，但整体上在广度和深度上仍有不足。特别是在技术和工程领域，伦理教育往往被边缘化。提升伦理教育的路径包括加强伦理教育在所有学科的融合，特别是在 STEM 领域；开发更多实践和案例研究导向的课程，以提高学习的实用性和参与度；以及增加跨学科的合作项目，促进不同背景的学者和学生共同探讨伦理问题。此外，公共教育和社会普及活动也是提升公众伦理意识的重要途径。通过这些措施，可以提高伦理教育的效果，促进更加负责任的技术创新和应用。

未来，扩大伦理教育的范围至关重要，这不仅涉及 AI 技术的开发者和研究人员，还包括所有利益相关者，如政策制定者、企业决策者、消费者等。这种全面的教育策略有助于构建一个对 AI 伦理有深入理解的社会，促进负责任的技术使用和创新。为此，伦理教育的内容应跟上技术发展的步伐，不仅涵盖基本的伦理原则和理论，还应包括实际案例分析、最新研究成果和政策动态，以提高教育的质量和实效性。此外，采用多种教育形式，如在线课程、研讨会、工作坊等，可以提高伦理教育的可达性和参与度。通过这些措施，可以确保伦理教育不仅覆盖广泛的受众，还能够真正影响他们的思考和行为，促进 AI 技术的伦理发展和应用。

5. 兼顾监管和自律的平衡，建立有效的智能伦理治理框架

政府监管和行业自律在促进 AI 伦理实践中扮演互补角色。政府监管为 AI 技术的发展和应用设定了法律和伦理的最低标准，保障公众利益，防止滥用，确保技术发展的方向和速度符合社会伦理和法律框架。与此同时，行业自律允许更灵活、更快速地响应技术进步带来的新伦理挑战，鼓励企业和专业人士超越法律最低要求，采取更高标准的伦理实践，在推动创新的同时确保对社会责任的承担。两者结合，既保证了伦理标准的制定和执行的权威性和稳定性，又提供了适应快速技术变革的灵活性和创新性，共同促进了 AI 伦理实践的健康发展。

建立有效的监管框架，同时鼓励创新和保护公众利益，需要采取多元化的策略。首先，监管框架应具有灵活性，能够适应技术的快速发展，避免阻碍创新。其次，应加强与行业的合作，利用行业自律补充政府监管，鼓励企业采纳高于法律要求的伦理标准。此外，监管机构需要加强跨国合作，针对全球性的技术挑战制定统一的监管标准。同时，监管框架应注重保护消费者权益和隐私，确保技术发展成果惠及所有社会成员，避免造成不公。通过这样的方法，可以在保护公众利益的同时，为技术创新提供充分的空间。

为确保 AI 项目从设计到部署阶段都符合伦理标准，建立一个全面的监督和审查机制至关重要。这个机制应包括跨学科的专家团队，负责对 AI 项目的各个阶段进行评估和监督。首先，需要在项目设计初期就引入伦理审查，确保项目目标和设计方案符合伦理和社会标准。其次，项目开发过程中应定期进行伦理审核，评估技术进展和可能的伦理风险。在 AI 系统部署前，进行最终的伦理评估，确保其操作和结果不会对社会造成不利影响。此外，建立持续的监督机制，对已部署的 AI 系统进行定期检查，确保它们在实际运行中继续遵循伦理标准。通过这样的全面监督和审查机制，可以有效地识别和缓解 AI 项目可能带来的伦理问题，确保技术发展与社会伦理相协调。

三、面向人工智能伦理未来的呼吁

人工智能的伦理核心思想着重于在技术创新的驱动下，确保其发展过程和成果能够遵循伦理标准，以保障人类福祉和维护社会公正。这一理念强调，在追求技术突破和应用广泛化的同时，必须考虑到技术对人类社会的深远影响，包括但不限于个人隐私保护、数据安全、避免算法偏见和歧视，以及防止技术滥用所可能带来的社会分裂和不公。实现这一伦理愿景，不是某一方面的责任，而是需要政府、企业、学术界和公众等所有社会成员的共同参与和努力。

政府需要制定和执行相关政策和法规，引导 AI 技术的健康发展；企业在追求利润的同时，应负起社会责任，确保其技术产品和服务的伦理性；学术界则应持续探索和研究 AI 伦理的新议题，为政策制定和公众教育提供科学依据；公众则需要提高对 AI 技术及其伦理影响的认识，通过参与和监督，促进技术的透明和公正。每个人都在 AI 伦理实践中扮演着不可或缺的角色，只有通过跨界合作和多方参与，才能推动构建一个既能享受 AI 技术带来便利和进步，又能确保技术发展符合伦理标准，保护每个人权益的社会。

总之，人工智能技术的迅猛发展既带来了前所未有的机遇，也引发了诸多伦理问题。因此，呼吁社会各界意识到自己在推动 AI 伦理实践中的重要性，共同努力，以确保 AI 技术的发展能够增进社会整体的福祉和公正，建立一个更加公平、安全和包容的 AI 未来。我希望通过广泛呼吁，唤起全社会对 AI 伦理的重视，并推动各方积极采取行动，共同应对这些挑战。

1. 呼吁伦理责任的紧迫性

我们必须充分认识到伦理责任的紧迫性。AI 技术已经深刻嵌入人们的日常生活，从智能助手、推荐算法到自动驾驶汽车，无不影响着人们的决策和行为。然而，技术的进步也带来了许多伦理风险。例如，算法偏见可能导致不公平的决策，数据隐私的侵犯可能带来严重的个人信息泄漏，自动化决策的透明度问题可能导致信任危机。这些问题不仅影响个体的权益，也关乎社会的公平与正义。因此，伦理责任不再是一种可选项，而是我们每一个人必须承担的责任。

2. 呼吁多方参与

要解决 AI 的伦理问题，单靠某一方的努力是不够的。我们需要政府、企业、学术界和公众的共同参与。政府在这一过程中扮演着至关重要的角色。政府需要制定和实施相关政策和法律，确保 AI 技术的发展有法可依，有规可循。例如，政府可以出台数据隐私保护法，要求企业在数据收集和使用过程中遵守严格的隐私保护标准。政府还可以设立专门的监管机构，对 AI 技术的应用进行监督，确保其符合伦理要求。

企业作为 AI 技术的主要推动者，必须自觉承担起社会责任。企业不仅要追求经济利益，更要关注技术的社会影响。企业可以制定自己的 AI 伦理准则，明确在算法设计、数据使用等方面的伦理要求，并严格遵守。同时，企业还应建立健全的自律机制，定期进行伦理审查，及时发现和纠正存在的问题。

学术界需要继续深入研究 AI 伦理问题，为政策制定和企业实践提供理论支持。学术界可以通过开展跨学科研究，揭示 AI 技术的伦理风险和应对策略。此外，学术界还应积极推广 AI 伦理知识，提高全社会的伦理意识。例如，大学可以开设 AI 伦理课程，培养学生的伦理素养和责任感。

公众作为 AI 技术的最终受益者和监督者，需要提升对 AI 伦理问题的认知，积极参与到 AI 伦理的讨论和监督中来。公众可以通过各种渠道了解 AI 技术的基本原理和伦理问题，提高自身的防范意识。同时，公众还可以通过参与公共讨论、提供反馈意见等方式，对 AI 技术的应用进行监督，推动其朝着更加符合伦理的方向发展。

3. 呼吁具体行动

具体行动是落实 AI 伦理的关键，各方应采取以下具体措施。

制定和遵守伦理准则。企业和机构应制定明确的 AI 伦理准则，涵盖算法设计、数据使用、隐私保护等方面。例如，企业可以制定"算法公平准则"，确保算法在设计和应用中不带有偏见，避免对特定群体造成不公正的影响。

推动透明度和可解释性。透明度是解决 AI 伦理问题的重要手段。企业应公开 AI 算法的设计原理和决策过程，确保其可解释性。例如，企业可以通过发布技术白皮书、开展公开讲座等方式，向公众解释 AI 算法的工作原理和应用场景，增强公众的理解和信任。

关注公平与公正。在算法设计和应用中，必须确保公平与公正。企业应在算法设计阶段充分考虑不同群体的需求和利益，避免因算法偏见导致的不公正现象。例如，在招聘、贷款审批等涉及重大决策的场景中，企业应对算法进行严格测试，确保其决策过程公平公正。

保证隐私与安全。数据隐私保护和安全机制建设是 AI 伦理的重要内容。企业应采取有效措施，保护用户的隐私和数据安全。例如，企业可以采用数据加密、匿名化处理等技术手段，确保用户数据在传输和存储过程中不被泄漏。同时，企业还应建立健全的数据安全管理体系，定期进行安全审查，及时发现和修复安全漏洞。

4. 呼吁持续学习和改进

AI 技术和伦理问题是不断发展的，我们需要持续学习和改进。各方应及时更新伦理规范，适应技术进步，确保 AI 技术的发展始终符合伦理要求。

持续学习是应对 AI 伦理挑战的重要途径。各方应密切关注 AI 技术的发展动态，及时了解最新的技术进展和伦理问题。例如，企业可以通过参加行业会议、订阅专业期刊等方式，获取最新的行业信息和研究成果，不断提升自身的技术水平和伦理意识。

及时更新伦理规范。随着 AI 技术的不断进步，现有的伦理规范可能不再适用。各方应根据技术的发展情况，及时更新伦理规范，确保其与时俱进。例如，政府可以定期修订相关法律法规，企业可以定期更新伦理准则，学术界可以定期发布研究报告，提出新的伦理建议。

适应技术进步。AI 技术的发展速度非常快，各方应具备适应技术进步的能力，及时调整自身的策略和措施。例如，企业可以建立专门的技术研发团队，跟踪最新的技术趋势，及时引入和应用新的技术手段，提升自身的技术水平和竞争力。

5. 呼吁国际合作

在全球化背景下，AI 伦理问题具有国际性。我们呼吁各国加强合作，制定国际伦理标准，建立跨国界的合作机制，共同应对 AI 伦理挑战。

国际伦理标准的制定。各国应共同制定 AI 伦理标准，确保不同国家和地区在伦理问题上的共识和一致性。例如，各国可以通过国际组织、行业协会等平台，开展多边对话和合作，制定统一的伦理标准和规范，推动 AI 技术的健康发展。

跨国界的合作机制。各国应建立跨国界的合作机制，共同应对 AI 伦理挑战。例如，各国可以通过签署合作协议、设立联合研究机构等方式，开展跨国界的合作研究，分享经验和成果，共同应对 AI 伦理问题。

6. 呼吁公众教育和意识提升

公众教育和意识提升是解决 AI 伦理问题的重要途径。我们呼吁各方加强 AI 伦理知识的普及，提高公众对 AI 伦理问题的认知和理解，鼓励公众参与到 AI 伦理的讨论和监督中来。

AI 伦理知识的普及。各方应通过各种渠道，向公众普及 AI 伦理知识。例如，政府可以通过媒体宣传、举办讲座等方式，向公众介绍 AI

技术的基本原理和伦理问题，提升公众的认知水平。企业可以通过开展员工培训、发布科普文章等方式，向员工和公众普及 AI 伦理知识，增强其伦理意识。

公众认知和理解的提升。各方应通过教育和宣传，提升公众对 AI 伦理问题的认知和理解。例如，学校可以开设 AI 伦理课程，培养学生的伦理素养和责任感。媒体可以通过报道和评论，向公众介绍 AI 伦理问题的最新动态和案例，增强其认知和理解。

公众参与的鼓励。各方应鼓励公众参与到 AI 伦理的讨论和监督中来。例如，政府可以设立公众参与平台，征求公众对 AI 伦理问题的意见和建议。企业可以通过开展公开讨论、设立投诉机制等方式，听取公众的反馈意见，及时发现和解决存在的问题。

7. 呼吁共同进步

我们希望通过全社会的共同努力，推动 AI 伦理与技术的共同进步。我们期望未来的 AI 技术不仅在功能上更加先进，更在伦理上更加完善，为人类社会带来更多福祉。

对未来 AI 发展的期许。我们期望未来的 AI 技术能够更加智能化、个性化，为人类生活带来更多便利和福祉。例如，智能助手可以更加精准地理解和满足用户需求，自动驾驶汽车可以更加安全高效地运行，医疗 AI 可以更加准确地诊断和治疗疾病。

伦理与技术共同进步的愿景。我们期望未来的 AI 技术不仅在功能上更加先进，在伦理上亦更加完善。例如，AI 算法可以更加公平公正，避免因算法偏见导致的不公正现象；数据隐私保护可以更加严格，确保用户数据在传输和存储过程中不被泄漏；AI 决策过程可以更加透明可解释，增强公众的理解和信任。

通过探讨和呼吁，我希望每一个读者都能意识到 AI 伦理的重要性，并在实际行动中践行这些伦理原则。让我们共同努力，推动 AI 技术的健康发展，为人类社会创造更加美好的未来。

附　录

一、术语解释

1. **不可解释性**：指难以对特定决策或行为的产生过程或原因提供说明、证据或论证。不可解释性是人工智能发展面临的一个重要难题，需要在设计和开发过程中加以解决。

2. **自主型人工智能**：指可以感知环境并在没有人为干涉的情况下，独立作出决策的人工智能。这类人工智能系统能够自主进行判断和行动，提升了系统的灵活性和适应性。

3. **可解释性**：指人工智能系统能够提供清晰、透明的决策过程和依据，使用户能够理解系统的行为和决策。这对于增强用户信任和系统可靠性至关重要。

4. **可控性**：指人工智能系统在设计和运行过程中，能够被人类有效控制和管理，确保其行为和决策符合预期和伦理规范。

5. **可靠性**：指人工智能系统在各种环境和条件下，能够稳定、准确地执行任务，减少错误和失效的风险。

6. **韧性**：指人工智能系统在面对干扰和异常情况时，能够保持其功能和性能，并迅速恢复正常状态。

7. **抗干扰能力**：指人工智能系统在受到外部干扰时，能够有效抵御和应对，保证系统的稳定性和安全性。

8. **可验证性**：指人工智能系统的行为和决策过程可以通过独立的手段进行验证，确保其符合预定的标准和要求。

9. **可审核性**：指人工智能系统的运行和决策过程可以被审查和评

估，以确保其合规性和透明。

10. **数据隐私**：指保护个人数据不被未经授权的访问、使用或披露，确保个人信息在人工智能系统中的安全性和隐私性。

11. **公平性**：指人工智能系统在决策和行为中不应存在偏见和歧视，应确保所有用户和群体得到公正对待。

12. **透明性**：指人工智能系统的设计、开发和运行过程应公开透明，使用户和监管机构能够了解和监督系统的行为和决策。

13. **责任性**：指人工智能系统的开发者和运营者应对系统的行为和决策负责，确保在出现问题时能够追溯和问责。

14. **伦理设计**：指在人工智能系统的设计和开发过程中，融入伦理原则和规范，确保系统在运行中遵循伦理要求。

15. **知情同意**：指在收集和使用个人数据时，应获得数据主体的明确同意，并确保数据主体了解数据的用途和处理方式。

16. **算法偏见**：指人工智能系统中的算法可能因训练数据或设计缺陷而产生偏见，导致不公平或歧视性的决策和行为。

17. **决策透明度**：指人工智能系统在作出决策时，应提供足够的信息和解释，使用户能够理解决策的依据和过程。

18. **伦理审查**：指对人工智能系统进行伦理方面的评估和审查，确保系统符合伦理标准和规范。

19. **伦理风险**：指人工智能系统在设计、开发和应用过程中，可能带来的伦理问题和风险，需要加以识别和管理。

20. **强化学习**：一种机器学习方法，通过让智能体与环境互动，学习如何采取行动以最大化累积奖励。强化学习在游戏 AI 和机器人控制中广泛应用。

21. **深度学习**：一种基于人工神经网络的大规模机器学习方法，特别擅长处理图像、语音和文本数据。深度学习是近年来推动人工智能进步的重要技术。

22. **伦理算法**：指在人工智能系统中嵌入伦理原则和规范的算法，

确保系统在运行中遵循伦理要求。

23. **人机协作**：指人类和人工智能系统协同工作，共同完成任务。人机协作强调发挥双方的优势，提高工作效率和效果。

24. **伦理困境**：指人工智能系统在运行过程中可能遇到的两难选择，需要在多个伦理原则之间进行权衡和决策。

25. **算法透明性**：指人工智能系统中的算法应是透明的，可以被理解和解释，以确保系统的公平性和可审查性。

26. **伦理设计原则**：指在人工智能系统的设计和开发过程中遵循的伦理原则，如公平、公正、透明等。

27. **道德代理**：指人工智能系统在运行过程中能够理解和遵循道德规范，作出符合伦理要求的决策和行为。

28. **伦理影响评估**：指在人工智能系统开发和应用过程中，对其可能带来的伦理影响进行评估和分析，以确保系统符合伦理标准。

29. **数据治理**：指对人工智能系统中数据的管理和控制，包括数据的收集、存储、处理和使用，确保数据的安全性和隐私性。

30. **伦理责任**：指人工智能系统的开发者和运营者在系统运行过程中，应承担的伦理责任，确保系统的行为和决策符合伦理要求。

31. **社会接受度**：指社会公众对人工智能技术和应用的接受程度，社会接受度影响人工智能的推广和普及。

32. **伦理框架**：指用于指导人工智能系统设计、开发和应用的伦理原则和规范，帮助解决人工智能伦理问题。

33. **算法公平性**：指人工智能系统中的算法应保证对所有用户和群体的公平对待，避免产生偏见和歧视。

34. **伦理风险管理**：指在人工智能系统开发和应用过程中，识别、评估和管理可能的伦理风险，确保系统的安全性和伦理性。

35. **道德代理人**：指能够自主作出符合道德和伦理决策的人工智能系统。这类系统不仅能执行任务，还能在决策过程中考虑道德和伦理因素。

36. **隐私保护**：指在人工智能系统中，采取措施保护用户的个人隐私，防止未经授权的访问和使用。

37. **伦理设计思维**：指在人工智能系统的设计过程中，主动考虑和融入伦理和道德因素，确保系统符合伦理标准。

38. **算法透明度**：指人工智能系统中的算法应具备可解释性，使其决策过程透明，用户能够理解和信任。

39. **公平算法**：指在人工智能系统中，设计和应用的算法应确保对所有用户和群体的公平对待，避免偏见和歧视。

40. **伦理冲突**：指人工智能系统在运行过程中，可能遇到的不同伦理原则之间的冲突，需要进行权衡和决策。

41. **伦理审查委员会**：指专门负责评估和审查人工智能系统伦理问题的机构，确保系统的设计和应用符合伦理标准。

42. **数据伦理**：指在人工智能系统中，关于数据收集、存储、处理和使用的伦理问题，确保数据的合法性和道德性。

43. **伦理规范**：指用于指导人工智能系统设计、开发和应用的具体伦理标准和规范，帮助解决伦理问题。

44. **算法审计**：指对人工智能系统中的算法进行独立评估和审查，确保其公平性、透明性和合规性。

45. **伦理教育**：指对人工智能开发者和用户进行伦理教育，提高其伦理意识和责任感，确保人工智能技术的道德应用。

46. **伦理风险评估**：指在人工智能系统开发和应用过程中，对可能的伦理风险进行评估和分析，确保系统符合伦理标准。

47. **伦理合规**：指人工智能系统在设计、开发和应用过程中，遵循相关的伦理标准和法律法规，确保系统的合规性。

48. **社会责任**：指人工智能系统的开发者和运营者应承担的社会责任，确保系统的应用对社会有益。

49. **伦理决策支持**：指在人工智能系统中，提供支持伦理决策的工具和方法，帮助系统在运行过程中作出符合伦理的决策。

二、相关法则与标准

1.《人工智能伦理指南》：由联合国教科文组织发布，详细阐述了人工智能在伦理方面的基本原则和要求。

2.《欧盟人工智能法案》：欧盟发布的关于人工智能监管的法规，内容涵盖了人工智能系统的开发、部署和使用。

3.《中国人工智能伦理规范》：由中国发布的一系列规范和标准，旨在指导人工智能的伦理实践。

4. IEEE 7000 系列标准：IEEE 发布的关于人工智能伦理的标准，包括设计、开发和使用人工智能系统的伦理指南。

5.《人工智能伦理与治理》白皮书：由各国政府和组织发布的白皮书，提供了关于人工智能伦理的政策建议和治理框架。

三、推荐阅读的资源

1. 尼克·波斯特洛姆：《人工智能伦理》，剑桥大学出版社，2011。

2. 尼克·波斯特洛姆：《超级智能：路径、危险与策略》，中信出版集团，2015。

3. 迈克尔·安德森：《机器伦理》，剑桥大学出版社，2018。

4. 马克·科克尔伯格：《人工智能与伦理：挑战与机遇》，麻省理工出版社，2020。

5. 温德尔·瓦拉赫，科林·艾：《人工智能伦理学》，北京大学出版社，2017。

后　记

当这本《人工智能伦理》最终完稿，我内心涌动着一种难以名状的深沉情愫。这不仅仅源于人工智能在当下社会中举足轻重的地位日益彰显，更是由于在过往二十余载的职业生涯里，我亲身见证了这一领域势如破竹的演进以及由此衍生的重重挑战。

近些年来，世界范围内人工智能技术的狂飙突进，诚然为我们的生活与工作带来了不胜枚举的便捷，却也触发了我对其潜藏风险和伦理困境的深切忧思。身为一个在人工智能相关领域关注多年的热忱之士，我深切领悟到技术的磅礴伟力和深远影响。故而，我自感肩负使命，对这些问题展开深度思索，并渴盼凭借自身的绵薄之力，为人工智能的良性发展添砖加瓦。

为了完成此书，我遍览浩如烟海的资料，展开了广泛且深入的调研与思索。在这段岁月中，我不仅汲取了众多前沿的技术精粹，更持续反思着人工智能于社会中的角色定位与责任担当。历经近两年的焚膏继晷，终于成就这本《人工智能伦理》。

我深知，囿于个人的学养和视野所限，书中定然存在诸多瑕疵与纰漏。于此，我恳切期望诸位读者能够慷慨赐言，不吝分享宝贵的见解与建言。您的反馈恰如春风化雨，将成为我持续精进与升华的动力源泉，亦有助于推进人工智能伦理研究的纵深发展。

感恩李景源老师、吴向东老师、孙伟平老师、贾红莲老师，以及所有于这一历程中给予我支持和相助的各位老师、挚友、同仁和专家们。若无你们的睿智与奉献，此书定然难以问世。同时，我亦要致谢每一位读者，感恩你们对人工智能伦理议题的关注与扶持。期望此书能够为诸位带来一些饶有裨益的思考与启迪，携手推动人工智能技术在伦理的框架内稳健、有序地前行。

　　未来，人工智能的发展势必继续重塑我们的世界。让我们齐心协力，确保这一技术恒久服务于人类的福祉，构筑一个愈发美好和谐的社会。

　　再次感恩诸君！

舒　心

2023 年 11 月 16 日

图书在版编目(CIP)数据

人工智能伦理/舒心著. --长沙:岳麓书社,2025.1. --ISBN 978-7-5538-2223-5

Ⅰ.TP18;B82-057

中国国家版本馆 CIP 数据核字第 2024RN4774 号

RENGONG ZHINENG LUNLI

人工智能伦理

作　　者:舒　心
出 版 人:崔　灿
责任编辑:彭卫才
责任校对:舒　舍
封面设计:昼　至

岳麓书社出版发行

地址:湖南省长沙市爱民路47号

直销电话:0731-88804152　0731-88885616

邮编:410006

版次:2025 年 1 月第 1 版

印次:2025 年 1 月第 1 次印刷

开本:710mm×1000mm　1/16

印张:24.5

字数:318 千字

书号:ISBN 978-7-5538-2223-5

定价:98.00 元

承印:湖南省众鑫印务有限公司

如有印装质量问题,请与本社印务部联系

电话:0731-88884129